Diet & Body Shape Care

비만관리학

김문주 · 김윤정 · 김정숙 · 윤동화 · 이영숙 · 예춘정 · 최[illegible]임 · 황금순

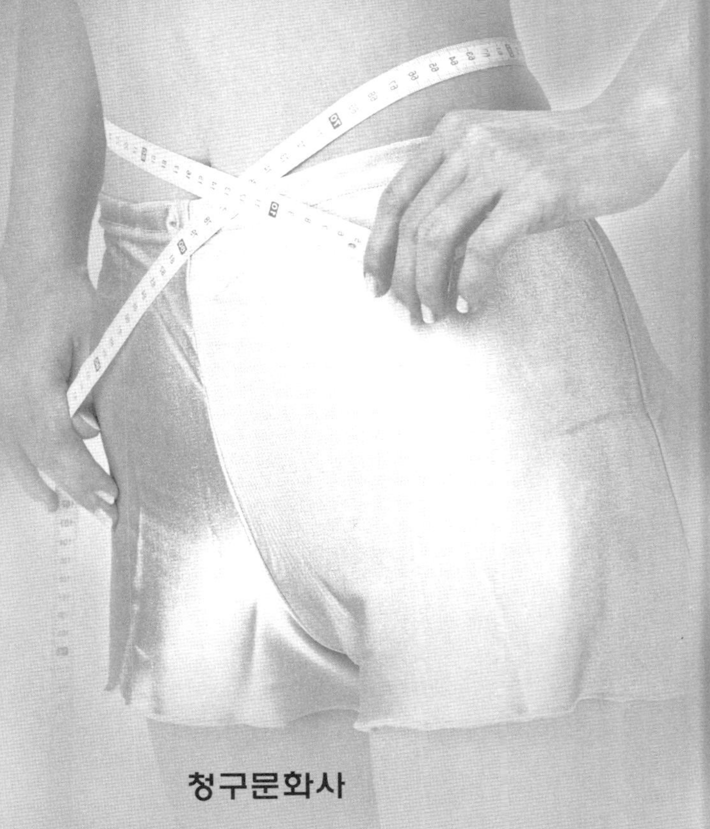

청구문화사

머리말

생명과학의 발달로 인간의 기대 수명은 점차 늘어나서 최근에는 백수를 논하는 시점까지 왔지만 생애의 마지막 11년은 병을 앓는다는 통계를 보면 평균수명은 늘어났지만 건강 수명은 이에 훨씬 못 미침을 나타낸다. 삶의 질을 논하자면 결국 오래 사는 것이 아닌 건강수명을 누리고 살아야 하는데 그러기 위해서는 건강관리에 관한 보다 전문적 지식을 습득하고 활용해야한다.

최근의 통계에서 65세 이상 고령자의 질병을 분석해 보면 비만에서 비롯된 질병이 많았음을 알 수 있다. 다시 말해 비만이야 말로 건강수명의 가장 큰 저해요소라 할 수 있다. WHO에서도 이미 "비만은 병이며 그것도 매우 장기적인 투병이 필요한 병이다."라고 밝힌 바 있다. 비교적 비만의 안전지대로 여겨졌던 아시아의 국가들도 산업사회로 발달해 오면서 비만 인구가 급증하여 비만은 더 이상 서구인들의 전유물이 아닌 것으로 나타났다. 이로 인하여 국내외의 의료 및 피부미용 분야 외에 여러 분야에서도 '비만관리'는 초미의 관심사이자 연구과제로 부각되었고 활발한 연구논문과 함께 관리방법들이 제시되고 있다. 아울러 '비만관리'에 대한 전문인 양성교육이 진행되고 있으며 여러 분야에서 비만관리 전문 인력들이 배출되고 있는 현실이다.

이러한 사회적 필요성에 따라 비만관리 영역에 관한 다양한 정보와 보다 구체적이며 실제적인 전문지식이 요구되는 가운데 전공교재의 필요성을 느끼게 되어 미력하나마 필자들의 중지를 모아 집필하게 되었다. 본 교재는 피부미용을 전공하는 학생을 비롯하여 이 분야에 관심이 있는 분들께 비만의 정의를 이해하고 비만관리를 위하여 비만 측정방법 등 필요한 관련지식을 학습하며, 영양관리, 약물요법, 아로마 요법, 경락지압 요법, 기기관리 및 운동 요법에 관한 지식을 적용하고 실천할 수 있도록 구성하였다.

책을 펴내게 된 시점에서 뒤를 돌아볼 때, 부족하고 아쉬운 점이 많아서 좀 더 많은 노력이 필요했음을 인정할 수 밖에 없음을 안타까워하며 미진한 부분은 계속 연구·노력하며 보완할 것을 약속드린다.

끝으로 이 책이 나올 수 있도록 힘써주신 여러분께 감사드리며 청구문화사의 이상태 사장님과 임직원들께도 깊은 감사를 드린다.

2008년 1월
필자 일동

목 차

Ⅰ. 비만 관리

Ⅱ. 살롱 트리트먼트

I

비만 관리

제1장 비만의 이해

1. 비만관리의 목적

1) 비만관리의 중요성

현대 사회에는 생활 구조가 편리해져 활동량이 감소되는 반면에 섭취하는 식품의 영양가는 증가되어 비만증이 새로운 문화병으로 대두되고 있다 일반적으로 섭취한 에너지는 기초대사에 60~75%를 사용하고, 운동과 행동에 15~20% 그리고 음식물의 소화, 흡수, 대사 등에 10% 정도가 소비된다. 그런데 이들 소비 에너지보다 더 많은 에너지를 섭취하면 여분의 에너지는 중성 지방으로 전환되어 지방조직에 축적되어 생기게 되며 이러한 인체내 현상을 비만증이라 한다.

비만은 대사와 조절의 내분비 기능에 영향을 미치는 유전적 요인과 환경적 요인에 의해 발생하는 것으로 알려져 있으며 결과적으로 비만은 에너지 균형의 이상에서 발생된다. 즉 섭취 에너지가 소비 에너지 보다 많음으로써 비만이 발생하는데 이와 같이 과다한 칼로리를 섭취하게 만드는 근본적인 원인들은 매우 많고 복잡하다.

그 중에서도 특히 식사 습관과 비만에 대한 이해가 아직도 부족하여 대부분의 사람들은 지방질 식사만 피하면 비만을 줄일 수 있다고 생각하기 쉬우나 이는 잘못된 생각이다. 에너지원이 되는 녹말 성분과 단백질 성분도 지방 성분과 마찬가지로 과잉 섭취되면 대부분 체내에 지방으로 저장된다.

이와 같이 비만과 관계되는 단 한가지의 요인이 포식이라면 초과로 섭취되는 지방을 영구적으로 감소시킬 수 있는 최선의 방법은 제한식을 하면서 운동 및 행동수정요법을 병행해야 하므로 비만이 건강상에 그리 심각한 문제가 되지는 않을 것이다. 그러나 간혹 유전적으로 에너지 소비와 대사율이 적은 가족 내에서 비만 환자가 많은 것을 볼 수도 있는데, 이는 단순히 신체의 크기와 연령, 성별만으로는 설명되지 않는 개인이 가지는 에너지 소비량에 대한 차이로 이러한 유전적인 요인이 비만의 주요 요인임을 의미한다.

일반적으로 체중이 표준 체중에 비하여 20% 이상 증가한 상태를 만성병의 초기 증후인 비만증(obesity)이라고 정의하고 있다. 비만은 용모의 손상 뿐만 아니라 행동의 불편과 무력(활동량 감퇴), 질병(당뇨, 고혈압, 간장질환 등) 및 사망률의 증가 요인으로 간주되고 있다. 비만이 문제가 되는 것은 비만도가 높을수록 사망률이 높아지고 당뇨병, 고혈압, 심장병 등의 성인병이 비만인에게 많기 때문이다. 최근에 확인된 연구 결과에 따르면 비만인 체질은 성인병의 발병률이 여윈 사람보다 10~15% 이상 높고 평균 수명도 짧은 것이 입증되었다.

성인병 환자들은 비만만 치료해도 혈압의 안정화, 혈당치의 개선, 혈중 지질치의 저하 등의 효과를 얻을 수 있기 때문에 치료약의 복용이 불필요하게 되는 경우도 많다. 뿐만 아니라 비만의 개선은 정신적인 치료효과도 있어 사회생활에 적극성을 갖게 되며 환자 자신의 인생관에도 많은 변화를 갖게 되는 경우도 있다. 이와 같은 여러 측면으로 생각할 때 비만증의 관리는 매우 중요함을 인식하게 된다.

우리 나라도 최근 전체 국민의 22%가 과체중 이상의 비만자로 알려져 있으며, 선진국의 경우 여성의 20%, 남성의 30%가 비만자로 분류되고 있는 점을 감안한다면 비만에 대한 좀 더 높은 사회적인 관심이 요구되고 있다.

2) 비만의 원리

원시시대의 인간이나 동물 세계에서는 비만이 오늘날과 같이 문제화 되지 않았다. 즐기기 위해 음식을 섭취하는 현대인들과는 달리 오직 생존을 위해서만 먹었기 때문이다. 현대 문명의 발달은 인간에게 생활의 편리함과 시간적 여유를 가지게 하였지만 운동량의 감소를 초래하였으며, 경제발전으로 인해 더 풍부한 음식물의 섭취를 가능하게 함으로써 비만이라는 일종의 성인병을 만들어 내었다. 만약에 편리한 문명의 도구들이 없었다면 비만에 대한 고민은 현재와 같이 심각하지는 않았을 것이다.

신체가 비만해지는 원리는 크게 두 가지로 설명할 수 있다.

첫 번째는 정상 체중을 가지고 있던 사람이 갑자기 비만해지게 되는 과정으로 이는 식욕의 증가 또는 환경적인 요인으로 인한 운동 부족, 임신 등의 원인으로 말미암아 평상시 식습관보다 더 많은 식사량, 또는 간식을 통해 많은 칼로리 음식을 섭취하는 것을 말한다.

정상 체중을 유지하는 경우는 적당량의 칼로리를 섭취한 다음 일상 생활에서 거의 모두를 소비해 버린다. 이 경우에는 영양소 저장형 호르몬과 소비형 호르몬들의 균형이 유지되나, 이러한 균형이 깨어지게 되면 몸 안에 남아도는 칼로리를 처리하기 위해 영양소 저장형 호르몬들의 분비가 증가하게 된다. 그리고 이것들을 저장하기 위해 지방세포들은 계속 커지며, 지방세포들의 크기가 더 이상 늘어날 수 없을 경우 지방세포의 수가 늘어나게 된다. 이때 근육조직, 피부, 혈관, 섬유조직 그리고 체내의 수분량도 늘어나서 체중이 증가하게 된다.

두 번째는 이미 비만해진 경우 체내 에너지 밸런스가 깨져 있어서 많이 먹지 않으면 허기를 느끼고 지속적으로 음식을 섭취하고자 하는 단계이다. 일단 비만해져서 체내 에너지의 밸런스가 깨어져 버린 경우 더욱 비만해지는 경우가 여기에 속하며, 대부분 지방을 소비해 주는 호르몬은 줄어들고 지방을 저장하는 호르몬들은 늘어난다. 따라서 체내의 에너지 대사를 정상 수준으로 바로 잡기 위해서 많은 노력을 기울여야 하는데, 살이 찔 때는 쉽게 찌고, 빠지기는 힘드는 현상, 또는 살이 찌고 빠지는 과정이 반복적으로 일어나는 요요 현상도 이 시기에 많이 경험하게 된다.

보통 비만이라고 하면 체중이 많이 나가는 것이라고 단순하게 생각하는 사람들이 있다. 그러나 정확하게 비만증이란, 체내에 쌓인 지방질이 정상보다 높은 것을 말한다. 단순한 체중 과다는 연령에 비해 평균보다 체중이 많이 나가는 것을 의미하는 경우이며, 뼈의 무게가 무겁거나 근육이 잘 발달되어 있을 경우에 초래될 수도 있다.

통계적 범위에서 보면, 비만은 특정한 나이와 성별에 있어서 체지방의 평균값을 5% 초과한 상태다. 예를 들면 15% 체지방을 가진 젊은 남자들에 있어서 비만에 대한 경계선은 20%의 체지방이 된다. 이에 비해 중년 남성의 평균 체지방은 약 25% 이며, 이들에게 있어서 비만은 체지방 함량이 30%를 초과한 경우에 해당된다. 또한 17~30세가 되는 젊은 여자들은 체지방이 25%를 초과했을 때 비만하다고 하며 31~50세의 좀더 나이든 여성의 경우 비만의 경계선은 약 30%가 된다. 즉, 사람은 나이가 들면 체지방의 평균치는 증가하는 양상을 띄게 된다.

사람들의 생활 환경이 달라지면서 그들의 신체 조건도 달라지고 따라서 질병에 대한 양상도 달라지게 되었다. 최근 들어 선진국이나 우리 나라에서 심각한 문제가 되고 있는 질병들은 과거 전염병 위주에서 현재에는 만성 소모성 질환, 즉 성인병을 들 수 있다. 그 중 비만증은 그 자체가 성인병일 뿐만 아니라 다른 성인병을 유발하는 주요 원인 중의 하나라고 할 수 있다. 평균체중이거나 저체중인 사람은 현재 질병이 없고 심각한 과거 질환이 없다면 평균수명이 과체중인 사람에 비해 긴 반면, 과체중 특히 젊은 시절부터 과체중이었던 사람은 평균체중인 사람보다 평균수명이 짧은 경향이 있는 것으로 알려지고 있다.

또한 비만한 30대 여성은 같은 나이의 마른 여성보다 고혈압의 발생 가능성이 7배나 높고, 당뇨병 발생 위험도도 증가하는데, 표준체중보다 45% 정도를 초과한 사람에서는 위험도가 10배 증가하며, 45% 이상 초과한 사람에서 위험도는 30배 증가하였다. 그러나 비만이 원인인 고혈압과 당뇨병은 조절이 가능한 것으로 알려져 있으며, 실제로 과체중인 당뇨병 환자가 약 5kg의 체중을 감소하면 인슐린의 요구량을 감소시킬 수 있으며, 고혈압 환자의 경우에는 혈압을 의미있게 감소시킨다.

뿐만 아니라 미국 암학회에서 1959년부터 1972년에 걸쳐 장기간의 전향적 연구를 시행한 결과 체중 증가에 따라 암 발생율도 증가하고 있음을 보여 준다. 암에 의한 사망률이 45세 이상의 과체중한 사람에게서 급격히 높아지는데, 남자에서는 대장암이 주요한 사망

원인이며, 여자에서는 담낭, 담도, 유방, 자궁경부, 자궁내막, 자궁과 난소의 암이 사망의 주요 원인이 된다.

비만과 발암율의 증가 기전은 아직까지는 잘 알려져 있지 않으나 비만한 사람에서는 지방조직에서 안드로스텐디온(Androstenedione)의 방향화로 에스트로겐의 생성이 증가되며, 많은 연구에서 에스트로겐의 증가는 자궁 내막, 자궁 경부, 유방 및 난소 등의 암을 발생시킨다고 보고되어 있다. 이 외에도 비만한 사람에서는 에스트로겐 이외에 프로락틴, 안드로겐, 코티솔 등의 생성이 증가된다.

3) 성인 비만에 대한 소아 비만의 관계

우리 나라 전체 비만증을 가진 인구중 소아 비만이 차지하는 비율은 점점 높아지고 있는데 이에 따라, 소아 비만이 성인 비만으로 계속 이어 질 것인가에 대한 관심은 매우 높기 때문에 여러 선진국에서는 오래 전부터 이러한 연구가 진행되어 왔으며 그 결과를 분석 해 보면 다음과 같다.

영국에서 시행된 건강과 발달에 대한 국민 조사결과 가족관계에 있어서 수직상의 두 연령의 체중사이에 서로 상관관계가 있다는 사실이 발견되었다. 또한, 미국에서 조사된 결과에서도 비만한 소아는 성인이 되어서도 비만이 될 확률이 약 70% 이상 되는 것으로 밝혀져 소아비만과 성인비만간에 많은 상관 관계가 있음이 입증되었다. 이러한 사실들로 미루어 볼 때 소아에서 시작된 비만이 반드시 성인의 비만이 되지는 않지만 성인에서 과체중이 될 위험은 소아기 과체중과 어느 정도의 관계가 있다고 추정할 수 있다.

정상 체중이었던 소아가 과체중이 되는 것보다는 과체중인 소아가 과체중으로 계속 지속되기 쉽다는 것은 여러 연구 결과의 공통적인 결과이다. 또한 대상 아동의 부모, 형제, 조부모까지 확대하여 연구한 결과 비만하지 않은 가족이 비만한 학령전기 아동을 양육하는 경우 심각하게 생각할 필요는 없으나, 비만한 가정에서 태어난 비만한 학령전기 소아는 체중이 증가되는 가족의 특성에 대해 관심을 가져야 한다는 것이 지적되었다. 결국 가족의 구성에서 장래의 비만 발생 과정을 예견할 수 있으며 성공적인 비만 조절을 위해서는 가족의 구성원 모두가 참여해야 한다는 결론이다.

결과적으로 비만과 당뇨병, 관상동맥질환, 고혈압이 가족 내에서 많이 발견되면 그들의 자손들에게 이러한 질병에 걸릴 위험성이 높은 환경적, 유전적 요인들을 물려주게 된다. 그러므로 표준체중의 범위에서 벗어난 소아가 성인이 되어서도 비만해지지 않도록 하기 위해서는 특별한 관리가 필요하다는 것을 명심해야 한다.

이것은 비만 가정에서의 비만의 유전적인 요인을 자손에게 물려준다는 의미도 있으나, 평소 가족의 식습관, 행동 요건, 습관 등의 환경적인 요인도 간과할 수 없는 것이다. 이는 비만 가족 내에서의 다각적인 생활개선이 중요함을 시사하고 있다.

2. 비만의 형태

1) 비만도의 측정방법

비만의 판정법은 표준체중에 의한 방법, 체격지수에 의한 방법, 체지방(피하지방의 두께)에 의한 방법 등 여러 가지가 있다. 이 방법들은 그 대상에 따라, 또는 평가하는 목적에 따라 각각 달리 사용되므로 그 방법의 성질과 의미를 충분히 고려하여 목적에 적합한 방법을 선택하는 것이 중요하다.

비만의 정의가 '체지방의 과잉 축적'이라는 점에서 체지방에 따라서 평가되는 것이 가장 합리적인 방법이라 생각되어지며, 일반적인 비만의 판정법을 기술하면 다음에서 보는 것과 같다.

(1) 체지방 비율 분석법

물 속에서 비만도를 측정하는 방법으로 전체 체중에서 지방이 차지하는 비율(체지방 비율)이 25% 이상이 되면 쉽게 물에 뜨게 되는 것을 이용한 것이다.

대체로 체지방 비율은 남자 15~18% 정도, 여자 18~22% 정도가 적당하며 여성의 경우 25% 이상일 때를 비만으로 간주한다. 그러나 근육조직이 발달한 사람보다 마른 체격에 지방이 많은 사람이 오히려 더 날씬해 보이는 경우가 있다. 이런 경우 체지방 비율 분석법을 활용하면 비만도를 정확히 알아낼 수 있다.

① 체지방 비율이 25% 이상일 때

쉽게 물에 뜬다. 과체중, 중도 비만, 고도 비만의 여성이 해당된다.

② 체지방 비율이 22~25%

숨을 들여 마시면 뜨고 내쉬면 가라앉는다. 건강한 보통 여성은 이 범주에 속한다.

③ 체지방 비율이 15~21%

숨을 들여 마신 상태에서도 서서히 물 속에 가라앉는다. 마른 여성이나 보통의 건강한 남성이 이 범주에 들어간다.

④ 체지방 비율이 14% 이하

바닷물에서도 쉽게 가라앉는다. 마른 남성이 이 범주에 속한다.

(2) 신장과 체중 분석법

비만을 판정하는데는 신장과 체중을 실제로 측정해서 비만의 여부를 측정하는 방법, 피하지방의 두께를 측정하는 방법 등 신체의 지방 조직을 간접적으로 측정하는 방법이 일반적이다. 다음은 신장과 체중의 관계를 분석하여 비만도를 측정하는 방법들이다.

① 브로카 공식에 의한 표준 체중 측정법(Modified Broca's method)

표준 체중(kg) = [신장(cm) - 100] × 0.9

표준 체중의 10% 이상 초과했을 때를 과체중, 20% 이상을 초과했을 때를 비만이라 한다. 그러나, 통계적 범위에서 보면, 비만은 특정한 나이와 성별에 있어서 체지방의 평균값을 5% 초과한 상태다. 예를 들면 15% 체지방을 가진 젊은 남자들에 있어서 비만에 대한 경계선은 20%의 체지방이 된다. 이에 비해 중년 남성의 평균 체지방은 약 25%이며, 이들에게 있어서 비만은 체지방 함량이 30%를 초과한 경우에 해당된다. 또한 17~30세가 되는 젊은 여자들은 체지방이 25%를 초과했을 때 비만하다고 하며 31~50세의 좀더 나이든 여성의 경우 비만의 경계선은 약 30%가 된다.

비만 정도를 정확하게 진단하기 위해서는 전문 비만관리실을 찾아야 하나 브로카 지수의 예를 든다면 신장의 170cm일 때의 표준 체중은 63kg이 되는 셈이다. 자기의 체중이 이 표준 체중보다 남자는 20%, 여자는 30% 이상이면 비만자로 보아야 할 것이다.

② 실측 체중과 표준 체중의 비교 측정법

비만도 = [실측체중(kg) - 표준체중(kg)]/표준체중(kg) × 100

비만도가 표준 체중의 10% 이내를 정상, 10% 이상을 과체중, 20% 이상을 비만이라고 한다.

③ 신체질량지수 측정법(Quetelet's body mass inden, BMI)

보체질량지수는 성인에서 가장 많이 사용되는 비만의 지표이다.

$$\text{신체질량지수(BMI)} = \frac{[\text{체중(kg)}]}{[\text{신장(m)}]^2}$$

서양에서 과체중은 BMI가 25~29.9kg/m^{2}로, 비만은 BMI가 30kg/m^2 이상으로 정의하지만 우리 나라에서는 25~26kg/m^2 이상을 비만으로 규정하고 있다.

④ Kaup지수

2세 이하에서 많이 사용하는 방법으로 18 이상이면 비만이다.

$$\text{카우프지수} = \frac{[\text{체중(kg)}]}{[\text{신장(m)}]^2} \times 100$$

카우프 지수(신체질량지수)는 사망률과의 연관성을 본 지수로서 22 이하이면 사망률이 가장 낮고 지수가 높을수록 사망률도 높아지나, 지나치게 낮은 경우에도 사망률은 증가된다.

(3) 피부 주름 두께 측정법

피부 주름 두께를 측정하는 것은 체중과 신장을 이용한 방법보다 좀더 정확하게 체지방량을 평가할 수 있다. 캘리퍼를 사용하여 한국인의 경우 상완, 견갑골 하부 피부 주름 두께를 측정하여 그 합으로부터 체밀도를 계산하여 체지방률을 알아내는 방법이다.

남자의 경우 30mm 이상을 과체중, 45mm 이상을 비만으로 보며, 여자의 경우에는 45mm 이상을 과체중, 60mm 이상을 비만으로 본다.

(4) 허리둘레 대 엉덩이둘레 비율 측정법

비만이 병적인가 아닌가에 대해서는 체지방의 양과 지방이 어느 곳에 침착 되는가가 중요하다. 배부분에 지방 침착이 많은 복부형 비만은 같은 체질량 지수를 가지더라도 성인병 발생율이 더욱 높다.

복부형(중심성) 비만을 알아내는 방법은 허리둘레 대 엉덩이둘레 비율로 허리둘레를 엉덩이둘레로 나누면 된다. 남자의 경우 0.8에서 1.0 사이가, 여자인 경우 0.7에서 0.85 사이가 정상 범위이고 비율이 높을수록 복부 비만의 정도가 심한 것이다. 허리둘레는 배꼽을 지나는 배의 둘레를 측정하고 엉덩이둘레는 둔부의 최대 돌출부위를 측정한다.

2) 비만의 형태

비만의 형태는 크게 유형별 분류와 증상별 분류로 구분할 수 있다.

(1) 유형별 분류

① 복부형 비만

몸통이 굵어지는 타입으로 일명 사과모양 비만이라고 한다.

남자들에게 흔한 타입으로 배부위를 중심으로 굵어지고 상대적으로 팔다리는 왜소해 보이는 것이 특징으로 남성형 비만이라고도 한다. 여성들도 이런 타입으로 살이 찐 경우가 있는데 대개의 경우 소아비만으로 비만 체형이 오랜기간 유지된 경우에 많다.

이런 경우는 본인에게 적합한 운동요법과 식이요법을 전문가로부터 조언받아 지속적인 노력을 기울여야 비만이 해소되며 무리한 다이어트나 운동으로는 오히려 건강을 위협받을 가능성도 높다. 또한 이런 타입은 관상동맥계 질환, 당뇨병, 뇌졸중 등의 성인병을 일으킬 위험이 높다고 알려져 있어서 비만 초기부터 많은 관심을 기울여야 한다.

② 둔부형 비만

사지가 굵어지는 타입으로 일명 서양 배모양 비만이라고 한다. 복부형 비만에 비해 대부분의 여성들이 살이 찔 때 바로 이런 형태가 나타난다. 특히 하복부 비만이 주류를 이루고 있어 미용적인 문제점을 일으키며, 여성형 비만이라고도 한다.

체지방이 육안으로 두드러지게 보이는 셀룰라이트를 형성하기 쉽고, 비만의 치유 후에도 갑작스런 체중 증가로 인한 튼살 등의 피부 문제를 일으키므로 주의가 요망된다.

(2) 증상별 분류

누구나 칼로리 섭취량이 많은 반면 칼로리 소비량이 적으면 비만해 진다. 그런데 지방세포가 늘어나고 커지는 양상, 몸의 각 부분에 지방세포가 분포하는 양상, 그리고 비만으로 질병이 초래될 것인가 아닌가는 사람에 따라 다르다. 이것은 타고난 유전적 체질에 의해서 결정 된다.

어떤 사람은 과식을 오래 해도 살이 찌는 속도가 느린 반면 또 어떤 사람은 쉽게 그리고 빨리 체중이 불어난다. 이것은 지방세포의 수나 크기, 또는 소화 흡수율의 차이, 흡수 후의 체내 대사 이상 등에 따라 차이가 많다. 현재 비만의 원인으로 간주하고 있는 요인들을 지적하면 다음과 같다.

① 단순 비만

운동 부족과 과식 등으로 에너지의 불균형을 초래하여 비만이 되는 경우를 말하는데 이 단순 비만이 전체 비만증 원인의 90% 이상을 차지하고 있다. 이 경우는 평상시의 식습관의 차이와 정신적 작용 등에 의해서도 비만발생의 유무가 결정되는 예가 많다.

단순성 비만의 원인은 다음의 네 가지로 구분된다.

- 과식에 의한 에너지 과잉 섭취
- 소화 흡수율의 상승 작용
- 흡수 후의 체내 대사 이상
- 에너지 소비의 부족

② 질환으로 인한 비만

어떤 질환이 원인이 되어 생기는 비만으로서 증후성 비만이라고도 한다. 호르몬의 이상에 의한 비만(쿠싱 증후군, 갑상선기능 저하증, 성선기능 저하증), 유전성 비만, 뇌의 이상에 의해 생긴 비만, 스테로이드 호르몬제 또는 경구 피임약 복용 등이 주 요인이다.

일반적으로 이러한 비만은 이차성 비만, 수반성 비만이라고 하며 질병을 앓고 난 후 후유증에 의한 경우가 많으며 심한 비만이 되는 경우는 적다.

③ 물에 의한 비만

우리 몸의 50~60%는 물로 이루어져 있다. 이러한 수용성 비만인 사람은 세포의 신진대사가 둔해서 여분의 물이 체외로 배출되지 못하고 쉽게 쌓인다. 이러한 사람은 몸이 쉽게 붓고 신장이나 방광의 기능이 좋지 않은 경우가 많으므로 평소에 몸을 따뜻하게 하고 땀을 흘려 수분을 몸 밖으로 배출하도록 해야 한다. 또한 내과적인 치료를 병행해야 한다.

④ 지방성 비만

혈액 속에 노폐물이나 지방이 많아지면 혈액이 혼탁해져 혈액순환이 느려지며, 이는 각 내장의 기능 저하를 가져와 체내 에너지 소비율이 저하되므로 체중이 증가한다. 따라서 지방성 비만인 사람은 식생활의 개선뿐만 아니라 혈액 순환을 개선할 수 있는 여러 운동을 식후에 병용하는 것이 좋다.

⑤ 정신작용에 의한 비만

비만의 중요한 원인으로 스트레스, 우울증, 욕구 불만, 불안과 같은 각종 정신작용을 들 수 있는데, 이와 같은 정신적 요인은 개인에 따라 과식을 초래할 수 있다. 즉, 음식물을 섭취함으로써 긴장감이나 스트레스 등을 완화시키고 안정감을 찾으려 하기 때문에 신진대사를 둔화시켜 필요 없는 지방이나 수분의 배출을 방해하므로 비만해지게 된다.

⑥ 혼합 비만

위의 비만 형태 중 둘 또는 세 가지가 혼합된 형태로서 그 원인을 파악하기 어려우며 복합형인 만큼 치유하는 데 많은 노력과 시간이 소비된다. 전체적인 체중을 줄이는 식이요법과 운동요법, 행동수정요법 등이 병행되어 집중적인 관리가 이루어져야 하며, 비만의 정확한 원인을 파악하여 인내심을 가지고 관리를 하여야 한다.

⑦ 지방세포의 증식형 비만

지방세포의 크기는 정상이고 지방세포의 수만 증가한 것이다. 지방세포의 수가 증가하는 것은 인체가 급속도로 성장하는 시기인 생후 1년과 12~15세의 사춘기이므로 증식형 비만은 소아 비만에 많다. 이 상태에서 성인이 되면 저열량 식이요법을 써도 세포의 크기는 작아지지만 지방세포의 수는 변하지 않는다.

증식형 비만이 원인이 된 소아 비만이 성인 비만으로 이어질 수 있는 지의 여부는 많은 논란이 있어 왔으나, 우리 나라의 경우 약 15% 정도의 상관관계를 가지고 있는 것으로 보여지는데, 채식을 많이 하는 우리들의 식습관으로 인해 서양의 여러 나라에 비해 상관도가 낮게 나타나고 있다.

증식형 비만의 경우는 가족의 식습관, 행동 양상과도 밀접한 관계가 있으므로 가족 모두의 노력이 요청된다.

⑧ 지방세포의 비대형 비만

지방세포의 수는 거의 정상에 가까우나 지방세포 하나 하나가 커졌기 때문에 생기는 비만이다.

보통 지방세포 비대형 비만은 증식형 비만과 비교해서 설명할 수 있는데 소아기에는 드물며 중년 이후에 그 양상을 보이는 예가 많다.

저 열량식이에 의해 정상화될 수 있으며, 다른 비만 형태보다 관리가 수월한데 그 이유는 성인이 된 후 시작된 비만이므로 정상체중(과거의 체중)으로 돌아가려는 인체의 항상성 유지 작용으로 인해 수개월 내에 정상 체중을 회복하는 예가 많기 때문이다.

3. 비만의 원인

인체는 각종 영양소인 물, 지방, 단백질, 미네랄 그리고 글리코겐으로 구성되어 있다. 그 구성 비율은 대략 물이 50~60%, 지방이 25%, 단백질이 15%, 그리고 미네랄과 글리코겐이 3% 정도 된다.

비만도는 실제로 육안으로 보아서는 측정이 잘 되지 않는다. 근육 조직이 잘 발달되어 있는 사람은 근육에서의 에너지 대사량이 높기 때문에 인체 내 지방조직의 비율이나 비만도는 매우 낮게 나타나는 반면, 육안으로 날씬하게 보이는 사람도 실제로 비만도를 측정하여 보면 높게 나타나는 예가 많다. 즉, 인체의 구성 성분 중에서 지방이 많고 나머지 근육 조직이 적은 상태를 비만이라고 말할 수 있다. 건강한 인체의 지방 조직과 근육 조직의 비율은 1 : 3이 적당하다.

비만증은 단일 질환이 아니고, 임상양상 및 체지방의 표현형(phenotype)에 다양성을 갖고 있는 질환군이다. 비만증의 표현형을 구분하기 위해서 지방세포 특성을 고려해야 한다. 지방세포의 크기가 커지는 비대성 비만과 수가 증가되는 증식성 비만으로 나누는 조직학적 특성과 복부에 지방이 주로 축적되는 복부비만(상체비만, 남성형 비만)과 둔부와 대퇴부에 지방이 주로 축적되는 둔대퇴비만(하체 비만, 여성형 비만)으로 나누는 해부학적 특성이 고려된다. 비만증을 자세히 표현하려면 다른 방법에 의한 분류가 추가로 필요하지만, 앞의 두 가지 특성만으로도 비만 등의 다양성을 설명할 수 있다.

다음은 지방 조직과 근육 조직을 비교한 표이다.

1) 비만의 일반적 원인

비만을 일으키는 원인에 대해서 미국의 John Mayer는 다음과 같이 분류하고 있다.

(1) 조절성 비만

시상하부 조절중추의 장애 또는 이상으로 주로 단복 중추의 이상에 따라 섭식량이 요구량(에너지 소비량) 보다 많아졌을 때 생기는 비만이다.

① 내분비 기능 장애

갑상선, 뇌하수체 등의 내분비선들의 기능 장애로 비만이 형성될 수 있다. 또한 만복 중추, 식욕 중추의 이상으로 섭식 기능에 장애가 발생한 경우에도 이와 같이 비만이 형성된다.

② 약물 부작용

경구 피임약, 부신피질 호르몬제, 여성 호르몬제, 항우울증제, 신경안정제, 스테로이드

주사의 장기 투여는 비만을 초래할 수 있다. 이러한 약품의 부작용으로 식욕증진 효과를 들 수 있는데 이때 갑작스러운 에너지 과다 섭취는 여분의 에너지를 체내에 남기게 한다.

(2) 대사성 비만

지방조직 자체의 선천적 또는 후천적인 대사 이상에 의해 생기는 비만을 말하며 임상적으로는 병적 증상을 수반하는 증후성(수반성) 비만과 병적 증상을 수반하지 않고 일반적으로 볼 수 있는 단순 비만으로 분류하고 있다. 단순성 비만의 경우 그 원인으로는 다음과 같은 요인으로 생각되어진다.

① 유전적 체질

가족 내의 비만 발생률에 관한 조사 내용을 예를 들어보면 양친이 비만자 일 경우에는 비만한 사람이 70% 전후이며 한쪽 부모만 비만일 때는 30% 전후 발생한다고 보고되어 있으나 비만의 가족성 발현에 대해서는 가정의 식습관과 생활 환경에 따른 영향이라고 믿어지며 비만의 유전력은 약 30%, 환경의 영향력은 약 70%로 추정되어 진다는 발표도 있다.

그리고 비만의 유전적 체질에 대해서는 시상하부 식욕중추의 감수성, 지방 조직의 대사, 효소계, 호르몬계, 또는 소화기계의 기능도 관계되어 진다고 하나 정확히 입증된 바는 없다.

② 잘못된 식사 패턴

ⓐ 과식

비만의 원인은 여러 가지가 있으나 그 중에서 첫 번째로 꼽을 수 있는 것이 에너지의 과다 섭취, 즉 과식이다. 과식을 하게 되면 섭취 칼로리가 소비 칼로리보다 많게 되어 여분의 칼로리는 지방세포에 중성 지방의 형태로 축적된다.

ⓑ 폭식

비만자는 폭식에서 많은 칼로리를 섭취하는 경우가 많으며 이것이 비만에 큰 영향을 미친다. 폭식은 영양소 저장형 호르몬을 증식시키며, 이는 결과적으로 더 많은 식사량을 요구하게 되므로 악순환이 반복된다. 즉, 고 칼로리 섭취는 인슐린(Insulin)의 분비를 높이고 글루카곤(Glucagon)의 분비를 저하시켜 지방의 합성을 촉진하게 된다.

한편 고지방식 만으로도 비만이 되기도 하며 알코올(술)의 사용도 칼로리의 과잉섭취를 초래하기 쉬워 비만이 되기 쉽다.

ⓒ 야식(night-eating syndrome)

사람의 인체는 낮 동안은 교감신경의 작용이 활발하여 에너지 소비를 촉진하지만 밤에는 부교감신경의 작용이 활발하여 교감신경의 작용을 억제하므로 에너지를 축적한다. 따라서 같은 음식, 같은 양이라도 낮에 먹는 것보다 밤에 먹으면 훨씬 더 많은 지방을 몸 안에 축적시킨다.

③ 잘못된 식습관

비만한 사람들의 식사 방법을 살펴보면 대부분은 몇 가지 특징을 공통적으로 가지고 있다. 식사를 규칙적으로 하지 않고 한번에 폭식하거나 무분별한 간식과 야식의 섭취, 스트레스 해소의 수단으로 간식을 먹는 등 그 경향 및 형태는 여러 가지이다. 그렇다면 어떠한 식습관이 잘못된 방법인지 알아보겠다.

ⓐ 폭식

살이 찐 사람들 중에는 식사량을 줄이기 위해 아침, 점심, 저녁 중 한 끼를 거르는 사람들이 있는데 이런 식습관이 바로 비만의 원인이다. 한끼를 굶으면 다음 식사 때 공복감이 심해져 알맞은 양 이상으로 많이 먹게 된다. 한번에 음식을 많이 먹게 되면 혈당치가 높아지고 이에 따라 인슐린의 분비도 촉진되어서 지방세포의 지방 합성이 늘어난다.

ⓑ 일정하지 않은 식사시간

1회에 먹는 양이 적으면 식사로 인해 흡수된 영양분은 곧 소비되어 에너지 부족현상을 나타낸다. 그 에너지를 보충하기 위해 몸에 축적되어 있는 지방을 분해하여 이용하는 것이 바로 체중이 감소되는 현상이다.

따라서 하루의 식사량을 아침(25%), 점심(50%), 저녁(25%)으로 나누고, 식사량은 소량으로 하며, 식사시간을 일정하게 해서 지방을 규칙적으로 소비시키는 것이 좋은 방법이다. 이 리듬을 무너뜨리면 갑작스런 변화로 인해 체중이 안정되지 못한다.

ⓒ 고칼로리 간식

하루 세끼 이외의 음식물 섭취는 칼로리 과잉이 되기 쉬우며 이는 곧 비만을 촉진시키게 된다. 간식이 문제가 되는 또 다른 하나의 이유는 간식으로 먹는 식품들이 대부분 고칼로리 식품이라는 것이다. 쉽게 접할 수 있는 인스턴트 식품이나 패스트 후드 식품 등은 대개의 경우 고 칼로리 식품들로, 탄수화물류의 영양소가 집중적으로 들어 있는 반면 인체에 필요한 영양소가 골고루 함유되어 있지 않은 것이 대부분이어서 쉽게 비만해지는 한편 영양상태의 균형이 깨어지기 쉽다.

ⓓ 스트레스 해소의 수단

스트레스가 과식을 부른다는 말이 있다. 개인에 따라서 먹는 행동으로 욕구를 만족시키거나 불안을 완화시키는 경우가 있다. 또한 긴장이나 걱정을 덜어 주고 우울하고 공허한 생활로부터 기분을 전환해 주기도 한다. 또 음식물을 먹음으로써 보상 혹은 만족을 느낄 수 있다고 한다. 이러한 이유 때문에 스트레스를 가진 사람들 중에는 먹는 것을 스트레스 해소의 수단으로 삼는 사람들이 있는데 이러한 습관은 당연히 비만을 초래하게 된다.

④ 활동량 부족

일상의 생활 습관이나 직업상의 특징으로 활동량이 적을 경우에도 비만이 된다. 이때 음식의 섭취량과 운동으로 인한 소모량이 균형을 이루어야 한다. 그러나 현실적으로 일상생활의 많은 부분에서 사람의 힘보다는 기계의 이용도가 높아지는 현대에는 이와 같은 불균형 현상이 점점 심해지고 있다.

사람이 살이 찌거나 마르는 원리를 종종 물탱크에 비유한다. 물탱크에 물이 유입되는 양보다 빠져나가는 양이 적으면 물의 저장량이 늘어나는 것과 마찬가지로 섭취된 칼로리보다 사용한 칼로리가 적어서 살이 찐다는 원리이다.

⑤ 운동 부족

운동 부족은 에너지를 소비하지 못하기 때문에 저장 에너지를 늘리도록 작용하여 자연스럽게 체내에 여분의 지방을 쌓이게 한다. 즉 섭식량과 소화·흡수율의 변화가 없는 상태에서 일상생활의 작업량이나 운동량이 줄면 에너지 섭취량은 상대적으로 잉여분이 발생하게 되어 비만이 된다.

2) 유전적인 원인

살이 찐 사람의 25~30%는 유전적으로 살이 찌기 쉬운 요소를 가지고 있다는 연구 보고가 있다. 이들은 위의 활동력이 강하므로 소화·흡수율이 높으며 이로 인해 식욕이 왕성한 경우가 많다. 또한 기초 대사율은 낮은 것이 특징인데 살이 찌기 쉬운 음식, 예를 들면 고지방, 고열량 식을 좋아하는 가계의 식습관 전통 등이 중요한 영향을 끼친다.

또한, 유전은 체질적인 형태의 비만에 영향을 미친다고 알려져 있다. 유전적인 특성으로 인해 무거운 골격 구조와 근육의 형성은 과체중의 요인이 된다. 학자들의 보고에 의하면 비만인 사춘기 연령층들은 비만이 아닌 사람들과 비교해 볼 때 그들에게 지방이 과다하기보다는 형태학상의 모양이 다르다는 사실을 관찰하였는데 이것은 중요한 의미가 있다. 즉 비만인 사람은 그 비만의 형태가 부모의 비만 형태와 유사함을 발견할 수 있다. 예를 들면 하복부 비만, 상체 비만 등 신체내 특수한 부위만 비만해 지는 것이 그 예이다. 이것은 비만이 되는 경향에 선천적인 요인이 작용하고 있다는 것을 나타내는 것이다.

또한 부모가 정상체중일 경우 자녀중 10% 정도만 비만아가 될 가능성이 있고, 한쪽 부모가 비만일 경우는 자녀의 50%가, 양쪽 모두 비만일 경우는 자녀의 80%가 비만이 될 가능성이 있다고 한다.

일반적으로 비만인 부모의 자녀들은 그들의 부모와 같은 음식을 먹고 그들의 부모와 같은 식습관 때문에 체중이 증가된다고 생각하며 비만이 발견되는 동기는 유전적인 소인도 많이 작용할 것으로 생각되고 있다. 그러나 환경적인 요인이 70% 정도로 유전적인 요인보다 더 큰 영향을 미치기 때문에 바른 식생활을 실천하고, 적당한 운동을 생활화하면 정상 체질로 변화시킬 수 있다.

(1) 비만증의 유전양상

비만증의 유전양상은 매우 복잡하며, 더구나 확실한 유전인자도 아직까지 밝혀지지 않았다.

유전적 비만에서 유전자의 영향은 비 유전적 환경인자에 의하여 그 효과가 증감되기도 한다. 즉 개개인의 체지방량 및 분포는 유전인자와 영양상태, 에너지 소모정도, 사회·정신적 인자 등의 환경 인자와의 상호 작용에 의해 결정된다. 따라서 비만은 유전인자와 비유전인자들의 상호작용에 의해 결정되는 다인자성 원형을 갖고 있다고 할 수 있다.

에너지 균형은 에너지 섭취량과 소모량에 의하여 결정된다. 에너지 섭취에 영향을 미치는 인자로 섭취한 총 열량은 물론, 음식물의 구성성분, 식욕 포만감 등이 관여한다. 에너지 소모는 기초대사, 안정시 대사, 식이성 열생산, 운동 및 작업에 의한 에너지 소모, 신체 활동량의 정도, 주위의 온도 변화에 의한 열생산, 스트레스에 의한 열생산 등에 의해 결정된다. 그러나 비만 발생에 대한 유전적 영향은 에너지 섭취보다는 에너지 소모에 작용이 더 중요한 것으로 알려져 있다. 체지방에 영향을 미치는 요인으로 에너지 균형 이외에 개체마다 고유한 특성을 갖는 생물학적 차이 및 행동 양상의 차이를 들 수 있으며 이러한 차이는 선천적으로 또는 후천적 상황에 따라 결정된다. 중요한 것은 열량 공급에 있어서 매끼니 마다 균등한 배당을 하여야 하며 식사시 열량 분할이 불균등하고 식사시간이 일정하지 않은 경우에 비만을 초래하기 쉽다는 점이다.

비만관리를 위해 특수 제조된 액체나 고체형 조절 식사는 열량 섭취량을 엄격히 제한하고 조절하므로 체중감소에는 편리하지만, 이러한 조절 식사는 장기간 계속해서 시행하기가 매우 어려우므로 좋은 식습관의 유지가 무엇보다도 중요하다. 또한, 체중 초과자 중 어떤 사람들은 열량가가 높은 음식을 금해야 한다고 하면 강박 관념을 가지는 경우가 있다. 이런 경우에는 평상시의 음식의 양을 절반으로 줄이고 이에 적응하도록 훈련시키는 것이 좋다.

비만자를 위해 식욕 감퇴제(appetite depressants)를 의사의 처방 하에 사용하는 예가 있는데, 이것은 현재 비만증에 걸려 있거나 체중 감량을 시작한 사람 모두에게 사용된다. 또한 어려서부터 비대하였던 사람들에게도 사용하는데, 이 약제를 복용하면 구강 내의 건조증, 불면증, 불안, 흥분, 혹은 변비 등의 지엽적인 문제를 야기시킬 수 있으므로 꼭 필요한 경우에만 사용하여야 한다. 비만한 사람이 식욕 감퇴제의 효과를 보려면 대개 4~6주일 동안 꾸준히 복용하여야 한다.

(2) 체지방의 유전 가능성

일반적으로 비만한 부모에서 출생한 아이는 비만하지 않는 부모에서 태어난 아이보다 비만한 경우가 더 많다고 알려져 있다. 그러나 부모와 자식은 유전인자 이외에도 거주 환경 등 많은 환경인자를 공유하기 때문에 아이의 비만이 단순히 부모의 유전인자에 의해서만 결정된다고는 말할 수 없지만, 입양된 양자의 체중은 양부모보다 친부모의 체중과 더 밀접한 관계가 있다는 연구 결과가 발표되면서 비만의 유전적인 인자에 대한 관심이 높아지고 있다. 또한, 쌍생아에 대한 연구에 의하면, 서로 다른 환경에서 양육된 일란성 쌍생아는 동일한 환경에서 양육된 이란성 쌍생아보다 비만의 상관도가 높다고 한다. 이러한 결과 때문에 비만의 발생에 유전인자의 중요성을 시사하고 있다. 즉 피하지방량의 유전 가능성은 적은데 비해 총 체지방량의 유전 가능성은 상대적으로 높은 것으로 미루어 볼때, 복부지방을 포함한 체내 총 지방의 유전도 가능함을 시사하고 있다.

(3) 복부 지방의 유전성

체지방의 과다 증가는 동맥경화증, 인슐린 비의존형 당뇨병, 고혈압 등의 발생에 관여하는 위험인자로 오래 전부터 인식되어 왔다. 최근에는 복부비만 자체가 과다한 체지방의 축적보다 더 높은 위험을 보이는 독립적인 위험 인자로 인식되고 있으며, 실제로 복부 비만자에서 성인병 발생률이 높음이 여러 연구에서 입증되어지고 있다.

(4) 에너지 소모의 유전성

에너지 소모는 습관적인 신체활동 수준, 최소운동(submaximal exercise)에 필요한 에너지 소모량(기초대사량), 안정시 대사율, 식이성 발열 등에 의해 결정되며, 이들에게는 각각 다른 유전적 영향이 관여할 것으로 생각된다. 동일한 양의 에너지 섭취에도 불구하고 개체에 따라 체지방의 증가가 다르게 나타나는 이유는 이러한 유전적 차이에 의한 것으로 생각되고 있다.

습관적인 신체 활동수준은 약 25~30% 정도 유전적 영향을 받는 것으로 보고되어 있다. 즉, 에너지 소모의 개체간의 유전적 차이는, 많은 양의 에너지를 필요로 하는 활동이나 운동보다는 습관적인 신체활동 수준의 에너지 소모에 있음을 시사한다. 쌍생아를 대상으로 최소운동에 필요한 에너지 소모량에 대한 유전적 영향을 분석한 결과, 에너지 소모량이 적은 수준의 운동에서 45% 이상의 영향을 받는 것으로 보고되었다. 그러나, 에너지 소모량이 안정시 대사율의 6배에 해당하는 운동에서는 에너지 소모에 대한 개체간의 유전적 영향은 소실되는 것으로 보고되어 있다. 한편 체지방의 체중에 따른 안정시 대사율과 식이성 발열 효과는 각각 40% 정도의 유전적 영향을 받는 것으로 생각되고 있다.

3) 현대 생활 패턴상의 문제점

현대의 사회 구조 및 생활 양식에서 초래되는 비만증의 요인을 보면 다음과 같다.

① 생활 기구의 기계화 및 간소화로 노동량의 감소
② 경제 상태, 수입의 증가로 식품 소비의 증가와 자연식품 외의 열량이 높은 인스턴트 식품의 개발
③ 생활, 문화적 습성에 있어서 식도락을 즐기는 경향
④ 운동의 참여보다는 시청의 증가
⑤ 기계화된 교통수단

4) 감정상의 문제

감정적인 문제가 큰 경우 체중 감소를 하기 전에 감정 문제를 우선 처리해야 하며 육체적 능력에 알맞는 규칙적인 운동을 권해야 한다. 어려서부터 비만한 사람은 식이요법으로 성공하기 어려운데, 이는 이미 식습관이 형성되어 성인이 된 후에는 좀처럼 개선하기가 어렵기 때문이다.

체중이 감소된 뒤에 다시 증가하는 것은 진정한 의미의 체중 감소가 아니다. 체중의 재증가를 막기 위하여 식습관을 바꾸고 생활 양식의 변화를 가져오도록 하되 기초 식품군 외의 기타 영양소가 적절히 함유된 식품 선택이 중요하다.

또한, 체중 감소는 서서이 이루어지는 과정이어야 한다. 개인에 따라 계획적인 저 열량 식사라도 2~3주간은 만족한 결과를 얻지 못하는 경우가 많다. 이런 경우는 체중 조절을 포기하기 쉬우나 인내심을 가지고 식이요법과 운동요법을 병행하여야 하며, 무엇보다도 장기적인 식이요법 원리의 인식이 매우 필요하다.

1주일의 이상적인 체중 감소는 500~1000그램이다. 또한 식사에 있어서 열량의 균등한 분배가 건강과 체중 조절에 좋다는 결과가 동물 실험을 통해 나타나 있다.

5) 정신적 · 사회적 인자

불안, 고민, 슬픔은 정상인의 경우 식욕을 억제하도록 작용하나 사람에 따라서는 욕구불만이 섭식행동으로 전가되어 식욕을 항진시킨다고 한다.

예를 들어 자식의 불만에 대해서 간식을 주어서 달래는 어머니의 과잉 보호 행위는 자녀가 성장한 후 정신적 스트레스를 받을 시에 식사로 위로하는 습관을 만들어 주는 결과를 낳게 하는 경우도 있다. 또한 개인차는 있으나 스트레스를 받게 되면 인체내의 소화작용이 더욱 활발해져서 식욕이 촉진되는 예도 있다.

6) 기타

하루의 식사 횟수와 단식이 식욕과 체중에 미치는 영향에 대한 연구는 최근 정반대의 두 가지 결과를 발표한 바 있으므로 계속 연구 과제로 남아 있다. 체중 조절은 개인에게 주어진 문제이므로 열량 조절, 계속적인 운동 외에 개인의 감정적 반응 및 과거의 경험에 비추어 조절함이 중요하다.

비만증은 유년기, 학령기, 사춘기, 임신기와 갱년기 등 모든 시기에 일어날 수 있으며 일단 비만증이 생기면 지방세포 수나 크기가 증가하기 때문에 치료하기 어렵다. Herser에 의하면 지방세포의 잠재수는 청소년기나 성년 초기에 확립된다. 그러므로 체중 감소는 지방세포수의 감소가 아니라 크기를 감소시키는 것이므로 지방세포가 확립되기 전에 가장 효과적으로 조절할 수 있다.

Peckham은 비만한 동물의 체중 증가는 그렇지 않은 동물에 비해 쉽다는 사실을 보고하고 있다. 비대한 청소년들의 활동을 연구하는 Mayer에 의하면 각종 운동에서도 정상 체중인보다 비활동적이며 더구나 자신의 운동력 부족을 인식하고 있지 않다고 하는데, 20% 이상의 체중 감소로 운동 능력이 상당히 증가했다고 한다.

한편, 체중 초과는 호흡과 관련이 있는데, 이는 신체의 산소 공급이 지나친 지방세포로 인하여 늦어지고 따라서 운동 내성이 감소되며, 특히 호흡기 질환이 있는 경우 더욱 호흡이 곤란해진다. 또한 비만증인 사람에게는 발한이 많기 때문에 습기 있고 마찰이 심한 지방층 부분에 발진, 염증, 부스럼 등이 생기는 경향이 크다.

제2장
식이요법

1. 영양과 건강

건강하고 아름다운 피부는 건강한 신체에서 비롯된다는 것에 반대한 사람은 없을 것이다. 우리가 섭취하는 음식물을 통해 영양분을 공급받고 이 영양분이 피부에 공급되어 탄력있고 윤기있는 피부를 가지게 되는 것이다.

그러나 잘못된 식습관과 과잉 영양 섭취로 인해 생기는 문제들이 발생되고 있는 있는데 외관상 가장 먼저 두르러지는 것이 체중 증가로 인해 비만이라고 할 수 있을 것이다.

요즈음은 식생활이 서구화되고 넘치는 영양 과잉으로 인해 어른, 아이할 것 없이 사람들이 점차 비만이 되고 이에 따른 여러 가지 질병이 대두되어 인생의 화두가 '잘 먹고 잘 사는 것'이 되어 가고 있다고 해도 과언이 아니다. 피부와 비만 관리는 식생활도 밀접한 관련이 있으므로 따라서 이 장에서는 사람 모두에게 필요한 기본적인 영양소외에 나에게 필요한 영양소가 무엇인지 파악할 수 있고 기본 지식을 공부하고 자신에게 맞는 열량과 운동방법은 무엇인지, 상담자로써 가지고 있어야 할 기본 지식을 다루어 보고자 한다.

1) 기본 영양소

영양소란?

식품의 성분 중 체내에서 영양적인 작용을 하는 유효성븐을 우리 몸을 만들고 에너지를 제공하며 몸의 생체 기능을 조절하는 것이다. 사람이 성장기에 정상적인 성장을 유지하고 또 전 생애를 통하여 건강을 유지하기 위해 필요한 영양소는 대략 50여개 정도 된다.

(1) 영양소의 구분

① 열량 제공 : 탄수화물, 단백질, 지질

② 성장과 발달 촉진 : 단백질, 지질, 비타민, 무기질, 수분

③ 신체 기능 조절 : 단백질, 지질, 비타민, 무기질, 수분

(2) 6대 영양소

탄수화물, 단백질, 지방, 비타민, 무기질, 물

2) 영양소의 기능과 역할

(1) 탄수화물(Carbohydrate)

① 탄소, 수소, 산소 원소로 구성된다.
② 신체의 중요한 열량 공급원으로 평균 4kcal/g을 제공한다.
③ 음식에 맛을 주고 체세포에 열량을 공급한다.
④ 신체는 대부분의 탄수화물에서 생성된 포도당을 세포의 주요 열량원으로 사용한다.
⑤ 탄수화물의 저분자 구조를 당(sugar) 또는 단순당(simple sugar)라고 한다.
예) 포도당과 과당으로 구성된 설탕
⑥ 포도당 같은 일부 단순당이 화학적으로 결합한 고분자 저장성 탄수화물을 복합당(polysaccharide)이라고 한다.
예) 감자의 전분

(2) 지질(Lipid)

① 지질(lipid : 대부분 지방과 기름)은 탄소와 수소 원소로 구성된다.
② 탄수화물보다 산소 수가 적은데 이와 같은 조성의 차이 때문에 지질이 탄수화물보다 많은 열량(평균 9kcal/g)을 생산한다.
③ 지질은 물에는 녹지 않지만 에테르, 벤젠 등 유기용매에는 녹는다.
④ 대부분의 지질은 3개의 탄소로 된 글리세롤 분자에 각 탄소마다 지방산(fatty acid)이 붙어 있는 구조이다. 이런 종류의 지질을 중성지방이라고 한다.
⑤ 지방은 실온에서 고체 상태이며 기름은 실온에서 액체 상태이다.
⑥ 대부분의 지질은 주요 지방산의 화학구조에 따라 포화(saturated) 또는 불포화(unsaturated)로 구분
- 포화 지방산 : 모든 탄소가 단일 결합. 수소가 포화되어 있는 결합. 상온에서 고체, 동물성 식품에 55%, 식물성 식품에 10~25% 정도 들어 있다.
- 불포화 지방산 : 1개 이상의 이중 경합을 포함하는 것으로 이중 결합의 수에 따라 단일 불포화 지방산과 다가 불포화 지방산으로 나눈다. 이중 결합의 수가 많을 수록 융점이 낮고 상온에서 액체로 존해하며 이중결합은 공기중에서 쉽게 산화되어 산패가 빠르다.

- 필수 지방산 : 체내에서 합성되지 않거나 합성되는 양이 작아서 음식을 통해서 하루에 최소 1~2% 정도를 섭취해야 하는 지방산, 필수 지방산(essential fatty acids)은 세포막의 구성 성분으로 부족하면 성장 불량 , 피부염, 습진 등의 결핍증이 나타난다.

(3) 단백질(Protein)

① 탄소, 산소, 수소, 질소 원소로 구성되어 있다.
② 체 구성 성분 : 모든 신체 조직의 성장과 유지에 필요한다.
③ 산, 알카리 평형유지 : 체액의 pH를 중성 내지 약 알칼리성(pH 7.35~7.45)로 유지. 즉, 체액이 알칼리성이되면 산의 역할을 하고, 산성으로 치우치면 알카리 역할을 하는 완충 작용(buffer action)에 의해 체 pH를 유지한다.
④ 수분 평형 유지 : 단백질은 분자량이 커서 모세혈관을 빠져나가지 못하므로 혈관 내 삼투압을 조직보다 높게 유지시켜 대부분의 수분을 혈관에 머무르게 한다. 단백질을 충분히 섭취하지 못하면 혈액 중의 수분이 조직으로 빠져 나가고 부종이 생기게 된다.

※ 구성단위 : 아미노산

① 아미노산의 종류

ⓐ 필수 아미노산(체내에서 합성되지 않거나 합성되더라도 충분한 양이 합성되지 않아 반드시 식사를 통해서 섭취해야 하는 것
ⓑ 불필수 아미노산 : 체내에서 탄수화물의 중간 대사물질과 질소, 또는 필수 아미노산으로부터 합성될 수 있는 아미노산을 불필수 아미노산이라 한다.
ⓒ 제한 아미노산(limiting amino acids) : 단백질을 합성하기 위해서는 각 아미노산이 필요한 만큼 모두 들어 있어야 하며, 한 가지라도 부족하면 합성이 중단된다. 이때 부족한 아미노산 중에서 인체에서 필요로 하는 양에 비해 제일 적게 들어있는 필수 아미노산을 제한 아미노산이라 한다.

- 단백질의 상호 보충 효과(Complementary effect of protein) : 두 개의 부분적인 완전한 단백질을 함께 섭취하였을 때 각각의 아미노산 부족분이 서로 보충되어 결과적으로 필수 아미노산의 공급이 완전해지는 것을 말한다.

② 완전 단백질(Complete protein)과 불완전 단백질(Incomplete protein)

ⓐ 완전 단백질 : 인체의 성장과 유지에 필요한 필수 아미노산이 골고루 들어있는 양질의 단백질로 젤라틴을 제외한 육류, 계란, 우유 등의 동물성 단백질
ⓑ 불완전 단백질 : 한 개 이상의 필수 아미노산이 부족한, 즉 제한 아미노산이 하나라도 포함된 단백질로 식물성 단백질이 있다.

(4) 비타민(Vitamin)

- 탄소를 포함하는 필수적인 유기물질로 열량은 없지만 에너지 대사와 관련된 효소를 도와 주는 역할을 한다.
- 비타민은 4개의 지용성 비타민(fat soluble vitamin: A, D, E, K)과 9개의 수용성 비타민(water soluble vitamin: B군, C)으로 나뉜다.

① 지용성 비타민

ⓐ 비타민 A(Vitamin A)

1. 동물의 간장에 다량 함유, 식물에는 pro-vitamin A 형태로 존재
2. 시력 유지, 상피 조직의 건강유지, 정상적인 생식 기능의 유지, 생체막의 구조와 기능 유지
3. 결핍증) ① 야맹증
   ② 동물의 신체성장 둔화
   ③ 피부와 점막에 관여 : 점액합성 못하게 됨
4. 지용성 비타민 중 특히 비타민 A는 신체에 과잉 축적되기 쉽고 독성을 보일 수 있다.

ⓑ 비타민 D(Vitamin D)

1. 뼈를 구성하는 Ca(칼슘)과 P(인산염)의 흡수를 돕고 이들의 대사를 조절
2. 뼈 흡수의 촉진
3. 신장에 의한 칼슘과 인산염의 재 흡수 촉진
4. 결핍증) ① 구루병(아동) 뼈가 제대로 성장 못해 생긴 질환 : 골연화증(특히 여자 어른), 골다공증(노인)
   ② 유아발육 부족
5. 비타민 D는 체 표면에 태양광선을 쪼임으로써 생성된다.

ⓒ 비타민 E(Vitamin E)

1. 동물의 생식과 노화방지와 관련 즉 항산화 효과가 큼 → 동물의 생식기능 유지시키며, 식물성유지에 존재, 항산화 작용
2. 대부분 세포막에 존재한다.
3. 인지질이나 콜레스테롤은 고도 불포화 지방산들을 함유하고 있는데 비타민 E는 이들이 유리기(free radical)에 의해서 산화, 파괴되는 것을 막는다.

ⓓ 비타민 K

1. 혈액 중 프로트롬빈 양을 정상적으로 유지하여 피의 응고성 유지(혈액응고 작용)
2. 결핍증: 혈액응고 지연, 신장염
3. 푸른잎채소, 토마토, 동물의 간장

② 수용성 비타민

ⓐ 비타민 B_1(Thiamin)

1. 비타민 B복합체 중에서 최초의 비타민이기 때문에 비타민 B_1이라는 이름을 갖게됨
2. 티아민, 항각기성 비타민, 항다발성 신경염
3. 체내에서 합성, 저장되지 않음 매일 섭취해야 한다.
4. 기능 :
   - 식물의 배아(곡류, 두류, 견과류), 물고기눈, 돼지고기, 살코기보다 내장에 많다.
   - 열에 대하여 불안정, 조리 시 손실되기 쉬움
   - 마늘 allicin + thiamin과 결합 → allithiamine가 되면 인체내 흡수가 잘되고 생리작용 우수
   - 가벼운 결핍 : 피로, 권태, 식욕부진
   - 심각한 결핍 : 각기병, 다발성 신경염, 신경통, 심장장애

ⓑ 비타민 B_2(riboflavin)

'플라빈'은 라틴말로 노란색을 의미하며 이것은 탄수화물, 지질, 단백질이 분해되어 에너지를 생성하는 단계에 작용하는 조효소이다.

결핍증 : 피부염, 설염, 구순수각염, 눈장애, 햇볕에 민감, 혼란들의 증세가 나타남

리보플라빈은 열에 안정하여 조리시의 파괴는 적으나 빛에 민감하므로 자외선이나 형광등에 노출될 경우 파괴된다. 이런 이유로 우유는 종이팩이나 불투명한 플라스틱 용기에 포장되어 판매되고 있다.

ⓒ Vitamin B_3(niacin)

비타민 B_2와 함께 당질, 지질 및 단백질의 산화 과정을 촉매하는 효소의 보조효소로 작용한다.

결핍증 : 펠라그라 발생

- 펠라그라 : '4Ds'로 피부염(dermatitis), 설사(diarrhea), 우울증(dementia), 심하면 사망(death)에 이른다.

초기증상으로는 식욕감퇴, 체중감소, 허약이 발생한다. 주로 옥수수를 주식으로 하는 남미, 남유럽, 러시아, 이집트 등이 개발도상국에서 주로 발생한다.

ⓓ Vitamin B_6

아미노산 대사반응에 참여

신경전달물질, 헤모글로빈 합성

- 호모시스테인(homocysteine)대사 : 혈액 내 호모시스테인의 증가는 심혈관계 질환의 위험요인을 증가시키므로 이 반응은 중요하다.

- 결핍증 : 우울증, 구토, 피부장애, 신경흥분, 면역반응손상 등이 나타난다. 과잉증은 보디빌딩을 하는 사람이나 월경증 증후군을 치료하기 위한 여성의 경우 나타나며, 증상으로는 보행장애, 손과 발의 마비가 나타난다. 이러한 신경장애 중에 감각뉴런의 손상을 회복될 수 있으나 신경절의 손상을 회복되지 않는다.

ⓔ 엽산(folate)

- 핵산 합성 : DNA 합성에 관여하며 아미노산과 호노시스테인과 같은 아미노산 유도체의 대사에 조효소로 작용한다.
- 적혈구 생성 : 적혈구 합성의 초기단계에 엽산이 결핍되면 DNA 합성이 되지 않아 세포분열이 일어나지 않고 단백질과 다른 성분은 충분하므로 세포만 커진다.
- 신경관 형성 : 태아에서 발생하는 신경관 손상은 모체의 엽산 결핍과 유전적 소인에 의해 발생되며 신경관으로부터 뇌와 척수가 발달되므로 엽산 결핍시 척추파열과 무뇌증이 나타난다.

ⓕ 비타민 B_{12}(Cobalamin)

무기질인 코발트를 포함하고 있으며 장내 박테리아, 곰팡이에 의해 합성된다. 흡수시에는 위에서 분비되는 내적인자가 비타민 B_{12}와 결합하여 소장으로 들어가서 흡수된다.

1. 엽산 대사에 관여
2. 신경계 유지
3. 악성빈혈 : 신경장애를 가져와 마비를 일으키고 무력감, 무감각, 말단의 통증 등의 증상이 나타나며 이러한 손상은 회복되지 않음

채식주의자나 채식주의자의 수유를 받는 신생아의 경우도 빈혈과 뇌성장 손상, 척수장애, 지적능력 감소와 같은 신경장애가 발생한다.

ⓖ 비오틴(biotin)

비오틴은 식품 중에 2가지 활성형으로 존재하고 지방과 탄수화물 대사에서 이산화탄소를 유입시켜 포도당, 지방산, DNA 합성을 촉진시키는 조효소로 작용한다.

결핍증 : 장애 박테리아에 의해 합성되어 결핍증은 드물지만 증상은 피부염, 식욕감퇴, 구토, 빈혈, 우울증 등이 나타난다.

ⓗ 비타민 C(Ascorbic acid)

1. 콜라겐 합성 : 아스코르브산은 비타민 C의 활성형 중에 하나로 콜라겐을 합성에 관여.
2. 피부의 콜라겐 합성이 감소되어 나타나는 증상이 괴혈병(scurvy)으로 17, 18세기경 장기간의 항해를 하는 선원에서 주로 발생하였으며, 증상은 무력감, 상처치료, 잇몸출혈, 설사, 골절, 뼈통증, 모낭 주의의 출혈이 발생.

3. 비타민 C는 소장에서 흡수되고 하루에 1g 정도를 섭취하며 약 50% 정도 흡수가 된다.
4. 과잉 섭취시에 설사를 일으키게 되는데 이것은 흡수되지 않은 비타민 C가 소장에 남아 물과 결합하여 설사를 일으킨다.
5. 항산화 기능 : 비타민 C는 산화제로 작용하여 활성형태의 철분과 구리 같은 이미 산화된 무기질을 환원하고 손상된 산화물을 제거한다.
6. 철분의 흡수를 높여서 간접적으로 적혈구의 형성에 관여한다.

(5) 무기질

① 지금까지 논의된 영양소가 모두 유기(organic)인데 비해 무기질은 구조가 매우 단순한 무기(inorganic) 물질이다.

② 무기질은 탄소원자를 함유하지는 않는다. 즉, 생물체를 구성하는 원소 중에서 탄소. 수소, 산소 등의 3원소를 제외한 생물체의 무기적 구성 요소이며 광물질이라고도 한다.

③ 무기질 자체가 신체에 열량을 제공하지는 않지만 신경계 기능, 기타 세포반응, 수분균형 및 골격주조에 결정적 역할을 한다.

④ 산과 염기의 균형을 맞춰준다. 즉, 체내의 적절한 pH를 유지하도록 해준다.

⑤ 물의 균형 조절- 체액은 세포 내.외 및 세포 사이에 존재한다. 물은 반투과성 세포막을 통과하기 위해서는 삼투현상에 의해서 운반되며 이동방향과 양은 무기질의 농도에 의해 결정된다.

(6) 수분(Water)

수분은 생명을 유지하기 위해서 꼭 필요한 여섯 번째 영양소이다. 때로 영양소로써 가치가 간과되기도 하지만 신체에서 가장 많은 양이 필요한 다량 영양소이다.

① 수분은 모든 조직의 구성 성분

② 체조직을 구성하는 성분 중 가장 양이 많다.

③ 신체 내 함유되어 있는 수분의 양은 연령, 성별, 체지방의 함량에 따라 차이가 있다. 남자의 경우 수분의 함량이 전체 체중의 60%를 차지, 여자의 경우 50~55%를 차지, 갓난 아이의 경우 70%를 차지하며 나이가 들수록 수분의 양은 줄어든다.

④ 물질의 운반 작용으로 주로 소화 흡수된 영양소를 조직으로 운반해주는 작용을 하며 체내 대사에서 생긴 노폐물을 운반하여 체외로 배설하는 기능이 있다.

⑤ 체온 조절 자용을 하여 체내에서 발생하는 열을 흡수 또는 방출하여 체온을 조절해준다.

2. 에너지 균형

에너지 섭취량과 에너지 소모량이 균형을 이룰 때 체중이 유지된다.

열량 균형이 이루어 지지 않을 경우 체중 증가로 인해 비만이 발생하는데 비만은 현재 세계적인 영양문제이며 세계보건기구(WHO)에서도 1997년 이후 질병으로 분류했다. 비만은 이제 건강을 해치는 위험요인이 아니라 치료해야 할 질병이다. 전 세계적으로 비만 인구는 1980년대 이후로 급증하여 매 5년마다 2배 가량 증가하고 있다. 최근에는 미국 성인의 65% 이상이 과체중이고 이들 중 40%는 비만이라는 보고가 있으며 우리나라도 모든 연령층에서 비만 인구가 급속히 증가하고 있다. 따라서 현대인에게 체중 조절과 건강체중의 유지는 점점 더 중요해지고 있다.

1) 에너지 대사

사람은 음식물을 통해 에너지를 공급 받게 되며 이를 다시 화학 에너지, 전기에너지 등으로 변환시켜서 생명유지, 성장, 발육, 신체 활동 등을 영위하는데 사용한다. 이 과정을 에너지 대사라고 하며 인체의 에너지 소모량은 기초 대사량, 활동 대사량, 식품을 열량소 대사량, 적응대사량으로 구성되나 과식이나 추위에 노출되는 경우을 제외하면 적응 대사량은 거의 영향을 미치지 않는다.

(1) 기초대사량

기초대사량이란 적정 온도와 조용한 환경 하에서 12시간 또는 이상의 공복 후 휴식을 취하면서 깨어 있는 상태에서 인체가 사용하는 최소 열량을 의미한다. 주로 앉아서 생활하는 가벼운 활동자의 경우 기초대사를 위한 열량 소모는 신체 전체 사용 열량의 약 60~70%를 차지한다. 기초대사량은 심장박동, 호흡, 체온 유지와 기타 기능 유지를 위한 열량을 포함하며 신체 활동과 식품의 소화에 따른 열량 소비량은 포함되지 않는다. 기초대사율은 여자가 0.9kcal/kg/hr, 남자 1.0kcal/kg/hr로 추정하고 개인에 따라 25~30% 차이가 난다. 기초대사에 영향을 미치는 영향요인은 다음과 같다.

① 제 지방량(일반적으로 체 지방량이 높은 사람보다 제지방량의 비율이 높은 사람의 기초대사량이 더 높다. 근육, 간, 뇌, 신장 등의 조직은 휴식 시, 높은 대사활동을 보이고 열량 요구가 높음)
② 체표면적(면적이 클수록 체온 손실이 크므로 기초대사량이 높음)
③ 성별(남자는 제지방량이 많기 때문에 평균적으로 기초대사량이 높음)

④ 체온(고열 및 체온상승은 기초대사량을 증가시킴)
⑤ 갑상선 호르몬(기초대사량을 증가시킴)
⑥ 연령(기초대사율은 성인기 이후 나이가 들수록 감소함)
⑦ 영양상태(적게 먹는 것은 단기적으로 기초대사율을 감소시킴)
⑧ 임신(기초대사를 증가시킴)
⑨ 카페인과 담배의 사용 : 기초대사율을 증가시킨다.

열량을 적게 섭취하면 기초대사량의 약 10~20% 감소 또는 약 150~300kcal 만큼 감소된다. 이것은 체중감소를 어렵게 만드는 원인이 된다. 더구나 나이를 먹는 것은 정상적인 체중 유지를 어렵게 한다. 30세 이후에는 매 10년마다 기초대사량이 1~2%씩 서서히 지속적으로 감소한다. 그러나 운동과 같은 신체 활동은 제지방량을 유지하는데 도움이 되며 나이가 들더라도 높은 기초대사율을 유지하게 되므로 체중 조절이 용이하다.

- 남자의 1일 기초 대사량 : 1kcal /kg/hr *체중(kg)*24hr
- 여자의 1일 기초 대사량 : 0.9kcal /kg/hr *체중(kg)*24hr

(2) 활동 대사량

활동 대사량은 에너지 소비량을 기초대사량보다 25~40% 이상 증가시키고 신체가 하루 소비하는 열량의 약 30%를 차지하며 하루 총 열량의 소비량은 활동 대사량에 의해 크게 변화된다. 기초대사와는 달리 활동 대사량은 개인 간 차이가 매우 크다.

일상생활에서 운동량을 늘리면 열량 소비량을 쉽게 증가시킬 수 있다. 예를 들면 엘리베이터를 타는 것보다는 계단을 선택하고 운전해서 가는 것 보다는 걷는 것을 선택하면 매일 추가적으로 100~800kcal를 더 소비할 수 있다. 많은 전문가들이 비만 인구가 20세기에 비해 크게 증가한 원인은 식품 섭취가 증가한 탓도 있지만 신체 활동량이 줄어든 탓이 더욱 크다고 보고 있다.

활동에 따른 에너지 소모량

활동종류	kcal/kg/hr	kcal/60kg/hr
공부	0.42	25
자동차 운전, 다림질, 컴퓨터	1.02	61
손빨래, 청소	1.5	90
자전거타기, 골프, 걷기	2.52	151
탁구치기, 스케이트	4.02	241
테니스, 뛰기, 계단 오르기	6.48	388

① 육체적 활동: physical activity
② 일의 강도, 체력, 시간의 영향을 받음
③ 총에너지 소비량의 30%

(3) 식품 섭취에 따른 열량 소모량

기초대사량과 활동 대사량 이외에도 신체는 소화 흡수 및 영양소의 대사를 열량을 사용한다. 이러한 일을 하기 위해 사용되는 열량은 식품 섭취에 따른 열량 소모량(Thermic Effect of Food: TEF)이라고 한다. 이것은 섭취하는 열량의 약 5~10%에 해당하는 일종의 소비세와 같은 것으로 섭취한 열량의 가공비용이다. 하루 2,000kcal의 열량을 섭취한다면 그 중 100~200kcal는 식품 섭취에 따른 열량 소모량을 위해서 사용하나 개인마나 다르다. 식사 구성에 따라 식품 섭취에 따른 열량 소모량이 다르다. 단백질이 풍부한 식사를 했을 대 식품 섭취에 따른 열량 소모량은 20~30%로 탄수화물이 풍부한 식사(5~10%) 또는 지방이 풍부한 식사(0~5%)에 비해 높다. 이는 잉여의 아미노산이 지방으로 대사되는 것보다 포도당이 글리코겐으로 전환되거나 흡수된 지방이 지방조직 내로 저장되는 것이 열량이 덜 소모되기 때문이다. 한꺼번에 많은 양의 식사를 하게 되면 같은 열량을 여러 시간에 걸쳐 섭취하는 것보다 식품 섭취에 따른 열량 소모량은 증가한다. 그 이유는 영양소의 흡수와 저장의 증가와 함께 신경계 활동, 효소 및 호르몬의 생성과 분비가 증가하기 때문이다.

(4) 적응 대사량

적응 대사량(termogenesis)은 NEAT 또는 thermoregulation으로도 불리는데 추운 환경, 또는 과식 등에 의해 촉발되는 비자발적인 신체 활동의 증가를 의미한다. 이 활동은 떨림, 가만히 있지 못함, 근육 긴장 유지, 신체 자세의 유지 등을 포함한다. 같은 환경에 노출되어도 적응 대사량은 개인에 따라 다를 수 있다. 과식을 하여 잉여의 열량의 섭취되었더라도 적응 대사량이 높은 사람은 열량 소비량이 높아서 체증 증가에 저항적이다. 추운 조건에 노출되었을 때도 적응 대사량인 낮은 사람은 그렇지 않는 사람보다 열량을 적게 소모한다. 전반적으로 좌식생활을 하는 사람은 70~80%의 에너지를 기초대사와 TEF에 사용한다. 나머지가 주로 활동에 사용되며 소량만이 적응 대사량에 이용된다.

2) 에너지 상태

에너지 균형이란 에너지 섭취량과 소모량의 균형을 이루는 상태를 말한다.

열량 균형 = 열량 섭취량 − 열량 소비량

(1) 양의 열량 균형(positive energy balance)/ 에너지 과잉

결과적으로 체내 열량 저장을 초래한다. 임신기와 성장기는 양의 열량 균형이 필요한 시기이다. 임신기에는 태아의 성장 발달, 신체 성장을 위해 양의 열량 균형 상태가 필요하다. 에너지 과잉이라고도 한다.

(2) 음의 열량 균형(negative energy balance)/에너지 부족

소비 열량보다 섭취한 열량이 적은 경우로 열량 부족을 초래하며 체중이 감소되는데 체지방뿐 아니라 제지방조직도 감소한다. 열량 균형을 오랜 기간 동안 유지하며 건강 문제의 위험을 감소시켜 성인기의 건강과 웰빙에 기여한다. 성인기는 완만한 체중증가가 일어나기 쉬운 시기이므로 아무런 주의를 기울이지 않으면 결국 비만으로 발전한다. 이때 단순한 연령의 증가가 체중증가의 1차적인 원인이 되는 것이 아니라 주로 과도한 양의 식사 섭취와 운동량의 부족에 의해 체중증가가 일어난다.

(3) 인체 에너지 소모량

기초대사량, 활동 대사량, 특이동적 대사량 및 적응대사량이 포함된다.

구 성	정 의	총 칼로리(%)	증가 / 감소
기초 대사량	심장박동, 호흡, 체온 유지 등 생명유지에 필요한 최소한의 에너지	60~70%	* 남자, 성장기, 근육증가, 운동시 증가 * 여자, 다이어트 시 감소
활동 대사량	의식적인 근육 활동에 필요한 에너지	20~30%	* 운동이나 노동할 때 증가
특이동적 대사량	식품의 소화, 흡수, 대사, 이동, 저장을 위해 필요한 에너지	섭취 열량의 약 10%	* 육류위주의 식사 시 증가 * 다이어트 중 감소

3. 비만의 치료

비만은 다른 만성 퇴행성 질환과 같이 장기적인 치료가 요구된다. 비만의 치료는 일시적이거나 단기간 이룰 수 없는 것이며 일반적으로 실천할 수 있는 방법으로는 식이요법, 운동요법, 행동수정요법이 있다. 이 3가지 방법은 성공적인 체중감소와 유지를 위해 서로 영향을 미친다. 그 외 약물요법과 수술요법은 건강상 위험이 있는 고도 비만자나 초고도 비만자를 치료하기 위해서 사용하는데 반드시 의사의 진단과 처방이 있어야 한다.

비만 치료시는 체중 조절보다는 체지방의 조절이 목표가 되어야 한다. 또한 건강한 생활양식이 체중보다 강조되어야 하며 신체는 체중감소에 저항적이고 빠른 체중감소는 다시 원상 복귀되며, 특히 정신건강에 해롭다는 것을 명심해야 한다. 이제는 건강 체중의 관리와 유지가 중요하고 점진적인 체중증가를 막기 위한 여러 가지 감시가 요구되는 때이다.

1) 열량 섭취의 조절 (식사요법)

열량은 낮으면서 부피가 큰 저지방-고섬유식이 식품을 선택하는 것이 공복감을 막는데 좋다. 단기간의 체중감소는 영양 불균형에서 오는 체중감소이고 체지방의 감소를 의미하지는 않는다. 근육량의 감소는 기초대사량의 감소를 가져오므로 원래의 식습관으로 돌아가면 다이어트를 하기 전의 체중보다 오히려 더 증가하는 요요현상을 보여준다. 총열량 섭취량을 줄이기 위해서는 입맛에 맞고 구입이 수월하며 포만감을 줄 수 있는 식품을 선택하고 조리법을 익히는 것도 필요하다. 일주일에 0.5kg의 체중감소를 위해 하루에 남자는 1,500kcal, 여자는 1,200kcal 정도 섭취할 것을 권장하며 1주일에 체중 1% 정도의 체지방을 감소시키는 것이 바람직하다.

2) 규칙적인 신체 활동(운동요법)

식사 요법만으로 체중을 조절하는 것보다 규칙적인 운동을 병행하면 기초 대사량을 증가시켜 수월하게 체중 조정을 할 수 있다.

운동에 의해 소모되는 열량은 기대와 달리 적고 열량 섭취는 너무나 쉽게 늘어나므로 운동으로 열량을 소비하기 위해서는 많은 노력이 필요하다.

지구력을 요구하는 유산소 운동뿐 아니라 제지방조직을 증가시켜 기초대사량을 높이고 요요현상을 막아주는 저항성 운동의 효과가 증명되었다. 운동의 강도는 최대 심박동수의 50~60%의 강도, 즉 숨이 차는 정도의 강도로 매일 30분~1시간 정도의 운동을 실시하는 것이 좋다. 체지방을 연소하기위해서는 걷기, 수영, 조깅 등의 유산소 운동을 하는 것이 바람직하며 만약 유산소 운동의 속도가 너무 빠르면 무산소 운동과 같은 상태가 되어 포도당이 주 연료로 이용되어 체중 감량의 효과를 크게 볼 수 없다.

열량 섭취를 조절하며 단지 하루에 200~300kcal를 정상활동에 추가하여 소모할 경우에도 일주일에 0.5kg 정도의 체중감소를 가져올 수 있다.

(1) 에너지 사용

① 뇌세포 : 포도당
② 근육세포 : 포도당, 지방산
③ 정상상태 : 글리코겐으로부터 사용
④ 단식상태 : 체단백질과 체지방으로부터 사용
⑤ 운동시 : 체지방 사용

3) 행동수정요법

체중의 감소 또는 감소된 체중을 유지하기 위해서 열량 섭취는 줄이고 소비는 늘리도록 생활양식에 변화가 있어야 한다. 그러나 행동 수정은 많은 노력이 필요하고 장기간 유지되기 위해서는 자기감시, 가족과 사회적 관계에서의 지지 등이 도움이 된다.

다이어트를 위한 행동 수정 요법의 단계 및 원리를 살펴 보면

1단계 : 자기 감시

비만치료의 3가지 방법

방 법	장 점	단 점
식사요법	감량 속도가 빠름	운동가 병행하지 않으면 요요현상의 가능성 높음 초 저열량식에 따른 부작용 발생 가능성
운동요법	근육의 증가로 기초 대사량 증가 요요현상이 적음	식사요법과 병형하지 않으면 감량 속도가 느림
행동수정요법	재발의 우려가 적음 자기 통제 능력의 개발 및 심리적 안정감을 통한 사회성의 개선 가능	감량 효과가 느림 식사요법과 운동요법도 행동수정요법의 일부

4) 바람직한 체중조절 계획

(1) 1단계 : 적절한 목표체중을 잡는다.

비현실적인 목표 체중은 도달하지 못함으로 인한 좌절감을 갖게 할 수 있으므로 체중조절 시작 전 현실 가능한 목표 체중을 잡는 것은 중요하다. 체중감량의 일차목표로는 표준체중보다는 현재 체중의 3~5%를 우선 감량하는 것이 바람직하며 그 후 단계적으로 10%까지 감량하는 것이 좋다.

(2) 2단계 : 적절한 식사량을 계획한다.

체중증가의 속도를 늦추거나 감량을 위해선 섭취열량을 줄이는 것이 필요하다. 섭취한 열량 중에서 쓰고 남은 에너지가 체지방으로 저장되므로 체중감량을 위해서는 이 여분의 지방을 감량시켜야 한다. 지방의 열량 비중은 지방조직 0.45㎏당 약 3500칼로리이므로 일주일에 0.45㎏의 지방을 줄이기 위해서는 1일 필요열량에서 500칼로리를 줄여야 하고 일주일에 0.9㎏을 줄이기 위해서는 하루 1000칼로리를 감량한다. 칼로리 제한이 많고 체중감소가 빠른 방법일수록 초기에는 체중감량 효과가 눈에 띄게 보이나 기초대사율이 변화하여 다시 정상적인 식사를 할 경우 전보다 더 살이 찌기 쉽고 다른 사람과 같은 양의 운동을 해도 신체의 지방율이 높아져 체중의 감소가 더 어렵다. 그러므로 의사의 지시 없이는 초저열량 다이어트는 금하며 목표체중에 도달하기 위한 적절한 식사량을 계획한다.

(3) 3단계 : 적절한 운동요법을 계획한다.

* 운동을 하게 되면

첫째, 체내에 저장되었던 지방이 에너지로 사용되어 체중이 줄 뿐만 아니라

둘째, 체내에서의 신진대사가 같이 증가되어 칼로리 소모가 늘어나며

셋째, 비만으로 인해 생기는 내과적 문제(예 : 고혈압, 당뇨병, 동맥경화 등)에 대한 위험도를 줄여주며

넷째, 적절한 운동은 스트레스를 해소해 주는 효과가 있다.

비만의 치료에는 에너지 섭취의 감소와 에너지 소비의 증가를 같이 병행하게 되는데 운동은 비만증 치료에서 에너지 소비를 증가시키는 가장 흔한 방법으로 이용되고 있다. 이는 근육 조직을 보전시키면서 체지방을 상대적으로 많이 감소시키는 것으로 알려져 있다. 일반적으로 건강증진을 위한 운동은 자기의 최대 운동능력의 50~80% 범위내의 강도로, 하루에 30~60분 정도로 일주일에 3~5일을 하는 것이 바람직하다. 그러나 비만자에게는 운동강도를 50~60%로 낮게 하고 운동시간은 60분 이상 장시간 해야 하며 일주일에 5일 이상 하는 것이 체지방 감소에 가장 이상적인 운동부하량이 된다. 낮은 강도의 운동일

수록 체지방을 에너지로 더 많이 이용하기 때문이다. 높은 강도의 운동을 할 때는 체내에 저장된 당질원인 글리코겐이 주로 이용되고 체지방은 적게 이용되기 때문에 숨이 너무 찰 정도의 짧은 시간의 운동은 바람직하지 않다.

일부러 시간을 내어 특별한 운동을 하는 것보다 일상생활에서 신체적인 활동을 늘리는 것도 감소된 체중을 유지하는데 도움이 되며 운동의 지속율을 높여줄 수 있다. 예를 들어 엘리베이터보다는 계단을 이용한다든지, 자동차를 주차할 때 목적한 곳보다 멀리 주차하고 걸어간다든지 하는 방법을 말한다. 이런 활동은 단순하게 생각될 수 있지만 신체에는 의미 있는 변화를 가져올 수 있다. 또한 어떤 운동을 하고자 할 때는 단순히 반복하는 운동보다는 숙련도에 따라 성취감을 느낄 수 있는 운동을 선택하는 것도 좋은 방법이다(예 : 배드민턴, 테니스, 수영 등). 단지 살만 빼는 것을 목적으로 했을 때는 오래 지속하기 어려울 수 있으므로 운동을 충분히 즐기려는 마음 자세가 필요하다. 매일 운동을 계획하고 실천정도를 기록하는 운동일기 역시 체중조절을 위해 매우 효과적이다.

(4) 4단계 : 행동(생활습관)을 바꿔본다.

키에 적절한 체중까지 계속 단계적으로 체중을 줄여 나가고, 줄어든 체중을 유지하기 위해서는 일시적으로 안 먹는 것만으로는 충분하지 않다. 행동요법이란 현재의 나쁜 습관을 조금씩 바꾸어 나가는 것이라고 할 수 있으며 비만 관리 시 식사요법, 운동요법, 등과 함께 필수적인 관리방법의 하나로 본인 스스로 지속적으로 실천하여야 한다.

① 나쁜 식습관을 초래하는 원인을 찾는다.

먹는 음식의 종류, 양, 장소, 시간, 자세, 감정상태 등을 지속적으로 기록하여 문제장소, 시간, 감정상태 등을 찾아낸다.

② 과식을 피한다.

- 음식을 먹을 때는 정해진 곳에서만 먹는다.
- 음식을 먹을 때는 TV, 신문, 만화 등을 보지 않는다.
- 음식을 천천히 먹게 하기 위하여 충분히 씹는다.

③ 바람직한 행동을 한 경우 보상을 한다.

상으로는 운동기구나 운동을 하면서 함께 즐길 수 있는 것이 좋다.

(5) 5단계 : 체중을 유지하기 위한 전략을 세운다.

체중을 감소시키는 것도 어렵지만 감소된 체중을 유지하는 것은 더욱 어렵다고 한다. 그러므로 감소된 체중을 유지하기 위해서는 장기적인 계획하에 균형잡힌 식생활, 적당한 운동요법, 행동요법을 병행하는 전략을 세운다.

4. 비만 관리의 식이요법

1) Set-point theory와 요요현상

(1) set-point theory(일정 체중 유지론)

극심한 식사 제한을 하게 되는 경우 신체의 모든 대사체계가 저 열량식에 적응하게 됨으로써 체중 감소가 더 어려워지고 체중 증가는 오히려 쉽게 일어나도록 길들여지는 것을 말한다.

(2) 요요현상

극도로 식사를 제한해 체중을 줄이게 되면 체중이 감소하였다가 다시 원래의 체중으로 급속히 되돌아 오거나 그 이상으로 체중이 증가하게 되는 현상으로 다이어트 하는 사람의 98% 정도는 2년 이내에 감소했던 체주의 대부분 심지어 그 이상이 다시 증가되는 '요요' 현상을 경험하고 있다.

2) 식사요법

(1) 다이어트의 원칙

① 균형 잡힌 영양을 공급하면서 열량만 제한

장기적인 식이 계획으로 현재 필요한 열량보다 500kcal 감소하며 섭취, 일주일당 체중의 약 1%를 감소시키는 정도(1일 섭취량을 1,200~1,500kcal) 정도로 조절

② 단백질의 양은 줄이지 말고 지방이 많이 들어간 음식을 제한한다.

- 열량 제한을 하는 동안데 근육 조직의 과다한 손실 방지를 위해서이다.
- 저 지방 단백질 섭취(1~1.5g/ kg) 필요. 지방은 총 열량의 20% 정도로 섭취.

③ 고 식이섬유소 식품을 이용하며 만복감을 주어 식사량을 줄이고 변비 예방

열량 250~300kcal를 함유한 식품

식품명	눈어림치	열량(kcal)
식빵	3쪽	300
김밥	7개	280
카스테라	1개	300
피자	1조각	250
햄버거	1개	260
핫도그	1개	280
컵라면	1개	300
라면	1/2개	250
짬뽕	1/2그릇	270
비빔냉면	1/2그릇	250
홈런볼	1봉지(50g)	250
아몬드빼빼로	1봉지(45g)	240
귤	중6개	300
요플레	2개	240
땅콩	1/2컵	300
송편	5개	300

250~300kcal를 소모하는 50kg 성인 여자의 활동

활동	소요시간(분)	소모열량(kcal)
산보	120	258
손세탁	100	275
다리미질	120	258
빨리걷기	70	266
보통걷기	100	265
자전거타기	90	275
계단내리기	80	272
계단오르기	45	281
골프	80	272
볼링	90	270
댄스	80	272
등산	50	293
테니스	50	293
조깅	50	293
축구	40	266
수영(평영)	30	273

3) 식단 교환표를 이용한 식단 작성

* 식품교환표 : 여러 식품들을 영양소의 구성이 비슷한 것끼리 6가지 식품군으로 나누어 묶은 표
* 1교환 단위 : 같은 식품군 안에서 서로 바꾸어 먹을 수 있는 단위

(1) 곡류군(당질 23g, 단백질 2g, 열량 100kcal)

식 품	무 게	눈어림치	식 품	무 게	눈어림치
쌀밥, 보리밥	70	1/3 공기	마른국수	30	
백미, 현미	30	3 큰스푼	삶은국수	90	1/2공기
찹쌀, 보리	30	3 큰스푼	메밀국수	30	
미숫가루	30	5 큰스푼	당면(건)	30	
밀가루	30	5 큰스푼	냉면(건)	30	
율 무	30	3 큰스푼	도토리묵	200	1/2모
차수수, 차조	30	3 큰스푼	녹두묵	100	
묽은 팥	30	3 큰스푼	감자	130	중 1개
녹말가루	30	5 큰스푼	고구마	100	중 1/2개
머 핀	35	중 1/2개	토란	130	1컵
모닝빵	35	중 1개	옥수수	50	1/2개
바게트빵	35	중 1쪽	밤(생것)	60	중 6개
식빵	35	1쪽	은행	60	
햄버거빵	35	1쪽	오트밀	30	1/3컵
가래떡	50	썬것 11개	콘플레이크	30	3/4컵
인절미	50	3개	크래커	20	5개

(2) 어육류군

① 어육류군 A(저지방 : 단백질 8g, 지방 2g, 열량 50kacl)

식 품	무 게	눈어림치	식 품	무 게	눈어림치
닭살코기	40	소 1토막	북어	15	1/2토막
닭간*	40		쥐치포	15	
돼지살코기	40	로스용 1장	튀긴어묵	30	중 1장
소(사태)	40	(12× 10.3cm)	물오징어*	50	중 1토막 *150mg
소간*	40	로스용 1장	새우(중)*	50	3마리 *75mg
육포	15		깐새우*	50	1/4컵 *75mg
가자미, 광어	50	소 1토막	꽃게	70	소 1마리
대구, 동태	50	소 1토막	굴	70	1/3컵
연어, 병어	50	소 1토막	낙지	100	1/2컵
조기, 적어	50	소 1토막	멍게	70	1/3컵
참치, 도미	50	소 1토막	미더덕	100	3/4컵
명란*, 창란젓*	40	*136mg	문어*	70	1/3컵 *95mg
건오징어채*	15	*147mg	전복*	70	소 2개 *98mg
굴비	15	1/2토막	조갯살	70	1/3컵
멸치(잔 것)	15	1/4컵	해삼	200	1과 1/3컵
뱅어포	15	1장	홍합	70	1/3컵

② 어육류군 B(중지방 : 단백질 8g, 지방 5g, 열량 75kcal)

식 품	무 게	눈어림치	식 품	무 게	눈어림치
닭(껍질 포함)	40	소 1토막	프랑크소시지	40	1과 1/3개
돼지족, 머리*	40		참치, 꽁치(동)	50	1/3컵
삼겹살*	40		고등어(동)	50	1/3컵
소갈비*	30	소 1토막	뱀장어*	50	소 1토막*99mg
소꼬리, 우설*	50		치즈	30	1.5장
런천미트*	40	5.5×4×1.8cm	유부	30	6장

③ 어육류군 C(고지방 : 단밸질 8g, 지방 8g, 열량 100kcal)

식 품	무 게	눈어림치	식 품	무 게	눈어림치
돼지(안심)	40	로스용 1장	전갱이, 준치	50	소 1토막
소(안심, 등심)	40	(12×10.3cm)	청어, 갈치	50	소 1토막
소곱창*	40		달걀	55	중 1개
햄(로스)	40	1쪽	메추리알	40	5개*188mg
고등어, 꽁치	50	소 1토막	검정콩	20	2큰스푼
도루묵, 민어	50	소 1토막	두부	80	1/6모
삼치, 임연수	50	소 1토막	순두부	200	1컵
장어*	50	소 1토막*100mg	연두부	150	1/2개

(3) 채소군(당질 3g, 단백질 2g, 열량 20kcal)

식 품	무 게	눈어림치	식 품	무 게	눈어림치
가지	70	지름 3×길이 10cm	상추, 양상추	70	
깻잎	20	20장	샐러리	70	6cm 길이 6개
고구마순, 근대	70	익혀서 1/3컵	숙주, 쑥갓	70	익혀서 1/3컵
삶은 고사리	70	1/3컵	시금치	70	익혀서 1/3컵
고추잎(생)	25	1/2컵	채소주스	200	1컵
단무지	70		양배추	70	익혀서 2/5컵
당근	70	지름 4×길이 5cm	양파, 연근	50	
더덕	25	중 2개	열무, 오이	70	
도라지(생)	50	1/2컵	우엉	25	
마늘쫑	25		케일	70	30cm 잎 1장반
무, 미나리	70	익혀서 1/3컵	콩나물	70	익혀서 2/5컵
무말랭이	10	불려서 1/3컵	풋고추	70	중간것 7~8개
느타리	70		피망	70	중 2개
표고(생)	50	대 3개	호박	70	지름 6.5×두께 2.5cm
양송이	70		깍두기	50	
김	2		포기김치	70	

(4) 지방군(지방 5g, 열량 45kcal)

식 품	무 게	눈어림치	식 품	무 게	눈어림치
들기름	5	1 작은 스푼	마요네즈	7	1.5 작은 스푼
옥수수기름	5	1 작은 스푼	베이컨*	7	1조각
콩기름	5	1 작은 스푼	땅콩	10	10개(1큰스푼)
참기름	5	1 작은 스푼	아몬드	8	7개
라아드*	5	1.5 작은 스푼	잣, 참깨	8	1큰스푼
쇼트닝*	5	1.5 작은 스푼	피스타치오	8	10개
마가린	6	1.5 작은 스푼	해바라기씨	8	1큰스푼
버터*	6	1.5 작은 스푼	호두	8	대 1개

(5) 우유군(당질 11g, 단백질 6g, 지방 6g, 열량 125kcal)

식 품	무 게	눈어림치	식 품	무 게	눈어림치
우유, 탈지우유	200	1컵(팩)	무당연유	100	1/2컵
락토우유	200	1컵(팩)	전지분유	25	5큰스푼
저지방우유(2%)	200	1컵(팩)	조제분유	25	5큰스푼
두유(무가당)	200	1컵(팩)	탈지분유	25	5큰스푼

(6) 과일군(당질 12g, 열량 50kcal)

식 품	무 게	눈어림치	식 품	무 게	눈어림치
단감	80	중 1/2개	멜론(머스크)	120	
연시	80	소 1개	살구	150	
귤	100	중 1개	자두	80	대 1개
금귤	60	7개	참외	120	소 1/2개
오렌지	100	대 1/2개	키위	100	대 1개
자몽	150	중 1/2개	토마토	250	대 1개
대추(말린 것)	20	8개	체리토마토	250	중 20개
대추(생것)	60	8개	파인애플	100	
딸기	150	10개	파파야	100	
바나나	60	중 1/2개	포도	100	19개
배	100	중 1/2개	포도(거봉)	100	11개
복숭아	150	중 1/2개	사과주스	100	1/2컵
천도복숭아	200	소 2개	오렌지(무가당)	100	1/2컵
사과(후지)	100	중 1/3개	파인애플주스	100	1/2컵
수박	250	대 1폭	토마토주스	200	1컵

4) 식단 작성 구성요소

(1) 영양성

다섯 가지 기초 식품군이 골고루 들어가게 고려해야 하는데 나이, 성별, 하는 일의 성격 그리고 활동의 정도를 고려한다.

(2) 경제성

수입에 맞는 식품을 고르되 계절에 맞는 식품을 사용하는 것이 가장 경제적이다.

(3) 기호성

체중 조절을 위해서 식단을 선정 한다 할지라도 어느 정도는 자신이 좋아하는 음식을 적절히 배합하는 것이 중요하다. 무리한 식단 조절은 인내심의 한계를 느끼고 쉽게 포기하게 하는 지름길이 될 수도 있다.

(4) 편이성

음식을 준비하는 시간과 노력을 생각해서 간편하게 하되 영양이 파괴되지 않는 것을 고르도록 한다.

(5) 안전한 식품을 선별

식중독의 위험이 있거나 건강에 해를 줄 수 있는 독질이 섞여 있어서는 안 될 것이다.

제3장 운동요법

1. 운동 요령

운동 효과를 높이기 위해서는 최대 운동 강도의 70%로 30분 이상 하야 효과가 있다. 자신의 운동 능력을 계산하는 방법은 다음과 같다.

① 최대 운동강도: 자신이 할 수 있는 운동의 최대 한계점

② 최대 맥박수 : 최대 운동강도에 도달했을 때의 일분간 맥박수

③ 최대 운동 강도의 70%로 운동하는 법

심장으로 하여금 자신의 최대 맥박수의 70% 만큼 뛰도록 하는 것을 가리켜서 '운동강도의 70%로 운동한다'고 말한다. 따라서 자신의 최대 맥박수를 공식(220-나이)에 의해 구한 다음 여기에 0.7을 곱하면 된다. 이때 지방 소비는 운등을 하지 않을 때보다 56% 증가하게 된다.

최대 맥박수 계산법

1) 공식에 의한 방법
최대 맥박수 = 220 – 나이(년)
예) 25세인 사람은 220 –25 = 195회/분이 최대 맥박수가 된다.

2) 직접 재는 법
3분간 힘껏 달린 후에, 팔목에서 10초 동안의 맥박을 잰 다음 6을 곱하면 된다.

지방을 연소시키기 위한 운동의 조건

(1) 운동의 강도는 최대 맥박수의 70% 정도는 되어야 한다. 예를 들어 30세 여성이라면 심장이 1분에 133회 뛸 정도로 운동을 해야 한다.
(2) 운동의 횟수는 일주일에 최소 3~4회 이상은 되어야 한다.
(3) 일회 운동시에 적어도 300 칼로리는 소비시켜야 한다. 조금씩 자주하는 운동은 지방을 연소시키는 효과가 경미하다.
(4) 일회 운동시에 최소한 30분 이상은 지속해야 한다.
(5) 유산소 운동이어야 한다.
(6) 물은 충분히 마셔야 한다.

2. 다이어트에 알맞는 운동

1) 걷기

매우 안전하고 손쉬운 운동으로서 발바닥과 지면사이의 마찰을 줄일 수 있도록 쿠션이 있는 운동화를 신고 편한 복장을 한다.

아침이나 점심시간을 이용해서 가까운 거리를 걸어갔다 오는 습관은 비만 관리 뿐만 아니라 평소의 건강을 유지 시키는데도 매우 도움이 된다. 일상 생활에서도 가까운 거리는 걸어서 이동하고 엘리베이터 대신 계단을 이용한다. 그리고 걷는 속도나 거리를 점차 늘려간다. 걷는 동안에는 사색을 하거나 음악을 듣는 등의 정신상태를 이완시킬 수 있는 것이 건강에 유리하며, 지속적으로 시행하기 위해서 동료나 파트너와 함께 시간을 정해서 한다면 더욱 효과적이다.

2) 조깅

달릴 때는 3배의 체중이 발목관절과 무릎관절에 순간적으로 가해지므로 비만인은 관절이 상할 우려가 있기 때문에 전문가의 도움을 받도록 한다. 따라서 처음에는 걷기, 수영 또는 실내 사이클부터 시작하여 몸이 단련된 다음에 조깅을 하도록 한다. 이 운동은 인체 내에서 지방을 태우는 효과가 가장 뛰어나다.

3) 실내 싸이클

앉아서 할 수 있으므로 고도 비만자에게 권장되는 좋은 방법이다. 칼로리 소비 효과도 뛰어나고 안전한 운동인데 지루한 것이 단점이다. 따라서 TV를 보면서 하거나 신나는 음악을 들으면서 하는 것이 좋다.

4) 수중운동

수중운동은 비만인에게 있어서 적당한 운동이라고 할 수 있다.

관절에 무리를 주지 않고 팔 다리를 자유로이 움직일 수 있으며 칼로리 소비 효과도 뛰어나다. 비만이 심할수록 체온 조절 능력이 떨어져 있어서 더위로 인해 야외 운동을 못하는 예가 많다. 즉, 육상 운동을 할 때는 조금만 움직여도 더워서 계속 하기가 힘이 들지만 수중운동은 이런 문제를 해결해 주므로 매우 바람직하다.

5) 서큐트 웨이트 트레이닝(circuit weight training)

보통 헬스클럽에 가면 약 12개 정도의 코스가 있고 각 코스에는 각기 다른 기구들이 장치되어 있다. 운동요령을 요약하면 다음과 같다.

(1) 기구의 무게 선택

자신이 들어 올릴 수 있는 최대 무게의 30~40% 정도가 적당하며 점진적으로 전문가의 도움을 얻어 늘려 가는 것이 좋다.

(2) 운동 요령

한가지 코스에 들어서면 30초 내에 15~22회 씩을 들어 올린다. 그 다음 15초를 쉰 후에 다음 코스로 이동한다. 이렇게 하여 모든 코스를 순회한다. 처음에는 이틀 간격으로 나가고 나중에는 일주일에 4~6일 정도로 늘린다. 리프팅 능력이 향상되면 운동 시간과 기구의 무게를 늘려 나간다.

식사요법 단독으로 체중 조절을 하는 것보다 규칙적인 운동을 병행하면 에너지 소모를 증가시켜 체중을 줄이는 데 더욱 좋다. 식사 요법만으로 비간을 치료할 경우 초기에는 빠른 속도로 1주일에 0.5~1kg이 빠지다가 몇 주일이 지나고 나면 오히려 체중이 증가한 것을 경험하게 될 것이다. 이런 경우 반드시 운동을 통해 식욕을 다시 떨어뜨린 다음 체내의 지방량을 섭취 영양분보다 더 많이 소모하게 만들어야 한다.

의학적으로는 보통 1시간 미만의 운동을 체중감량에 적절한 것으로 보고 있는데 이는 1시간 미만의 운동이 식욕을 억제하여 주기 때문이다. 그러나 한꺼번에 많은 양의 운동으로 체중을 줄이겠다는 생각은 오히려 식욕을 증가시킬 수가 있으므로 운동시간과 강도에 유의해야 한다.

그리고 비만이 심한 사람은 운동능력이 제한되어 있어 처음부터 심폐기능을 조절하지 않고 과다하게 운동을 할 경우 오히려 부작용이나 신체적인 위험이 따르기 때문에 운동의 종류, 강도, 시간, 운동 횟수와 진행속도 등을 운동 계획에 포함시켜야 한다.

일반적으로 비만한 사람에게 가장 보편화되어 있는 운동으로는 에어로빅이라고 하는 유산소성 운동을 들 수 있다. 규칙적인 호흡에 의해 폐에서 대량으로 들여마신 산소를 사용, 에너지를 발생시키는 운동이다.

심장이나 폐의 기능을 활성화 시키는 동시에 비만을 치료 해 주는 심폐 운동으로는 에어로빅, 걷기, 제자리 뛰기, 조깅, 자전거 타기, 수영등이 포함된다.

다음 표는 체중에 따른 운동 종류와 강도 체중에 따른 운동 종류와 강도를 표시한 것이다.

운동 종류에 따른 운동 강도

운동의 종류	운동 강도	40~49kg	50~59kg	60~69kg	70~79kg
걷 기	시속 4km	44분	36분	31분	27분
	시속 6km	35분	28분	23분	20분
	시속 8km	16분	13분	11분	7분
조 깅	분속 11m	10분	10분	8분	7분
	분속 20m	22분	18분	15분	13분
수 영	분속 30m	15분	12분	10분	9분
	분속 40m	11분	9분	8분	7분
골 프	연습장	66분	54분	46분	40분
정 구	복 식	22분	18분	15분	13분

3. 운동 처방

1) 운동 강도와 횟수

실제로 과체중인 사람들은 많이 먹는 사람보다 적게 움직이는 사람이 많다고 한다. 단순히 식이요법만으로 체중을 감소시키려다 보면 체력이 크게 떨어지고 근육이 감소되며 심리적으로 위축된다거나 하는 문제들을 일으키므로 그와 함께 운동을 곁들이는 것이 바람직하다. 운동을 하는 것은 체중을 조절하기에 몇 가지 이점들을 가지고 있는데 요약하면 다음과 같다.

첫째, 식이요법 만으로는 주로 수분이나 근육속의 단백질이 감소될 우려가 있는데 운동을 하면 주로 지방을 에너지원으로 활용하게 되어 몸에 쌓인 지방량을 감소시키면서도 근육이 유지된다.

둘째, 운동요법은 운동을 하는 동안 뿐만 아니라 운동을 하지 않는 휴식 상태에서도 에너지 소비를 증가시킨다.

셋째, 운동은 그 자체가 당뇨병, 고혈압, 동맥경화 등 비만과 관련된 여러 질병들에 대한 예방 및 치료 효과가 있어 이중으로 도움이 된다.

비만인 사람은 여러 가지 만성 소모성 질환이나 근육통, 관절통 등을 동반하는 경우가 많기 때문에 운동을 시작하기 전에 먼저 전문가와 상담을 한 후 안전한 운동을 처방 받도록 하는 것이 좋다. 특히 40세 이상으로서 아래에 나열한 건강문제나 위험 인자를 가지고 있는 사람은 운동 부하 검사를 포함한 건강 검사를 받은 후 처방에 의하여 올바른 운동 종류와 강도, 방법을 숙지하여 운동하는 것이 좋다.

① 고혈압(140/90mmHg 이상)
② 고콜레스테롤 혈증(240mg/dl 이상)
③ 흡연
④ 당뇨병(공복시 혈당 120 mg /dl 이상)
⑤ 고도 비만(표준 체중의 40% 이상 초과)
⑥ 가족중 50세 이전에 심장 마비로 사망한 사람이 있는 경우
⑦ 협심증, 부정맥, 심부전 등 심장 질환
⑧ 기관지 천식, 폐기종, 만성 기관지염 등 호흡기 질환
⑨ 결핵, 간염 등 활동성 질환
⑩ 운동시 흉통, 현훈(어지러움), 심계항진, 호흡곤란 등의 증상이 있는 사람

체중조절을 위한 운동으로는 심폐기관에 지속적으로 자극을 주는 지구성 운동이 좋다. 이러한 운동은 산소를 지속적으로 소모하기 때문에 유산소성 운동이라고도 하는데 이에는 걷기, 달리기, 자전거타기, 수영, 줄넘기, 에어로빅, 댄스, 배드민턴, 테니스 등이 있다. 또, 비만자는 체중의 하중 때문에 무릎이나 발목 관절에 충격을 주기 쉬우므로 이러한 충격을 완화시킬 수 있는 운동이 좋다. 달리기나 뛰기와 같이 운동 중에 두 발이 지면에서 동시에 떨어지는 운동 등은 충격을 많이 주는 고충격 운동이라고 하고, 걷기와 같이 두발 중 한발만 지면에 떨어지는 운동은 충격을 적게 주는 저충격 운동이라고 한다. 수영 같은 운동은 충격을 전혀 주지 않는 무충격 운동이다. 비만인 사람이 조깅이나 점프와 같은 고충격운동을 장기간 하면 자신의 체중이 다리의 관절부위에 순간적으로 압력으로 작용하여 다리의 관절이나 근육에 손상을 일으키기가 쉽다.

운동의 강도는 심폐기능에 충분히 자극을 주면서 과도한 부담이 되지 않도록 하여야 한다. 운동 중에 최대 심박수의 60~80% 정도의 심박수를 유지하도록 하면 적당한 강도가 된다. 최대 심박수는 220에서 나이를 빼면 구할 수 있다. 예를 들어서 나이가 40세인 사람의 운동시 목표 심박수를 계산 해보면 다음과 같다.

그러므로 운동시 심박수가 분당 108회에서 144회(10초당 18회에서 24회)가 되도록 한다. 심박수를 측정하는 방법은 운동 중 또는 운동 직후 경동맥 또는 요골 동맥을 촉진하여 10초간의 심박수를 세어 6배하면 1분간의 심박수를 계산해 낼 수 있다.

심박수의 측정이 곤란한 경우에는 약간 힘들다고 느끼는 정도, 땀이 배어 나오는 정도로 호흡의 곤란을 느끼지 않으면서 말을 알아들을 수 있을 정도의 강도로 운동하면 된다. 운동의 지속시간은 운동의 종류 및 강도에 따라 결정되나 일반적으로 목표 강도에서 15~45분간 지속하는 것이 적당하다. 그리고 운동 전후에 준비 운동 및 정리 운동을 5~10분간씩 실시하여 심장이나 근육, 관절의 적응도를 점진적으로 늘려나가고 손상을 예방하도록 한다.

운동의 횟수는 1주에 3~5회가 좋다. 주당 1~2회는 체중 조절의 효과를 기대하기 어렵고, 6~7회는 피로를 가중시키고 손상을 유발할 수 있다. 그러나 평소에 운동을 하지 않던 사람이나 체력 수준이 낮은 사람은 운동을 시작한 초기 4~8주 정도는 목표 운동 강도보다 조금 낮은 강도에서 시작하고 운동시간도 10~15분 정도로 시작하여 운동시간을 매일 5분 정도씩 증가시켜 차차 늘려가도록 하여야 한다.

비만인 사람이 운동할 때에는 그 운동으로 소모된 에너지의 양을 정확하게 측정 하는 게 좋다. 운동시의 소모 에너지는 운동의 강도와 지속시간, 그리고 운동자의 체중과 관련이 있다.

다음 표 4-2는 100칼로리를 소모하기 위한 운동량 또는 활동량에 따른 소요 시간 및 횟수를 표시한 것이다.

100칼로리를 소모할 수 있는 운동을 운동 1 단위로 표시하며, 이는 다른 운동과 대체해서 행할 수 있다. 예를 들어 체중 45kg인 사람의 경우에는 16분(즉 2.1km), 체중 64kg인 사람의 경우에는 11분(즉 1.5km) 정도 달리면 100 칼로리가 소모된다. 만일 하루에 200칼로리 또는 300칼로리의 소모를 목표로 한다면 운동시간을 2배 또는 3배로 늘리거나 같은 단위 만큼 다른 운동으로 대체하면 된다.

2) 운동 종류

비만증 관리의 가장 기본적인 원리는 적게 먹거나 또는 섭취한 열량(에너지)보다 더 많은 열량을 소모하는 것이다.

따라서 음식 섭취량을 줄이는 식사요법과 함께 에너지 소모를 증가시키는 운동요법도 동시에 시행하여야 한다. 식사요법과 운동요법을 병행하는 경우에는 식사요법만을 시행하는 경우에 비해 식사요법에 대한 순응도가 좋아지고 줄어든 체중을 유지하는 데에도 훨씬 효과적이며 건강증진을 위한 많은 부수효과를 얻을 수 있다. 규칙적인 운동은 체중감소(지방감소) 효과 뿐만 아니라, 비만증에 따른 고지혈증, 당뇨병, 고혈압 등의 예방과 관리에도 매우 효과적이며 죽상동맥경화증에 의한 관상동맥질환(협심증, 급성 심근경색증)의 위험도를 감소시킨다. 이밖에도 운동은 비만한 사람의 심폐기능을 향상시켜 주고, 또한 정신적으로도 많은 도움을 주어 삶의 질을 향상시켜 준다.

100칼로리를 소모하기 위한 운동량 또는 활동량에 따른 소요 시간 및 횟수

운동량 또는 활동량	소요시간 또는 횟수
천천히 걷기	28분
빨리 걷기	10분
제자리 달리기	6분
제자리 높이 뛰기	25회
계단 오르기	120계단
등산	24분
달리기	1.2km
정지된 자전거 타기	6분
줄넘기	18회
토끼뜀	12회
턱걸이	6회
윗몸 일으키기	18회
팔굽혀 펴기	12회
수영	10분
테니스	15분
배드민턴	12분
탁구	10분
핸드볼	18분
배구	32분
농구	12분
볼링	16분
골프	19분
스케이트	25분
스키	14분
세탁	35분

운동요법을 시행하고자 하는 사람은 우선 비만증에 따른 자신의 몸건강, 질환의 유무 등을 의학적으로 검토하여야 한다. 특히 심혈관계 질환 및 신경계 질환의 유무를 철저히 검토하여야 한다.

효과적이고 안전한 운동 방법을 택하기 위해서는 먼저 자신의 심폐기능을 확인하여 전문가의 적절한 지도와 도움을 받도록 하는 것이 필요하다. 현재에는 건강에 특별한 문제가 없다고 생각될지라도 특히 35세 이상인 사람, 흡연자, 심혈관계 질환, 고혈압, 고지혈증 등의 병력이 있는 사람, 심장 질환의 가족력이 있는 사람 등은 먼저 건강검진을 받는 것이 필수적이다.

운동의 종류는 건강 상태, 시간, 경제적인 여건 등을 고려하여 항상 쉽게 할 수 있는 운동을 선택하는 것이 바람직하다. 또한 비만자 스스로 좋아하는 운동 또는 파트너와 함께 할 수 있는 운동은 오랜기간 지속적으로 할 수 있어 더욱 효과적이라 하겠다.

한편, 상체 운동만을 주로 하는 운동은 효과를 볼 수 없으며 지루한 느낌을 들게 하므로 피하고 전신 운동 또는 하체 운동을 주로 하는 운동을 택하는 것이 좋으며 과격한 운동은 비만한 사람들에게 역효과를 일으키기 쉬우므로 도움을 주지 못한다. 일반적으로 빨리 걷기(속보), 조깅, 자전거 타기, 수영 등이 흔히 권장되는데, 무릎 관절이나 허리에 문제가 있는 사람은 무충격 운동인 수영이 가장 좋다.

운동강도의 최종 목표는 본인의 최대 산소 소비량의 60~70%가 적절하다. 예를 들어 본 운동의 목표를 최대 산소 소비량의 60%로 할 경우 아래의 공식을 이용하면 본 운동을 하는 동안에 본인에게 적절한 심박수(맥박수)를 구할 수 있다.

매일 일정한 시간에 동일한 양의 운동을 규칙적으로 시행하는 것이 가장 바람직하며 공복이나 식전에 운동을 하게 되는 경우에는 혈당이 낮아진 상태이므로 갑작스런 칼로리 소비는 인체에 충격을 줄 수 있으므로 주의해야 한다. 운동시에는 쿠션이 좋은 운동화를 착용하고 운동요령(운동기술)과 기구류의 사용법을 숙지하여 상처가 나거나 다치지 않도록 하여야 한다. 아주 덥거나 추운 환경에서는 운동을 하지 않도록 하고 운동중에 탈수가 되지 않도록 적절한 수분(생수, 보리차)을 섭취하여야 한다. 청량음료수, 무가당 및 가당 쥬스 등은 많은 열량을 함축하고 있으므로 피하여야 한다.

한편, 규칙적인 운동과는 별도로 일상 생활 중에서 활동량을 증가시킬 수 있는 다양한 노력이 필요한데, 예를 들면 엘리베이터 대신 계단을 이용하고 가까운 거리는 차를 타지 말고 가능한 걷는 것을 생활화 하면서 식사 일기와 함께 운동 일기를 쓰도록 하여야 한다.

제4장
행동수정요법

1. 행동수정요법의 서론

행동수정요법은 비만한 사람의 식습관과 운동상태 등을 정확하게 파악하고 정상체중을 유지하기 위한 바람직한 행동의 방향설정 수립이다. 즉, 비만의 영향요인인 사회적 심리적 문화적 압박으로부터 오는 정신불안과 욕구불만, 의지와 자제력 부족으로 인한 심리적 요인, 또는 욕구불만 우울로 공복과 무관하게 과잉 섭취하는 식습관, 움직이기 싫어하거나 열량을 소비할 수 있는 기회 감소, 활동량의 감소, 빈번한 여가시간의 음식섭취 등의 환경적 요인에 대하여 비만의 체지방 관리를 위한 행동의 수정지침을 말한다. 이는 행동수정요법의 지침을 확립하여 조절된 평행상태를 평생토록 유지하는 것에 목적을 둔다. 특히 비만한 사람의 식습관에서의 특징은 보상이나 애정표현을 음식으로 해결하려는 부분이 있고 중추신경계의 이상으로 뇌 시상하부질환의 섭식장애로 과식 또는 폭식의 식욕조절 이상이 있으므로 행동수정요법에서의 꾸준한 자기관리가 요구된다.

1) 행동수정요법의 역사

행동수정요법의 역사를 살펴보면 Ferster 등과 Stuart에 의하여 최초로 소개되었고 비만에 적용한 행동수정요법이 식습관이나 운동습관에서의 접근법에 대한 연구가 이루어졌다. 행동수정요법의 치료적 연구가 점차적으로 발전되면서 체중 재증가의 보고가 지적되어 체중유지의 행동수정 전략에 추가치료(Booster Session), 치료기간의 연장, 생활양식을 촉진하는 전화접촉 등을 포괄한 장기적인 행동수정요법 전략이 중요시 되는 것으로 알려지고 있다. 최근 행동수정(Behavior Modification)은 인식 재구성 요법(cognitive restructuring approach)을 포함시키고 사회적인 지원의 역할부분이 요구된다.

2) 행동수정요법의 기본 이론

행동수정요법의 기본 이론은 식생활 습관의 행동에 대한 학습에 기본원칙을 두고 있고 장기적이고 점진적인 행동수정 전략을 통하여 체중감량에 이르도록 고안된 행동치료 프로그램이다. 비만한 사람을 대상으로 한 행동수정요법의 구성요소는 자기측정(Self monitering) 자극조절(Stimulus Control), 강화요법(reinforcement), 행동계약, 사회적지지(social support), 체중유지 전략을 들 수 있다.

(1) 자기측정

자기측정은 비만관리 시작시기에 식습관이나 운동습관을 세밀하게 기록해 두는 것으로서 이는 비만을 유도하는 식습관의 요인들을 파악하고 행동수정의 습관을 평가하기 위해 비만한 사람에게서 필수적으로 수행되어야 할 사항이며, 행동에 대한 인지를 증가시켜 행동변화를 촉진하고 동기부여를 제공할 수 있다. 비만자의 체지방을 조절할 수 있는 식사는 주로 영양학적 기본에 입각하여 저열량식(low energy diet), 열량제한식(energyrestricted diet), 감량식(reducing diet)의 식사요법을 중점으로 하며 이때 먹은 음식의 종류와 섭취량, 열량과 섭취한 지방량 또는 군것질의 양과 시간 그리고 종류 등을 기록해 두어야 한다. 운동습관부분에서도 운동의 종류와 운동량 등을 기록하므로서 자신이 행동을 관찰하게 한다.

(2) 자극조절

자극조절은 비만증이 있는 사람에게 열량의 과다섭취를 피하기 위한 방법 중 하나이다. 식사시간 또는 분위기 음식에 대한 관심여부 등 외부자극(externality)으로 작용하는 요인들을 줄이기 위하여 수행된다. 자극조절을 위해서는 가능한 음식을 눈에 띄지 않게 하거나 음식의 조리나 취급을 줄인다. 또한 식사장소나 시간 등을 제한하고 습관적이고 무의식적인 식사습관을 교정한다.

(3) 강화요법

강화요법은 체중을 감량하는 과정에서 발생하는 긍정적인 결과나 부정적인 결과를 통해 비만관리의 효과를 극대화하는데 이용된다. 즉 바람직한 행동을 할 때마다 보상제 형식을 도입하므로서 목표달성에 강화방법으로 작용할 수 있고 식습관과 운동습관의 수정과 체중감소에 필요한 행동을 계속적으로 유지시켜줄 수 있게 한다.

(4) 행동계약

행동계약은 행동수정요법에서의 식습관이나 운동습관에 교정하는 과정에서 자극조절이나 강화요법을 효과적으로 달성하기 위해 개발된 것으로 비만자, 치료자, 집단구성원에 의한 서면협약으로 이루어진다.

(5) 사회적 지원

사회적 지원은 Stuart와 davis의 저서에 의하면 "비만한 세상에서 날씬해지는 기회"에서 효과적인 식습관과 운동습관을 교정하기 위한 사회적 지지를 기술하였다. 비만행동을 수정하기 위해서는 지속적인 협력자의 지지를 구하고 상호작용될 부분의 조정이 체중조절에 긍정적인 효과를 줄 수 있다.

(6) 체중유지 전략

비만자의 체중유지는 흔히 체중 재증가가 발생되므로서 재발방지를 위한 꾸준한 훈련이 요구되며 추가치료를 통한 체중유지법이 수행되어야 한다

제5장 비만과 성인병

비만은 미용상의 문제나 생활에서의 불편함이라는 관점이 아닌 하나의 질병이라는 점을 인식해야 한다. 고혈압이나 당뇨병으로 병원에 다니며 치료받는 사람들이 우리 주위에 많다. 그것은 고혈압이나 당뇨병을 적절히 치료하지 않으면 뇌졸중, 동맥경화, 협심증 등의 무서운 합병증을 유발할 수 있기 때문이다. 비만도 마찬가지다. 오히려 비만은 고혈압이나 당뇨병보다도 훨씬 더 다양하고 심각한 합병증을 유발하므로 더욱더 적극적인 치료가 필요한 질병이라 할 수 있다. 단기적으로 비만과 질환 이환률이나 사망률 사이에는 큰 관련이 없으나, 장기적으로는 관련이 크다. 프라밍함(Fleming)의 심장질환 연구에서 연령별 상대체중에 대한 사망률을 조사했을 때 6~12년 동안의 추적조사에서 고도 비만자에서 사망률이 높게 나타났다. 추적조사의 기간이 길수록 비만과 사망률과의 관련은 더욱 컸다. 자료에 의하면, 비만한 사람은 체중이 정상인 사람보다 당뇨병 발생률이 5배 높으며, 고혈압은 약 3.5배, 담석증은 약 3배, 통풍은 약 2.5배, 심장질환은 약 2배, 관절 장해는 약 1.5배, 불임증은 약 3배라고 한다. 그 외에도 고지혈증과 지방간, 또는 호흡 기능 장애가 흔히 나타난다. 또한 비만한 여성에서는 자궁내막암, 난소암, 유방암, 담낭암에 의한 사망율이 높고, 비만한 남성에서는 대장암, 전립선암 등이 합병되기 쉬운 것으로 알려져 있다.

이렇게 비만은 여러 종류의 성인성 질환을 일으키는 각종 질병의 온상으로 볼 수 있으며, 특히 비만도가 30%를 넘으면 합병증이 발생될 빈도는 현저하게 증가된다.

1. 비만에 관련된 질병의 발생기전

비만에 관련되어 질병이 발생되는 기전은 아직 명확히 알려져 있지 않으나, 비만에 따른 내분비・대사 이상에 의한 것, 과도한 체지방 축적에 의한 물리적 압력에 의한 것 그리고 양쪽 원인이 복합적으로 작용하는것 등으로 크게 3가지로 나누어 생각해 볼 수가 있다.

1) 물리적 압력에 의한 질병발생

복부에 지방 침착이 진행되면 골반이 앞으로 기울게 되기 때문에 균형을 유지하기 위해서는 요추를 앞으로 구부려야한다. 이러한 요추 이상은 좌골신경통이나 추간판탈출증의 원인이 된다. 고관절이나 슬관절에 체중 부하가 증가되면 변형성관절염을 일으키게되고 심해지면 보행이 곤란해지는 경우도 있다. 이러한 정형외과적 질환 외에 탈장이 생길 수 있으며, 외과적 수술시의 위험률 상승 등도 복부 지방의 과잉 침착이 원인이라고 생각된다.

비만에 의해 흉부와 복부에 지방이 지나치게 많이 쌓이면, 흉부의 운동이 제한을 받아 호흡 기능 장해를 일으키기 쉽게 된다. 이러한 현상 중의 하나인 피크윅(Pickwick) 증후군은 고도 비만환자에서 나타나는 증후군이며, 혈중 탄산 가스 농도의 상승, 의식 장애, 경련, 호흡곤란, 청색증, 다혈증, 우심부전증 등의 증상을 나타내는 일종의 산소 결핍 상태이다.

2) 내분비 · 대사이상에 의한 질병발생

비만증에서 내분비・대사 이상에 기인하는 질병은 매우 다양하다. 특히 당뇨병과 고지혈증은 비만에서 흔히 볼 수 있는 고인슐린혈증과의 관계가 큰 것으로 알려져 있다.

비만은 인슐린(Insulin) 저항성의 원인이 되고 내당능을 저하시킨다. 비만은 당뇨병의 최대의 위험 인자 중의 하나이다. 그 밖에 비만자에게는 통풍, 월경불순, 불임 등이 나타나고 고콜레스테롤혈증, 고중성지질혈증 등이 나타날 수 있다.

(1) 비만과 당질 대사이상

당뇨병은 비만한 사람에게서 비만하지 않은 사람보다 3배 이상 더 발생한다. 중심성의 지방축적은 심혈관 질환의 발생과 관계가 있고, 상체 비만은 지방 세포의 일차적인 비대인 반면, 하체 비만은 과증식이라는 점에서 다르다. 비대해진 세포는 인슐린 저항성이 있으며 상체 비만에서 인슐린 정항성이 있는 것으로 알려져 있다. 당뇨병이 있는 사람들 중에서 여성들은 중심성 또는 상체지방 분포를 갖고 있다.

(2) 비만과 지질 대사이상

비만에는 여러 가지 종류의 고지혈증이 나타나지만, 그 중에서도 중성지방 및 VLDL(very low density lipoprotein)의 증가를 흔히 볼 수 있다. 비만한 사람에서는 체지방의 분해 산물인 유리지방산이 혈중에 증가해 있고, 고에너지 음식 섭취로 인해 당질이 증가되면 중성지방의 합성이 높아져, 고중성지방혈증을 일으키게 된다. 간에서 합성된 중성지질은 VLDL의 형태로 간 밖으로 방출되어 처리되는데, 내인성 중성지질의 합성이 처리능력을 넘어 높아지면 간 내에 중성지질이 축적되어 지방간을 일으키게 된다.

비만한 사람에서는 중성지방의 합성과 분비가 모두 왕성하나, 합성 쪽이 더 높아 결국은 체지방이 축적되는 방향으로 진행된다. 따라서 이러한 대사상태에서는 에너지 섭취가 적어도 점차 뚱뚱해지며 다시 야위어지기 어렵게 된다.

성인에서는 비만도의 증가에 따라 혈중의 콜레스테롤과 중성지방이 증가 하고 반대로 HDL 콜레스테롤은 저하된다. 혈중 콜레스테롤을 운반하는 리포단백은 크기에 따라 중형인 LDL과 소형인 HDL 두가지로 분류된다. LDL에 실려 운반되는 LDL 콜레스테롤의 증가는 동맥경화를 촉진시키며, HDL에 실려 운반되는 HDL 콜레스테롤은 동맥경화를 예방하는 기능이 있다. HDL 콜레스테롤은 비만, 당뇨병, 운동부족, 흡연, 당질의 과잉 섭취 등에서 저하된다. 따라서 HDL 콜레스테롤을 증가시키기 위해서는 절도있는 식생활, 비만의 해소, 적절한 운동, 금연 등이 필요하다.

3) 물리적 압력과 내분비·대사이상의 양자에 의한 질병발생

물리적 압력 및 내분비·대사 이상의 양쪽 요인이 관여하는 병태에는 심비대, 고혈압, 만성신염 등을 들 수 있다. 일반적으로 비만한 사람에서는 산소 소비량, 순환 혈액량, 심박출량의 증가를 보이며 이러한 물리적 부하의 결과 심비대와 고혈압이 일어난다. 그러나 최근 연구에 의하면 내분비·대사성 요인이 같이 관여하는 것도 밝혀지고 있다. 비만한 사람에서는 레닌, 알도스테론, 코티솔 등의 순환 혈액량의 증가를 야기할 수 있는 호르몬의 분비가 증가되어 있다. 또한 비만 환자에는 고인슐린혈증이 흔히 동반되며, 인슐린은 신장에서의 나트륨의 재흡수를 촉진시키는 작용이 있고 이것에 따라 수분도 흡수되기 때문에 순환 혈액량이 증가된다. 더욱이 비만의 원인이 되는 다식에 의해 식사로 섭취되는 염분의 양이 증가하면 역시 순환 혈액량이 증가된다. 또한 다식에 의해 노르에피네프린 대사의 항진과 갑상선 호르몬의 분비 항진이 일어나면 교감 신경계의 활동이 촉진되어 혈압 상승을 일으킨다.

2. 비만의 합병증

비만인 사람은 정상인 사람보다 사망률이 2배나 높고 비만의 정도가 심할수록 사망률도 점점 늘어난다. 비만은 여러 가지 성인병이 생길 수 있는 집합체이며 중요한 원인이라고 볼 수 있다.

1) 당뇨병(Diabetes mellitus)

혈중 포도당 농도는 탄수화물 대사의 항상성을 반영하는 검사로 아침에 공복시 측정하며 정상범위는 70~110㎎/dl이다. 비만인의 당뇨병 유병률은 비만이 아닌 사람에 비해 4.5배나 된다. 중년에 비만해지면서 시작되는 인슐린 비의존형 당뇨병(non insulin-dependent diabetes mellitus : NIDDM)은 비만과 밀접한 관계를 가진 대표적인 질환이다. 인슐린 비의존성 당뇨병이란 혈당 조절에 중요한 역할을 하는 인슐린이 부족해서 생기는 것이 아니라 인슐린은 충분히 있는데도 당뇨병이 생기는 것으로 비만이 주 요인으로 작용한다. 비만에서 당뇨병의 발생 과정을 요약하면, 먼저 섭취에너지의 증가와 비만은 인슐린 저항성을 증가시키고, 췌장의 베타세포(β-cell)에서 인슐린 분비 증가가 필요하다. 이때 유전적으로 베타세포에서 인슐린 과잉 분비를 유지할 수 없는 사람은 인슐린의 작용이 부족해지고, 결국 혈당이 올라 가게 된다. 따라서 비만은 유전적 요인과 더불어 당뇨병의 발생에 밀접하게 관여된다.

2) 고혈압(Hypertension)

심장은 몸 구석구석에 혈액을 공급하는 펌프 역할을 하는 기관이며 신체가 필요로 하는 혈액 공급량은 체중에 비례하게 되므로 비만한 사람의 심장은 항상 과로하게 된다. 정상혈압이 80/120mmHg(확장기 혈압이 80mmHg, 수축기 혈압이 120mmHg)인데 반하여 고혈압의 경우에는 확장기 혈압이 95mmHg 이상, 수축기 혈압이 160mmHg 이상이다. 여윈 사람도 고혈압이 있지만 비만은 고혈압의 주원인으로 지방의 과다는 산소의 필요량을 증가시켜 비만인은 산소공급을 위한 심장의 심박출량이 표준 체중의 사람보다 증가하여 혈압이 높아지게 되며, 또한 체내 포도당의 증가에 의한 인슐린의 증가가 신장에서의 나트륨의 재흡수를 증가시켜 우리 몸의 체액의 증가를 초래하고, 동맥혈관의 통로를 좁히거나 혈압을 상승시킨다는 연구 보고도 있다. 특히 고혈압 환자는 체지방율이 높은 비만이 많으며 특히 WHR이 0.9 이상으로 매우 높은 것이 특징이다.

혈압을 낮추기 위해서는 체중을 줄이는 것이 선결과제이며 저염식이 또한 식이요법의 기본이라고 할 수 있다. 고혈압이 생길 위험은 비만 환자가 정상인보다 2배 가량 높다.

그러므로 고혈압 환자가 비만이라면 체중 조절을 게을리 해서는 안된다. 체중의 5kg을 줄이면 수축기 혈압을 10mmHg, 확장기 혈압을 5mmHg로 낮출 수 있다.

3) 고지혈증(Hyperlipidermias)

당뇨병이 혈액 중에 당 성분이 높은 상태라면 고지혈증이란 혈액 중에 지방성분이 많은 것을 의미한다. 4가지의 혈중 지질 즉 콜레스테롤, 중성지방, 인지질, 유리지방산 중 하나 혹은 그 이상의 농도가 비정상적으로 높은 경우이다. 높아진 혈중 지질에 따라 고중성지방혈증, 고콜레스테롤혈증이라고도 한다.

중성지질은 혈액내 지질의 총량 중 가장 큰 부분을 차지하며 혈액 내 중성지질은 식사로부터 섭취되거나 간에서부터 합성된다. 알코올이나 탄수화물, 과량의 고지방 식품의 섭취는 혈액내 중성지질을 상승시키는 원인이 된다. 콜레스테롤은 혈액을 비롯한 신체의 거의 모든 조직에 위치하며, 담즙의 생성이나 신체 내 스테로이드 물질 합성의 전구체로서 중요하다. 식사를 통해 들어온 콜레스테롤과 간에서 다량 합성된 콜레스테롤은 담즙을 통하여 배설된다. 고지혈증이 있으면 협심증, 심근경색, 뇌졸중 등 동맥경화성 질환의 발생 위험이 증가되기 때문에 문제가 된다. 비만한 사람은 정상 체중인 사람에 비해 콜레스테롤이나 중성 지방의 수치가 상승되어 있는 경우가 많다. 특히 비만인 사람은 정상인 사람보다 총 콜레스테롤이나 중성지방질의 비율은 높고, 몸에 유익한 콜레스테롤은 적다. 따라서 비만인 사람에게 고지혈증이 생길 위험이 2~3배 높고 그에 따라 동맥경화가 생길 위험이 2~3배 높아진다. 고지혈증이 잘 생기는 이유는 몸 전체에 지방량이 많은 상태이므로 그러한 여분의 지방이 혈액 중에 많이 흐르기 때문이다.

4) 지방간(Fatty liver)

비만한 사람은 지방성간이나 간경변에 걸리기 쉽다. 간은 소화, 흡수된 음식을 영양소로 전환시키는 대사과정의 중심 장기이다. 비만으로 체내 지방이 과다인 경우 보통 지방조직이나 근육에서 지방을 합성하는 비율이 줄어들고 그대신 간에서 인슐린 분비가 왕성하여 지방합성을 촉진시킨다. 말초에서 간으로의 지방 이동이 증가하면서 간세포에 지방이 축적되어 지방간이 유발된다. 지방간이란 간세포에 간 무게의 5% 이상의 지방, 특히 중성지방이 침착 되어 간이 경미하게 커져 있는 상태를 의미한다. 비만인의 90% 이상이 지방간을 가지고 있으며 비만인은 비만이 아닌 사람에 비하여 지방간이 생길 확률이 남자는 10.4배, 여자는 5.7배나 된다고 한다. 지방간은 고지혈증, 복부비만과 동반되는 경우가 흔하다. 이것이 더욱 진행되면 만성적인 간염이 되고 나중에는 간경변증으로 된다.

5) 동맥경화(Atherosclerosis)

동맥경화증은 동맥 혈관벽이 두꺼워져서 혈관의 탄력성이 소실되는 질환이다. 동맥경화는 성장기에서부터 시작되어 계속적으로 서서히 진행된다. 비만은 이러한 동맥 경화를 가속화하는데 혈액을 떠돌아다니는 잉여지방이 동맥 내막에 붙고, 그 위에 혈소판이 붙어 혈액이 응고되면서 혈액이 움직이는 통로가 좁아지게 된다. 비만인의 경우 동맥경화 위험도가 높으며, 특히 복부 비만인 경우 동맥경화에 걸리기 쉽다고 알려져 있다. 동맥 경화의 증상은 침범당한 장기와 그 정도에 따라 다르게 나타난다. 예를 들면 심장 근육내 영양을 공급하는 관상 동맥의 내벽이 좁아져 심장근으로 가는 혈액이 충분히 통과하지 못하여, 심장근의 영양 및 산소공급이 부족해지는 협심증이 있다. 관상동맥 혈관이 굳어지고 이로 인해 혈관의 일부가 막히면 이 혈관에서 영양을 공급받던 심근이 영양공급을 받지 못할 때 괴사를 일으켜 심근 경색이 된다. 심장박동의 이상으로 정맥에서 형성된 혈전이 뇌혈관 속을 막아버리면 뇌경색, 고혈압과 동맥 경화로 뇌 동맥류가 파열, 혈액이 뇌 속으로 흘러들어 뇌를 파괴시키면 뇌출혈, 뇌혈관이 터지거나 갑자기 막혀서 의식장애, 편마비, 지각장애, 언어장애, 시력장애, 뇌혈관성 치매 등을 일으킬 때 뇌졸중(중풍)이 된다. 이러한 성인병은 그 증상은 다르게 나타나도 그 원인은 유사하다는 것이 일반적인 견해이다.

6) 허혈성 심장질환(Ischemic heart disease)

허혈성 심장질환은 심장에 분포되어 있는 혈관이 막히거나 그 혈관에서의 혈액순환이 잘 안되어서 생기는 심각한 심장질환이다. 여러 연구 조사에 의하면 비만인 사람은 정상인 사람보다 허혈성 심장질환이 생길 위험이 높다고 한다. 이는 비만 그 자체가 단독 위험 요인으로 작용하지만 고혈압, 당뇨병, 고지혈증이 동반되면 더욱 위험해진다.

7) 담석증(Gallstones)

비만 환자에게서 정상인보다 담석증의 발생빈도가 높은데 그 현상은 특히 비만 여성에게서 그 발생비율이 높다(남 : 여 = 1 : 1.5). 보고에 의하면 비만인 여자가 정상 체중인 여자보다 담석증의 빈도가 약 4배 정도 높다고 한다. 담석증이란 담도에 생기는 병으로 콜레스테롤이나 칼슘등이 섞인 작은 알갱이가 만들어져 그 알갱이가 옮겨 다닐 때마다 심한 통증을 유발한다. 콜레스테롤은 담즙산과 콜레스테롤이 적당한 비율로 섞이면서 물에 용해되어 배설되지만 비만인의 경우 혈중 콜레스테롤치가 높아 콜레스테롤이 용해되지 못하고 가라앉아 담석이 된다. 간에서 만들어진 콜레스테롤은 담즙에 용해되어 십이지장으로 배설되기 때문에, 비만자에게는 콜레스테롤 성분의 담석이 형성되기 쉽다. 우리나라에서도 과거에는 빌리루빈 담석이 주류였으나 최근에는 콜레스테롤 성분의 담석이 약 80%를 차지하고 있다. 더우기 담석 발생률도 10% 이상으로 구미 수준에 근접하고 있다. 비만증인 사람들은 복부에 지방이 두껍게 축적되어 담관계질환이나 맹장염을 쉽게 진단할 수 없으며, 수술이 복잡하여지거나 회복이 더디게 되고, 수술 자체에 대한 저항력이 적어진다.

8) 수면중 무호흡 증후군(Sleep apnea syndrome)

심한 비만 환자는 과도한 지방 조직의 축적으로 흉벽이나 횡격막의 운동이 제한되고 호흡장애가 오게 된다. 이렇듯 비만인 사람은 호흡 운동 능력이 제한되어 조금만 움직여도 숨이 차게 된다. 특히 수면 무호흡 증후군(sleep apnea syndrome)은 중증 비만에서 목 부분에 지방이 과잉 침착되어, 야간 수면 중에 주기적으로 기도를 막아 무호흡 발작을 반복하며 불면에 빠지는 질환이다. 낮 동안 앉아 있게 되면 기도의 압박이 없어져 호흡이 편해지기 때문에 야간의 수면 부족을 메우려고 앉아서도 졸게 된다. 이러한 사람은 야간의 불면과 주기적인 코골음, 눈뜨기 직전의 질식감, 낮잠과 만성적인 피로감 등을 나타낸다.

9) 통풍(Gout)

간에서 합성된 요산의 약 ⅓은 담즙과 함께 장으로 배설되어 장내 세균에 의해 분해되고, 나머지 ⅔는 신장에서 소변으로 배설된다. 체내에는 약 1,200mg의 요산이 모여 있고, 그 중 약 60%가 매일 교체되는 것으로 알려져 있다.

따라서 통풍의 발생은 ① 요산의 생산의 증가, ② 요산의 배설 저하, ③ 두가지 요인이 복합적으로 관여되는 3가지 과정을 생각할 수 있다. 통풍이란 바람만 불어도 아프다는 병으로 엄지발가락의 심한 관절염이 특징적으로 나타나는 병이다. 이런 심한 발작적인 관절염뿐만 아니라 요로 결석도 생길 수 있는데 비만증이 하나의 위험요인으로 작용한다.

통풍 환자는 혈액 중 요산이 증가되어 있는데 비만환자는 정상인 보다 평균적으로 혈액 내 요산치가 높다. 조사에 의하면 통풍 환자의 50~75%에서 비만도 10% 이상이 비만환자였다고 한다. 반면 정상 체중인 사람은 약 30%, 야윈 사람은 5% 정도라고 하여 비만과 통풍의 관련을 생각하게 한다.

10) 골격과 관절계통의 장애

우리 몸의 모든 관절은 무리 없이 지탱할 수 있는 체중의 한계가 있다. 자기 키에 비해 과다한 체중이 되면 체중을 지탱하는 관절에 계속적으로 무리한 충격이 오게 되어 관절염이 유발되게 된다. 비만에 의해 가장 흔하게 손상 받는 관절은 무릎이다. 따라서 이의 근본적 예방과 치료는 오로지 체중을 줄이는 길뿐이다.

체중이 많이 나갈수록 체중 부하의 정도가 심해져 하지 관절염이나 요추 관절에 퇴행성 관절염이 생기기 쉽다. 뚱뚱한 사람들 중에 무릎이나 허리가 아프다고 하는 경우가 많은데 이는 몸무게를 지탱하는 관절에 무리가 생겨 퇴행성 변화가 왔기 때문이다.

11) 악성종양(Cancer)

일부 암은 비만인 사람이 정상인보다 그 발생률이 높은 것으로 되어 있는데, 비만한 여성을 위협하는 암으로는 유방암과 자궁내막암을 들 수 있다. 이 두 악성 질환은 여성호르몬이 그 발생에 영향을 끼친다는 공통점이 있다. 그 밖에 여성은 난소암, 담낭암이 관련되어 있고 남자는 전립선암, 대장암, 직장암, 췌장암이 관련되어 있다. 비만으로 인해 체내 호르몬의 균형이 깨지는 것이 그 원인일 것으로 추정되고 있다. 따라서 지방질의 섭취를 줄이고 체중을 조절하는 것이 가장 좋은 예방책이 된다.

12) 심리적 문제

비만인 경우 특히 젊은 여성이 뚱뚱하다는 것이 부끄러움으로 여겨져 심리적으로 위축되어 있는 것을 많이 볼 수 있다. 불안, 우울 등을 나타낼 수 있으며 모든 면에 의욕을 잃고 비관하기도 한다.

3. 비만에 의한 여성질환

비만한 여성에서는 난소의 기능 장애에 의한 월경 이상, 불임증 및 자궁암 등이 합병하기 쉬운 것으로 알려져 있다. 특히 무월경이나 과소월경 등의 월경 이상은 비만 여성의 약 50%에서 나타난다. 월경은 난소에서 분비되는 호르몬에 의해 조절되고 있는데, 이 호르몬의 분비는 시상하부와 뇌하수체의 신호에 따라 조절된다. 비만이 되면 뇌로부터의 이러한 조절이 원활히 작용되지 못하여 월경 이상을 초래하는 것으로 생각된다. 뇌로부터의 명령 계통이 바르게 작동하고 있어도 비만이 되면 작용부위인 난소에 장애가 발생되어 월경 이상을 일으키는 경우도 있다. 비만 여성에서는 난소 피막의 비후와 난소 발육 부전 등의 기질적 장애가 발견되는 경우도 많다.

비만 여성을 대상으로 조사한 내용을 살펴보면 폐경기 이후 여성 호르몬의 부족으로 오는 증상들이 나타나는 것을 볼 수 있는데 초기 증상으로 화끈거림, 식은땀, 심장의 두근거림, 불면증 등을 들 수 있으며, 후기 증상으로는 관절통, 요통, 손마디 통증, 손발저림, 빈뇨, 야뇨, 요실금, 성교통, 기억력감소, 불안, 초조 등을 들 수 있다. 이러한 증상이 나타나는 폐경기 여성의 가장 큰 문제는 골다공증(osteoporosis)이다.

그러나 증상의 유무와 강도에 따라 골다공증을 진단하기란 매우 어렵다. 왜냐하면 골다공증이 매우 심한 상태인데도 증상이 전혀 없는 경우도 있고 심하지 않는데도 증상이 매우 심하게 나타나는 경우가 있기 때문이다. 상체 비만이 심한 경우 골다공증이 생길 확률은 더욱 높아진다. 가장 확실한 진단은 가볍게 넘어진 경우에도 골절이 발생하는 것이다. 특별한 이유 없이 골절이 되거나 2~3번 이상 골절의 경험이 있으면 전문적인 진단을 받아야 한다. 특히 여성의 경우는 폐경기 이후부터 70세 이후에는 고관절과 척추에 압박 골절이 잘 발생한다. 고관절 골절이 발생하면 1년 이내에 10~20%의 환자가 사망하고 25%는 불구자로 겨우 30%만이 골절 전의 상태로 회복될 수 있다.

허리가 아픈 원인의 50%이상이 골다공증에 의한 것이라고 학자들은 주장하고 있다. 또한 나이가 들어 팔, 다리, 허리, 무릎 등이 아프다고 주물러 주기를 요구하는 것은 자연적인 현상이 아니고 많은 부분이 골다공증에 의한 것이라고 한다. 폐경기 이후부터라도 적절한 치료를 하면 얼마든지 피할 수 있는 예방과 치료가 가능한 질환이라고 한다. 특히 뼈의 밀도가 가장 강한 인종은 흑인 여성이라고 한다. 백인 여성은 이들보다 5%, 한국과 일본 등 동양 여성은 백인 여성보다 10%정도 뼈의 밀드가 더 약하다고 보고되고 있다. 따라서 한국 여성의 경우 서양 여성에 비해 골밀도가 낮은 관계로 골다공증이 잘 발생된다고 할 수 있다. 골다공증에 대해서는 학자들의 견해에 따라 약간씩 다르다. 골량(골질)이 감소되어 약해진 뼈는 당연히 저항도 약하고 외부에서의 작은 충격으로도 쉽게 골절이 되기도 하며 추골이 찌그러질 수 있는 상태로 규명하고 있다. 뼈에 칼슘성분이 적어져서 뼈가 약해진 병으로 노화와 갱년기의 호르몬 변화 등에 따라 발생하는데 특히 칼슘과 단백질 섭취량이 적으면 골다공증이 쉽게 생길 수 있다.

지방 세포는 남성 호르몬인 안드로겐을 여성 호르몬인 에스트로겐으로 바꾸는 작용이 있기 때문에, 비만 여성에 있어서는 혈액 중에 여성호르몬인 에스트로겐이 증가하여 이것이 자궁내막을 자극하여 자궁암의 원인이 될 가능성도 시사하고 있다. 에스트로겐의 일부는 지방 세포내에 저장되기 때문에 비만이 되어 있는 사람은 지방 세포로 부터 방출되는 에스트로겐에 의해 자궁내막이 지속적으로 자극을 받게 되어 점차 암으로 진행된다고 생각된다. 유선에 에스트로겐의 수용체가 있기 때문에, 비만 여성은 유방암의 발생 빈도도 높은 것으로 알려져 있다.

한편, 여성은 임신을 계기로 비만이 되기 쉬운데, 비만한 임산부에서는 임신 중독증의 발생율이 높고 출산 혹은 산욕기에 합병증의 위험도 증가하고 있다. 비만으로 몸에 가해지는 부담이 커지고, 임신 중독증, 거대아 분만, 또 복부에 지나치게 쌓인 지방은 태아를 압박하여 태아의 이상을 일으키고, 나아가서는 제왕절개, 겸자분만의 빈도가 높아지며, 이상 분만, 출혈, 태아 사망 등의 이상을 일으키는 경우도 있다.

폐경은 난소에서 생성되는 에스트로겐이 없기 때문에 나타나는 현상으로서 에스트로겐은 뼈의 칼슘이 혈액 속에 녹아 들어가는 것을 억제하는 작용을 갖고 있으나 폐경기 후에는 이 에스트로겐이 부족하기 때문에 뼈의 주성분인 칼슘 등이 줄어들어 이차적인 병적 현상이 나타난다. 이를 치료하기 위해 에스트로겐을 투여하여야 하는데 이는 유방암이 발생될 수 있다는 우려 때문에 많은 사람들이 사용을 주저하고 있는 실정이다. 그러나 현재까지 발표된 연구 논문을 종합하여 본 결과 에스트로겐이 유방암을 직접적으로 발생시키거나 발생빈도를 증가시킨다는 증거는 매우 희박하다. 따라서 에스트로겐이 심장과 뼈에 미치는 확실한 장점을 생각하면 폐경기 여성들에게 에스트로겐으로 치료하는 것을 주저할 필요가 없다고 생각된다. 아직도 많은 연구가 뒷받침되어야 하지만 유방암의 위험인자를 먼저 발견하고 추적검사를 하면서 에스트로겐이 갖고 있는 단점을 피하면서 장점만을 충분히 활용할 수 있을 것으로 판단된다. 또한 에스트로겐은 골밀도를 증가시킬 뿐만 아니라 콜레스테롤을 낮추어 동맥경화를 예방하는 효과가 매우 크다고 의학계에서는 보고하고 있다.

이외에도 골다공증에 사용되는 치료제로는 혈중 칼슘 농도를 낮추는 칼시토닌, 연어와 뱀장어에서 추출한 생합성 제품, 염화 불소, 성장 호르몬, 칼슘, 비타민 D 등을 들 수 있다.

운동은 건강을 유지하는 중요한 요소임은 물론 골밀도(골기질)을 유지하고 증가시키는데 매우 중요하다. 최근에는 사람도 무게를 느끼지 않는 무중력 상태에 오래 있거나 고정된 상태로 움직이지 않고 오래 있으면 골밀도가 감소하는 것으로 알려지고 있으며 일할 수 있는 능력과 육체적 활동력이 골밀도와 정비례하는 것이 증명되고 있다.

제6장
비만 약물요법

비만을 연구하는 학자들간에 비만 자체를 하나의 만성질환으로 간주하여 치료해야 한다는 개념이 정립되고 있으며, 고혈압이나 당뇨병에서와 같이 장기간 약물치료가 필요하다고 생각되어지고 있다. 그러기 위해서는 안전하고 효과적인 약제의 도입이 필수적이다. 비만증 환자에서 약물치료로 일단 체중이 감량되었다 하더라도, 그 약제가 비만자체를 완치할 수 없기 때문에 약을 중단한 다음 계속해서 체중감소가 지속될 것으로 기대할 수는 없다. 이러한 제한점을 이해한다면, 체중의 감소와 유지에서 약물요법은 어떤 치료법보다 더욱 유용할 것으로 생각된다. 그러나 장기복용해도 부작용이 없고 체중조절 효과가 확실한 약물은 아직 개발되지 않았다. 특정 약물로 체중을 줄이는 방법은 식이요법이나 운동요법에 비해 편리하기는 하지만 부작용이 많이 따른다. 현재 개발된 약물은 식사요법과 운동으로 체중조절이 되지 않고 비만에 따른 건강문제가 약의 부작용보다 더 크다고 판단될 때만 단기간 처방한다. 투약 중에도 부작용 유무를 주의 깊게 관찰해야 한다.

선진국의 많은 의학자들이 보다 안전한 다이어트 약을 개발하기 위해 많은 노력을 기울이고 있지만, 마음놓고 사용할 만한 안전한 약품은 아직 나와 있지 않은 실정이다. 그러나 의학, 약학계에서는 지속적인 연구, 노력을 하고 있으므로 머지않은 장래에 상당히 도움이 될 약물이 나올 것으로 기대되고 있다.

1. 비만치료제

1) 식욕억제약

식욕억제약은 뇌속의 신경 자극전도 및 신경 기능 조절 물질인 아민에 작용해서 식욕을 억제하는 중추성 식욕억제제가 있다. 펩티드 호르몬은 뇌속에서는 아민과 같은 작용이 있어 콜레시스토키닌과 같이 강한 식욕 억제작용을 갖는 것이 있다.

이 펩티드 호르몬은 뇌에서의 기능 외에도 소화기에도 작용하여 식욕을 억제하는 기능을 한다. 즉 콜레시스토키닌은 음식물의 위의 통과 시간을 늦게 하여 식욕억제 작용을 나타낸다. 펩티드 호르몬은 체내에 원래 존재하는 물질이므로 부작용은 적지만 먹는 약으로 만드는 것이 문제이다.

이런 약물들은 뇌의 식욕중추에 작용하여 식욕을 떨어뜨리는 것으로서 다른 신경계통의 약물들처럼 중독증상이 있어서 갈수록 양을 늘려 복용해야 하고 여러 가지 신경계통의 부작용을 일으킬 수 있다.

세로토닌 작용물질인 펜프루나민(fenfluramine)을 제외한, 대부분의 약제들은 중추신경계에서 아드레날린과 도파민 작용 기전을 조절하여 약리작용을 나타내며 대부분은 페네틸아민(phenethylamine) 유도체들이다. 약국에서 많이 팔리고 있는 페닐프로파놀아민(phenylpropanolamine, PPA)과 활성형 유도체인 노르에페드린(norephedrine)은 암페타민계열의 식욕억제제로 분류되어있으나 비전형적인 아드레나린 작용기전을 가진다.

Phenylpropanolamine(PPA)는 phenylethylamine의 유도체로 norephedrine의 이성체이며 시판되는 감기약에 포함되어있고 약국에서 쉽게 살 수있는 비만 치료제이다. PPA가 식욕과 음식 섭취에 어떤 영향을 주는지는 잘 알려져있지 않으며 이약제는 위장관에서 잘 흡수되고 체내 반감기는 3.9~4.6시간이다. 따라서 비만증의 치료에 사용되기에는 작용시간이 짧아 지속성 유리형태의 제제가 비만증의 치료에 이용 되고 있다. 비만증에서 치료 효과를 보고한 연구에 의하면 위약군의 경우 4.3kg 체중 감량군은 6.1kg로 효과가 있었다고 한다.

현재 외국에서 사용되는 세로로닌 작용제는 펜프루라민(fenfluramine)과 덱스펜프루라민(dexfenfluramine)이 있으나 그 밖에 현재 연구중인 약제가 많다.

여러 종류의 비만증 환자를 대상으로 덱스펜프루라민 투여를 이중맹검법으로 연구한 결과 체중감소를 보인 사례가 많이 보고되었다. 약제의 투여 방법은 하루 2번 15mg씩 3개월간 경구투여 하였으며 위약에 비하여 유의하게 체중 감소가 있었다고 한다. 1997년 미국 식품의약국(FDA)는 덱스펜프루라민을 비만 치료로 허가하였으나 덱스펜프푸라민과 펜터민 복합제 복용후 심장판막증이 발생되어 현재 미국에서는 판매가 중지되었으며 유럽에서는 아직 시판 중이다.

비만증 치료에서 약물치료의 효과는 체중감소, 음식섭취 행동, 에너지 소모의 세가지 영향에 의해 좌우된다. 펜프루라민계 약제는 대표적인 세로토닌 작용제로 세로토닌의 재흡수를 억제하고 세로토닌 방출을 항진시키는 작용기전을 가지고 있다. 덱스펜프루라민의 효과는 다음 두 가지로 요약할 수 있다. 첫째는 섭식 행동의 변화로서, 포만효과를 증대시키고 식간 음식섭취를 감소시키며 식간효과를 감소시킨다. 식간효과를 감소시키는 기전은 단것을 찾는 경향, 음식섭취에 따른 쾌감, 스트레스로 인한 음식섭취의 억제 등에 의하는 것으로 생각된다. 둘째는 에너지 소모와 당 대사에 대한 작용으로서 펜프루라민은 체중 증가에 관여하는 여러 인자를 억제하고 인슐린 저항성을 감소시키는 것으로 추정되고 있다.

비만을 유발할 수 있는 약물들

구 분	성분명	분류	효능 및 용도	부작용
비만유발	Glucocorticoid	부신피질 호르몬제	부신기능부전증, Allergy, 과민성반응, 소염제, 신생물억제제	간에 glycogen축적, 단백분해증가, 지방의 이상침착
	Amitriptyline	항우울약	진정, 주의력증가	식욕증가, 구갈
	Cyproheptadine	항히스타민제	식욕증진, 항serotonine 작용	체내지방 증가
	Phenothiazine류	항정신병약	항choline효능, 내분비에 작용	구갈, 변비, 뇨저류, 체중 증가, 무월경
	Medroxyprogesterone	합성progesterone (피임약)	피임, 절박유산, 자궁내막증, 월경불순	간기능장애, 당내성, 단백동화(체중증가)
	Estradiol류	Estrogen제제		

2) 소화흡수억제제

소화흡수억제제는 섭취된 음식물이 소화기에서의 흡수를 방해하는 작용으로 섭취 에너지를 감소시키는 약제이다. 지방의 축적을 방해하기 위해 지방 합성을 억제하며, 인슐린 분비를 억제하는 약제도 있다. 갑상선 호르몬은 대표적인 대사촉진제이다.

갑상선 기능항진증 환자에서 대사가 촉진되어 있기 때문에 체중이 많이 줄게 된다. 그러나 갑상선 호르몬은 지방 조직 뿐만이 아니라 제지방, 체조직도 소실시켜 병을 일으킨다. 따라서 지방 세포에만 작용하는 대사 촉진제의 개발이 진행되고 있으며 이미 동물 실험에서는 효과가 확인된 약제도 있다.

대표적인 약물로는 탄수화물의 흡수를 방해하는 아카코스와 지방의 흡수를 억제하는 슈크로스 포리에스터(SPE)라는 약물이 있다.

(1) 아카보스

소장에서 탄수화물의 흡수를 억제하는 약물로서 당뇨병이나 심한 비만증 환자들이 의사의 지시에 따라 복용하여 효과를 볼 수 있으나 배가 아프거나 설사를 하는 등 부작용이 초래되기 때문에 널리 사용되지 않고 있다.

(2) 슈크로스 폴리에스터

소장에 지방이 흡수되는 것을 방해하는 약으로 과량 복용시 반대로 식욕을 증진시킬수 있는 부작용이 있다.

3) 몸에서 지방 생산이 안되도록 하는 약물

인체에는 아직 안정도나 효능이 확실히 인정되지 않아 사용되지 않고 있다.

4) 열을 내서 몸 속의 지방이 빨리 연소되도록 하는 약물

몸에서 열을 내는 약초, 식품 그리고 차 종류를 즐기는 것은 체중을 줄이는 보조요법으로 권장할 만한 방법이다. 그러나 카페인을 함유하고 있는 차 종류와 담배의 니코틴은 몸 속에서 지방의 연소를 도아주고 칼로리 소비를 증가시키는 작용이 있으나 중독 증상을 가져오고, 인체내의 산소를 소비시킴으로써 장기적인 건강 증진에 악 영향을 미칠 수 있다.

의약품 중에서는 감기약의 주성분인 에페드린이라는 약물이 이런 효과가 있다는 것이 알려져서 지방 연소능력이 적은 비만 환자에게 제한적으로 사용되고 있다. 그러나 이런 방법들은 어디까지나 체중 감량의 효과가 적은 보조적인 방법이라는 점을 기억해야 한다. 일부 학자들은 몸에서 열이 나게 하여 지방을 효과적으로 연소시켜주는 약물 개발에 많은 힘을 기울이고 있다.

비만치료의 궁극적인 목표는 체중감소를 장기간 유지하는데 있다. 그러나 비만의 병태생리가 아직 확립되지 않은 만큼, 비만의 장기 적인 치료에 있어 치료기간이나 치료 목표대상의 선정 등에 있어 아직 해결되지 못한 문제가 많다. 장기간 치료에 대한 연구로 펜프루라민을 6개월 투여하여 체중이 감소된 환자를 다시 일년간 위약-대조법으로 연구한 결과, 위약과는 대조적으로 체중감량이 유지된 사실을 보고하였다. 또한 일년간 이중맹검법으로 덱스펜프루라민(15mg 1일 2회)을 투여한 연구에서, 6개월후 체중감량의 목표가 달성되었고 그후 계속해서 6개월간 체중이 유지되었으며, 대조적으로 위약군에서는 체중의 증가가 보고되었다. 이러한 결과로 덱스펜프루라민의 장기간 투여 효과가 인정되었다.

2. 이뇨제와 설사제

설사제를 사용하여 설사를 하게 되면 음식의 흡수가 이루어지지 않아 체중증가를 막을 수 있다고 생각하는 것은 잘못된 것이다. 설사제는 음식의 흡수에 영향을 미치는 것이 아니라 수분과 전해질의 흡수에 영향을 미치기 때문에 체중을 감소시키지 않는다. 체중의 감소가 일어나기도 하나 이는 탈수나 수분 부족 때문에 일어나는 것이며 실제로 체중이 줄어드는 것은 아니다. 설사제를 남용할 때 나타날 수 있는 부작용은 다음과 같은 것이 있다.

① 설사제를 반복해서 사용하는 것은 오히려 변비를 일으킨다. 변비가 생기면 사람들은 설사제의 용량을 늘리게 되고 이는 변비가 더 악화되는 악순환을 나타내게 된다.
② 지나친 수분의 손실로 인해 탈수현상이 나타날 수 있다.
③ 설사제를 남용하는 많은 사람에서 전해질 불균형이 나타나게 된다. 전해질이란 Na^+, K^+, Cl^-과 같이 생명유지에 필수적인 물질로서 단성적으로 설사를 할 경우 전해질들이 대변을 통해 빠져나가게 되고 이 결과 신체 내에서의 전해질 불균형이 일어나게 된다.
④ 설사제를 남용하는 사람들은 흔히 즉각적으로 살이 빠진다는 느낌을 받기 위해서 설사제를 사용한다. 그러나 설사로 인해 갑작스럽게 수분의 소실이 일어나면 신체는 수분의 소실을 방지하기 위하여 수분을 체내에 유지하려고 하므로 몸이 붓게 되는 부종현상이 나타나게 된다.
⑤ 설사제를 남용하는 사람들은 대변에 피가 묻어 나오는 장출혈이 일어날 수 있다.
⑥ 자극성 설사제를 사용하는 사람들에는 지속적인 위장기능의 장애가 나타날 수 있다. 이뇨제는 신장에 작용해서 체내에 있는 수분과 전해질을 몸밖으로 빼내는 작용을 한다. 이뇨제를 먹고 나면 소변이 많이 나오고 체중이 일시적으로 줄어든다. 이때에 칼륨과 같은 전해질도 함께 빠져나가 기운이 없고 입갓이 떨어지며 근육에 쥐가 잘 난다. 설사약도 이와 유사한 작용을 인체에 미침으로서 혈액 속에 들어 있는 중요한 전해질 성분들도 함께 빠져나가게 한다.

이러한 약들의 효과는 체내의 물을 일시적으로 빼냄으로써 체중을 일시적으로 줄여 줄 뿐 체지방과는 아무런 상관이 없다. 다이어트 중에는 물을 충분히 마셔야 인체의 세포들이 열심히 일을 할 수 있다. 세포들이 일을 한다는 것은 칼로리의 소비를 의미하므로 지방이 줄어들 수 있다. 물이 부족한 상태에서는 세포가 일을 할 수도 없고, 지방을 연소시킬 수도 없다. 따라서 이뇨제나 설사약을 먹는 대신 오히려 물을 충분히 마시는 것이 비만관리에는 더욱 중요하다.

3. 커피와 담배

담배는 식욕을 감퇴시키고 소화액 분비를 억제하는 작용을 하며, 담배의 주요 성분인 니코틴은 단기간에는 지방의 연소를 촉진시켜 하루 에너지 소비를 평균 10%까지 늘려주는 효과가 있다. 따라서 흡연가가 담배를 끊으면 8kg까지 체중이 증가할 수 있다는 의학보고도 있다. 담배 속의 니코틴 자체는 지방의 연소를 돕는 효과가 있으나 장기적으로 흡연하게 되면 흡연 때 코나 입을 통해 일산화탄소를 공급받게 되고 이는 뇌나 근육에 산소 공급을 차단하여 오히려 지방이 연소되는 것을 방해하고 근육의 운동을 떨어뜨리는 한편 피부생성을 억제하여 4~5년 후에는 피부에 주름살과 주근깨가 많이 생기기도 한다. 담배 연기 속에는 니코틴 이외에도 타르 등 약 4,000여종의 독성물질이 함유되어 있으며 아편 수준의 습관성 중독을 일으킬 뿐만 아니라 17종 이상의 암을 비롯한 25종 이상의 질환을 유발하는 독성을 갖고 있다. 특히 여성에서는 불임, 기형아 출산, 월경불순, 피로, 권태, 우울증, 신경증 등의 증상이 더 많이 나타날 수 있다. 적당한 양의 커피나 홍차 등에 들어 있는 카페인은 인체의 에너지 대사를 촉진시켜 지방의 연소를 도와주는 효과가 있다. 특히 커피는 음식의 소화를 도와주며 섭취된 지방의 연소를 도와준다. 커피는 칼로리 그 자체가 없으므로 다이어트 식품이라고 볼 수 있으나 지나치게 마시게 되면 앞에서 살펴본 이뇨제의 작용과 같은 부작용을 초래할 수 있다. 또한 크림과 설탕을 넣어 마시는 커피는 그 자체가 많은 칼로리를 함유하고 있어서 오히려 살찔 가능성이 있다. 즉 식후의 커피나 녹차, 또는 홍차 등은 소화 및 지방의 연소 효과를 동시에 볼 수 있다.

여러 가지 약제들이 체중을 줄이고 싶어하는 사람들에게 의해서 남용될 수 있다. 특히 이뇨제나 설사제와 같은 것을 남용하다 보면 앞에서 언급하였듯이 여러 가지 부작용을 일으킬 수 있다. 최근 식행동에 문제가 있고 식욕을 조절하지 못하는 경우 또 비만으로 인해 심리적인 문제가 심각할 경우 약물 치료를 하는 추세이나 반드시 의사의 처방에 따라 복용해야 한다.

비만의 약물치료에 있어 단기 및 장기치료의 적응증에 대한 연구결과에 의하면, 식사요법을 하고 있는 환자에게 약물치료를 추가하여 평균적으로 1주에 0.25kg의 체중 감소효과를 볼 수 있었으나 약물투여를 중단한 후 체중의 재증가를 나타내었다.

장기간 약물치료는 특별한 경우에 적응되며, 예를 들면 체질량지수 30kg/m^2 이상, 허리둘레와 둔부둘레의 비가 0.9 이상 또는 고혈압이나 인슐린 비의존형 당뇨병의 위험인자를 갖고 있는 경우이다. 이 경우에도 약물치료의 효과와 부작용을 비교하여 효과가 더 클 때 적용된다.

즉 약물 치료로 체중을 감소시킴으로써 얻는 이득이 약물자체의 위험성 보다도 뚜렷한 효과가 있어야 한다. 치료에 반응하지 않는 매우 심한 비만, 병적인 비만, 수면중 무호흡증 등에 의해 생명의 위협이 되는 경우에는 장기치료가 적응된다.

약물 치료에 의해 비만에 동반된 여러질환 즉 인슐린 비의존형 당뇨병, 고혈압, 우울증 등을 호전시키는 효과가 있거나, 약물치료가 비만을 호전시키는 생물학적 증거가 있는 경우에는 장기 치료의 적응증이 될 수 있다.

Ⅱ

살롱 트리트먼트

제1장 셀룰라이트

1. 셀룰라이트(Cellulite)의 정의

수분·노폐물·지방으로 구성된 물질이 신체의 특정한 부위에 뭉쳐 있는 상태로 셀룰라이트(cellulite)는 군살, 즉 국소적으로 피하지방이 과다하게 쌓여 주머니처럼 뭉치면서 피부가 마치 '오렌지껍질'처럼 울퉁불퉁해진 상태를 표현하는 말이다.

주로 혈액순환 또는 림프순환이 잘 안 되는 경우 운동부족, 노폐물·독소·수분 등의 배출이 제대로 이루어지지 않은 경우에 생기며 그 대부분은 진피 아래에 생긴다.

현재까지 알려진 셀룰라이트는

① 지방세포의 비대 혹은 증식으로 인한 피하지방조직의 이상

② 이로 인한 결체조직(connective tissue), 특히 뮤코다당질(mucopolysaccharide, MPS)의 과중합(hyperpolymerization)에 의해 결체조직을 이루고 있는 물질들의 점도 증가(hyperviscosity)의 원인

③ 미세순환(microcirculation) 장애에 의해 만들어진다.

1) 셀룰라이트의 특성

체내에 쌓인 노폐물 및 수분은 지방과 섞여서 셀룰라이트를 형성하는데, 이것이 진피층으로 밀고 올라와서 피부 표면이 고르지 못하게 된다.

특히 평소에 편식을 심하게 하는 사람, 동물성지방 또는 당분 등을 많이 섭취하는 사람, 스트레스를 많이 받거나 피로가 쌓인 사람, 임산부 등에게 많이 나타나는 경향이 있다. 전 연령층에서 나타나며, 특히 여성에게 많이 나타난다. 이것이 뭉쳐서 튀어나와 있거나 움푹 들어가 있어 피부표면이 울퉁불퉁한 것처럼 보인다. 주로 혈액순환 또는 림프순환이 잘 안 되는 경우, 운동부족, 노폐물·독소·수분 등의 배출이 제대로 이루어지지 않은 경우에 생기며, 그 대부분은 진피 아래에 생긴다.

2) 셀룰라이트의 생성

셀룰라이트가 잘 발생하는 부위는 엉덩이·허벅지·팔·배·무릎 부위 등이며 체형과는 상관 없이 나타난다. 특별히 치료할 필요는 없으며 미용상 이유로 치료하고자 할 때에는 지방흡입술 등을 실시한다. 이것이 생기면 없애기가 힘들기 때문에 평소에 예방하려는 노력이 필요하다.

표층부 피하지방, 원형층(areolar layer)에 잘 생기며, 원형층은 남여간의 조직학적 차이로 인해 여성에게 지방이 쉽게 쌓이는 관계로 셀룰라이트도 여성에게 잘 생긴다. 그 원인을 살펴보면 과학적인 근거로 제시된다.

(1) 유전적, 인종적 원인

황인종, 흑인보다는 백인에게 잘 생기고, 라틴계 여성은 엉덩이에 생기는 반면 유럽여성들에게는 복부에 많이 형성된다. 그리고 비만에도 유전적요인이 있듯이 체형에도 유전적 요인이 있다.

(2) 내분비 요인

가장 중요한 호르몬은 에스트로겐이다. 에스트로겐은 결체조직의 기질내에서 섬유모세포의 증식을 자극할 뿐 아니라 구성물질의 대사속도에 영향을 주어 글라이코스아미노글라이칸(GAG)과 콜라겐의 변성을 유발한다. 또한 하이알루론산의 과중합이 증가하면 간질내 삼투압이 증가하며 국소부종이 유발된다.

에스트로겐은 지방세포에서 항지방분해작용을 보이는 알파-수용체 반응을 증가시키고 LPL을 자극하여 지방합성, 지방세포비대, 지방세포변형을 유발, 섬유화, 지방결절을 촉진시킨다.

(3) 신경학적, 심리적 요인

과도한 스트레스에 의한 심리상태와 관련이 높다. 쉽게 피로를 느끼고 기운이 없고, 감정의 조절이 어려워 기복이 심할 경우와 쉽게 불안해하며 정서적으로 우울한 경우 잘 생긴다.

(4) 신체 활동량 부족

저지방체중, 즉 근육량이 감소하여 지방이 쉽게 쌓일수 있는 상태가 된다. 근력이 감소하고 신체활동시 하지근육의 펌프기능이 원활하지 않아 정맥귀환(venous return)이 잘 이루어지지 않아 울혈, 부종이 잘 생기게 된다. 에너지 밸런스의 불균형을 초래하여 지방을 쉽게 쌓이게 할 뿐만 아니라 하체부종, 정맥-림프순환장애를 유발할 수 있다.

(5) 영양 및 식이요인

식생활의 습관에 따라 크게 좌우된다. 성장기에 칼로리의 과다섭취는 지방세포의 크기뿐 아니라 숫자를 증가시킴으로 주요한 원인으로 되며, 불규칙한 식사와 무리한 다이어트의 반복은 오히려 지방합성이 촉진된다. 탄수화물 과다섭취는 그인슐린혈증을 유발하여 셀룰라이트가 잘 생기게 하고 과다한 염분섭취는 수분저류를 촉진하여 하지부종을 유발한다.

(6) 흡연, 음주

흡연은 미세순환을 저해하고 조직 내 산소공급을 감소시키며 자유기(free radical) 생성을 증가시키고, 알콜은 지방합성을 촉진시킨다.

3) 셀룰라이트의 종합적 생성 원인

(1) 불규칙한 식생활

셀룰라이트가 생기는 원인은 크게 세 가지로 나눌 수 있다. 첫째는 불규칙한 생활, 운동부족, 잘못된 식습관, 수분 부족, 음주, 흡연, 스트레스 등으로 몸에 무리가 오면 신진대사가 원활하게 이루어지지 않게 된다. 그 결과 노폐물이 생성되고 수분과 지방이 축적되어 서로 결합해 셀룰라이트가 형성되는 것이다.

(2) 생체 호르몬의 영향

셀룰라이트는 호르몬과 관련이 깊다. 여성 호르몬과 남성 호르몬이 불균형을 이루면 수분과 지방이 몸속에 쌓여 체액의 순환이 원활하지 못하게 되므로 셀룰라이트가 생성된다. 따라서 여성인 경우 피임약의 복용도 원인이 될 수 있다. 혈액과 림프 순환이 원활하지 못할 때, 몸에 꼭 끼는 옷이나 하이힐을 자주 신는 것도 원인이 되므로 주의해야 한다.

(3) 연소되지 않은 지방

정상의 지방처럼 연소되어 신진대사에 필요한 에너지로 전환되지 않는 지방 아닌 지방으로 복부비만이나 하체비만 등 부분 비만의 주 요인이 되는 성분이다.

2. 혈액순환(血液循環, Blood circulation)

혈액이 혈관 속으로만 흐르는 폐쇄혈관계와 모세혈관이 없어 혈액이 조직 속을 흘러 체강액과의 구별이 명확하지 않은 개방혈관계로 나뉜다. 환형동물・척추동물 등은 전자에 속하고, 절지동물・연체동물은 후자에 속한다. 또한 척추동물에서는 아가미 호흡형과 폐 호흡형의 순환계로 나누어지고, 후자에는 폐순환(소순환)과 체순환(대순환)의 두 경로가 있다. 혈액순환의 원동력은 심장의 수축운동에 있으며, 순환하는 혈액은 가스교환(호흡)에 의한 산소나 이산화탄소 외에, 영양・노폐물 등을 운반하는 일을 한다. 동물의 체내를 혈액이 일정한 방향으로 유동하는 현상이다.

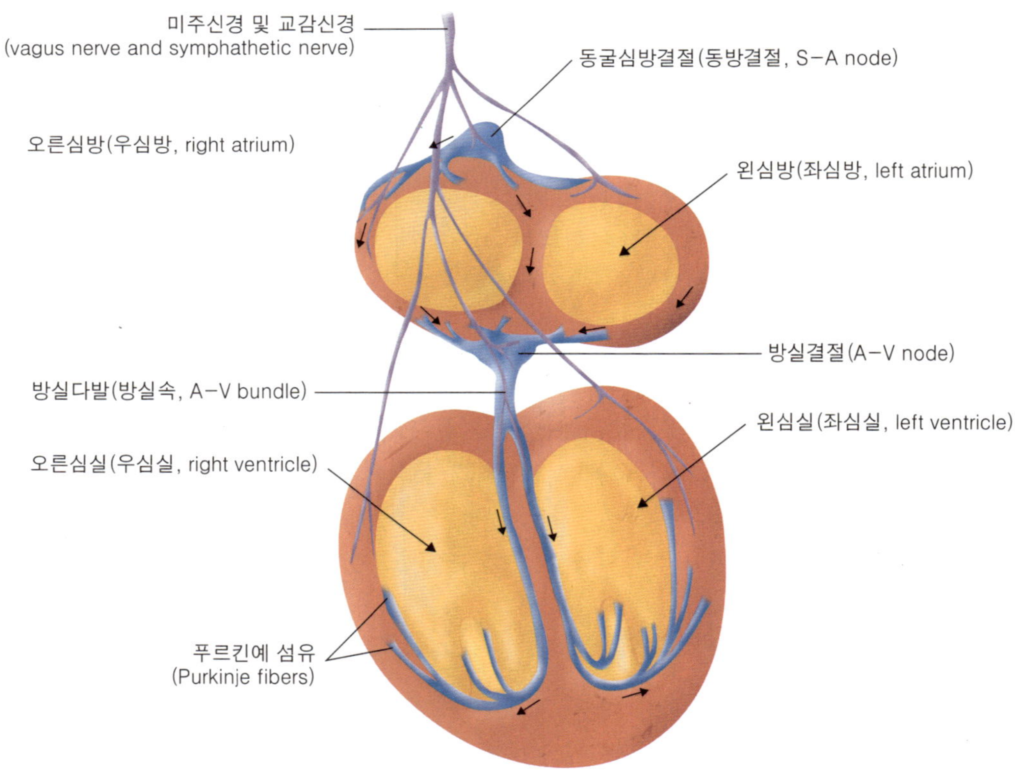

그림 1-1 심장자극전도의 경로

1) 혈액순환

심장은 4개의 방과 4개의 판막으로 구성되어 있으며 반드시 한쪽 방향으로 흐르도록 작동한다. 이 방들 중 2개는 우심방과 좌심방으로 얇은 벽의 구조로 되어 있으며 정맥으로부터 혈액을 모아서 두껍고 탄력이 있는 심실의 공간으로 보낸다. 심방에서 심실로의 혈액의 흐름은 심실이 이완하였을 때 심실 내에서 형성된 낮은 압력 때문에 일어난다. 더욱이 얇은 벽을 가진 심방이 수축함으로써 완전하게 심실로 들어가는 것을 도와준다.

※ 심장의 구조

① 심방 : 정맥과 연결되어 있어서 심장으로 혈액이 들어오는 곳
② 심실 : 동맥과 연결되어 있어서 심장에서 혈액을 밀어내는 곳
③ 판막 : 심방과 심실, 심실과 동맥 사이에 있는 얇은 막으로 혈액이 거꾸로 흐르는 것을 막는다.

※ 심장 박동

① 혈압 : 심장의 박동에 의해 심실에서 나간 혈액이 혈관벽에 미치는 압력
② 맥박 : 심장의 박동에 따라 동맥벽의 확장과 수축에 의해 나타나는 파동

(1) 혈액순환 이미지

혈액순환

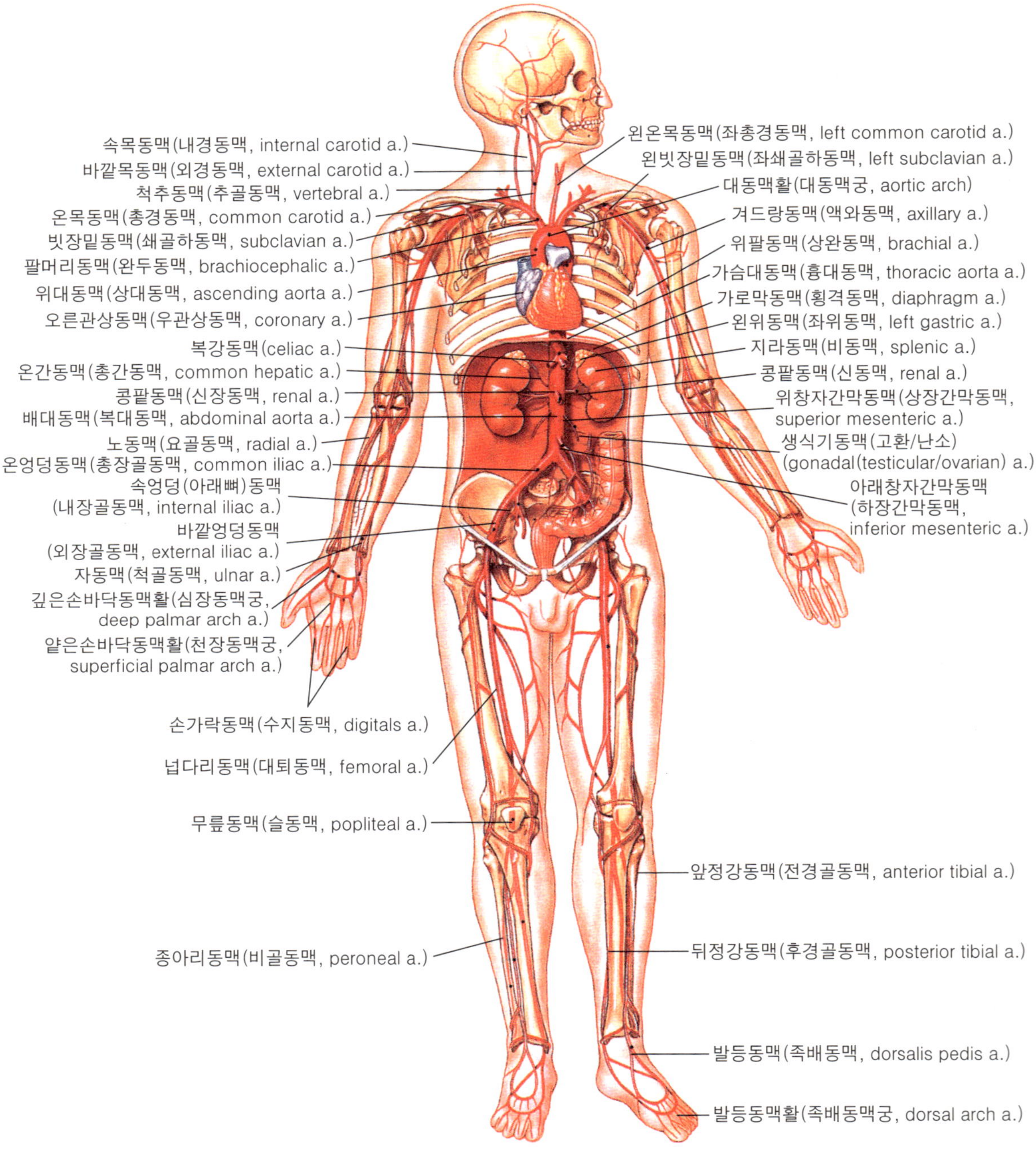

그림 1-2 몸순환(체순환)의 주요 동맥

(2) 인간의 혈액순환

사람의 혈액순환으로 정상 성인의 총 혈액량은 약 4~6 l 로서 체중의 7~8% 정도에 해당된다. 그 중에서 약 42~47%는 혈액의 고형성분인 적혈구, 백혈구, 혈소판으로 구성되어 있으며, 혈액의 나머지 53~58%는 혈장이라 불리는 액체성분으로 되어 있다.

혈액은 인체의 물질대사에 필요한 산소와 영양소를 공급하는 일과 그 대사로 인하여 생긴 노폐물을 체외로 분비하는 역할을 한다. 즉 산소와 영양소는 대개 동맥을 거쳐 각 조직에 운반되어지고 노폐물은 정맥을 거쳐 제거되므로 혈액은 일종의 운반계라고 생각할 수 있으며, 혈액의 순환은 동맥, 정맥, 모세혈관에서 이루어지며 이 혈액은 심작의 박동작용으로 전신의 혈관계를 통해 순환되면서 체내 고든 세포와 접촉한다.

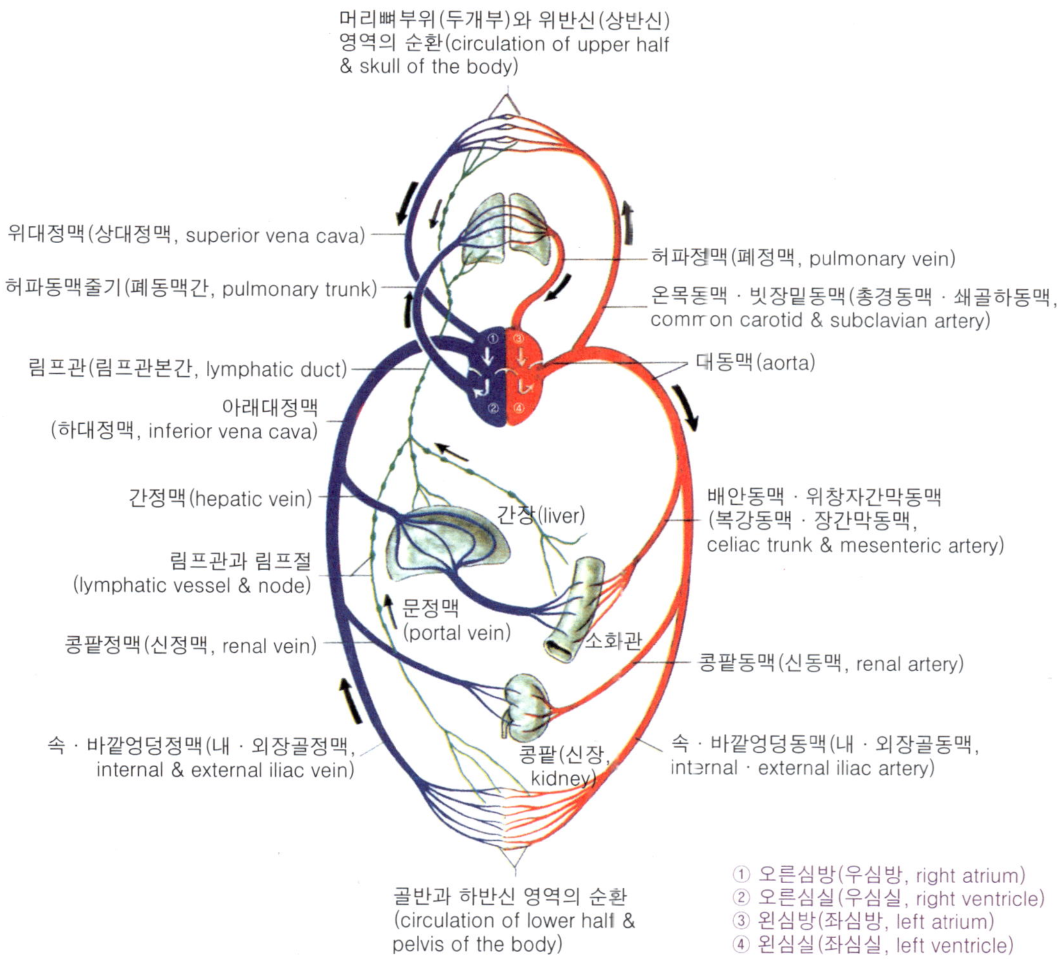

그림 1-3 몸순환(체순환)과 허파순환(폐순환) 경로

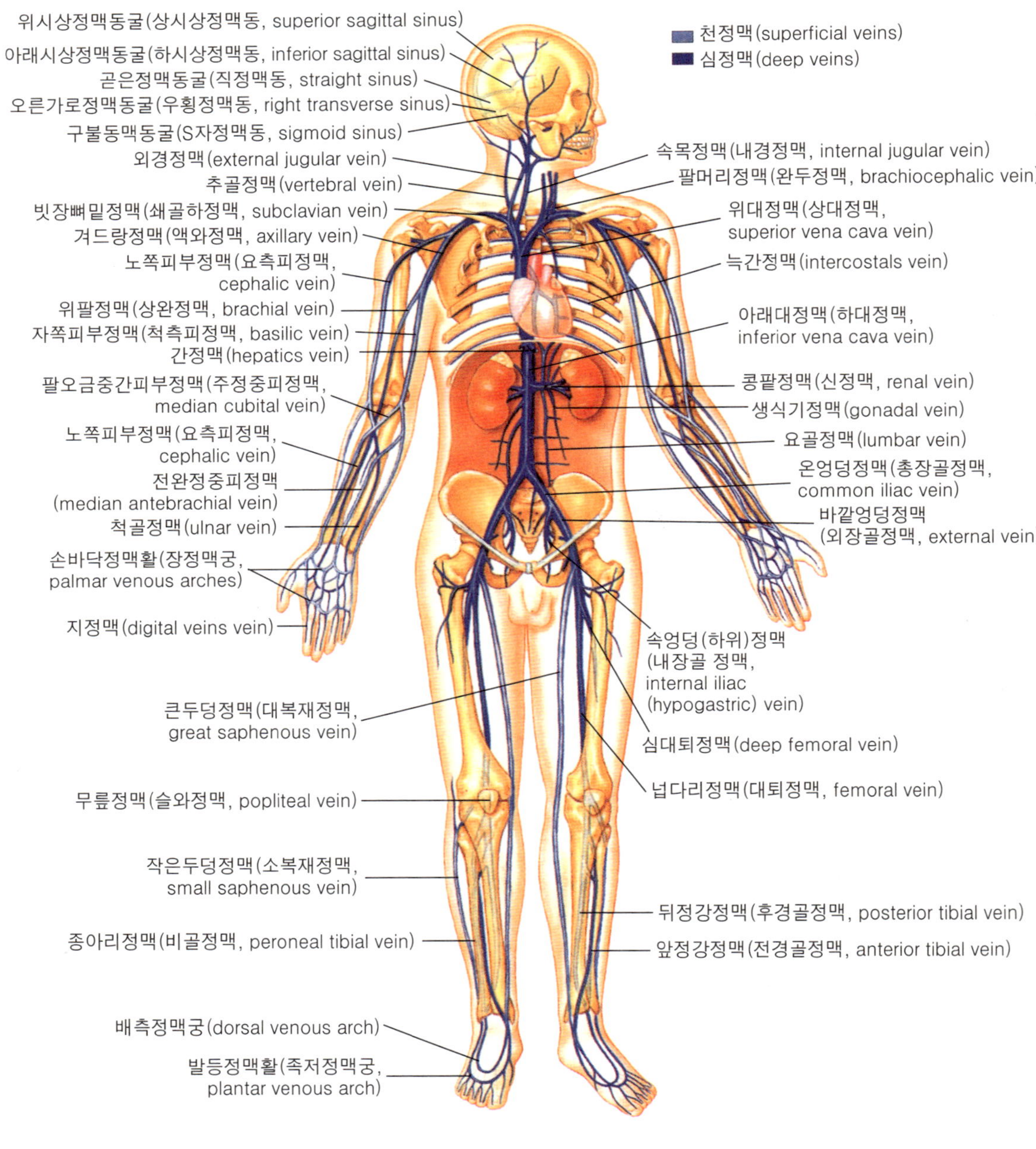

그림 1-4 몸순환의 주요 정맥

3. 림프순환(循環, Circulation of lymph)

림프가 조직과 조직 사이를 지나 모세 림프관으로 들어가고 림프관에서 나와 정맥계로 들어가는 것을 말한다.

1) 림프순환 운동

림프관계는 조직 사이에서 시작하여 조직 간극에 있는 조직액이 일부 림프모세관에 들어가 림프가 된다. 림프관 속에는 판이 여러 개 존재하고 근육이 수축하면 그 속에 있는 림프관은 압착되며 림프는 한 방향으로 밀려서 흐른다. 림프관계 군데군데에 림프절이 있고 각 림프절에는 말초측으로부터 몇 개의 림프관이 들어가 있으며 1~2개의 림프관이 나와 있다. 이렇게 하여 점차 굵어진 림프관은 마지막에는 정맥각(靜脈角) 부근에서 정맥계와 합친다. 개구리 등의 림프계통은 포유류의 것과 매우 다르다. 이것은 관(管)이 아니고 낭상(囊狀)을 이루고 있어 림프낭이라고 한다. 개구리의 경우는 피부 밑에 림프낭이 있으며, 등의 상부와 하부에 좌우 2개씩 있는 림프심장이 림프를 운동시키고 있다.

2) 림프의 흐름

조직세포 간극에 존재하는 액체를 조직액이라 하는데, 이것이 림프관에 들어가면 림프라고 한다. 원래 조직액은 혈장성분이 모세혈관을 통해 배어 나온 것이며, 조직액이 과잉한 경우 조직 간극에 분포해 있는 림프관에 들어가 조직에서 제거되는 구조로 되어 있다.

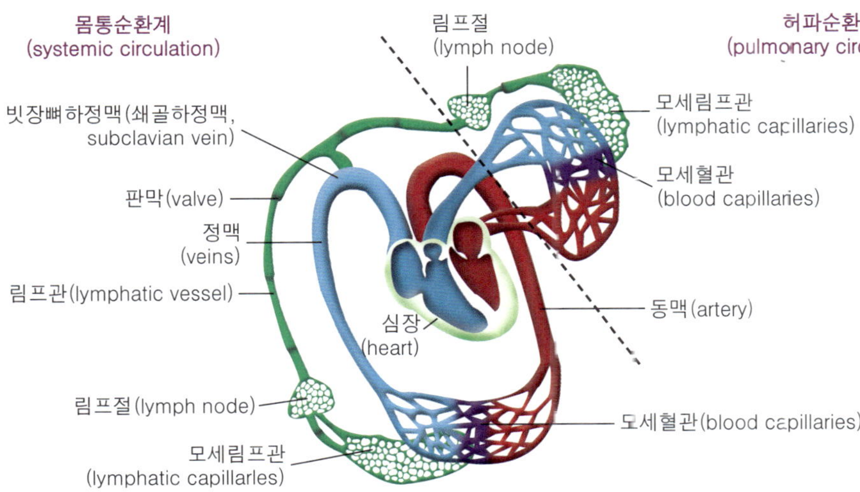

그림 1-5 림프순환과 혈액순환의 관계

4. 여성 비만과 셀룰라이트

남성보다 여성에게 부분 비만이 많은 이유는 따로 있다. 유전적인 체질 외에 여성호르몬이 큰 영향을 미친다. 여성호르몬이 허벅지 같은 부위에 지방합성을 돕는 효소를 활성화시켜 특정부위에 지방이 축적되는 것이다.

피하지방이 발달하기 때문에 허벅지, 배, 엉덩이, 팔뚝 등에 지방이 축적되면서 나이가 들면 탄력을 잃고 늘어져 볼품이 없어지게 된다.

부분 비만은 가장 먼저 살이 붙지만 가장 늦게 빠지는 특징을 보이며, 부분 비만 부위의 지방덩어리는 지방세포가 크고, 섬유막과 뒤엉켜 복잡한 구조를 이루고 있어 지방 덩어리와는 차이가 있어 셀룰라이트는 다른 부위 지방과는 차이를 보인다.

1) 지방 덩어리의 생성

셀룰라이트란 지방이 섬유질과 뒤엉켜 있고, 그 위를 다시 섬유막이 둘러싸고 있는 커다란 지방 덩어리다. 따라서 지방이 축적되는 것은 쉬워도 빠져 나오기는 매우 어렵다.

유산소 운동과 동적인 운동을 열심히 하는 사람들도 뱃살, 허벅지, 종아리는 잘 안빠지는 원인이 바로 셀룰라이트화 된 경직된 지방 덩어리 때문이다.

2) 과다 영양의 지방화

인체의 세포는 피가 공급하는 영양분을 태운 에너지로 활동하는데, 영양분의 공급이 많으면 사용하고 남은 영양분을 지방으로 바꾸어 저장을 하고 영양분이 계속해서 많아지면 자신을 더 크게 하여 저장하게 되는 것이 비만이다.

음식을 적게 먹거나, 운동을 함으로서 세포에 영양분이 적게 공급되면, 세포는 저장된 지방을 방출하여 신체의 균형을 유지하려 하며, 더 이상 영양분을 뺏기지 않으려고 왕성한 활동을 한다. 세포가 영양분를 더 이상 방출하지 않을 때가 몸무게가 변화가 없으므로 정체기라고 한다. 이 균형을 깨기 위해서는 더 많은 칼로리를 소비하여 세포에 저장된 영양을 방출하도록 하여야 몸무게가 줄어 들지만 운동의 강도가 적다든가, 많이 먹게 되면 세포는 영양분을 방출하지 않으므로 살이 빠지지 않는다.

영양분을 방출한 세포는 새로운 세포로 바꾸기 전까지(약 1년) 방출된 영양분의 빈 공간을 채우려고, 최고로 활동하는 세포로 바뀌어 활동하는 데, 운동 부족으로 칼로리 소비가 적어지거나, 배가 고프다고, 많이 먹어서 영양분이 공급되면, 왕성한 활동을 하는 세포는 빈 공간을 완전히 채우고, 다시는 빈 공간을 만들지 않으려고 더 많은 저장을 하게 되므로, 다이어트 전보다 살이 더 찌게 되는 현상을 요요현상이라고 한다.

5. 셀룰라이트의 치료

셀룰라이트의 원인과 발생기전이 다양하므로 치료도 다양한 측면에서 이루어져야 한다. 셀룰라이트의 치료는 “원인 혹은 악화요인을 해결해야 하며, 생활 속의 적절한 식이요법과 규칙적인 운동 및 기구, 특수장비를 이용한 치료와 약물치료 등이 있다.

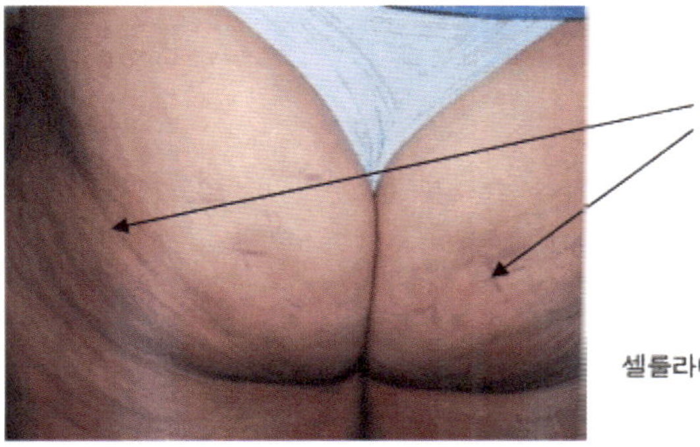

셀룰라이트

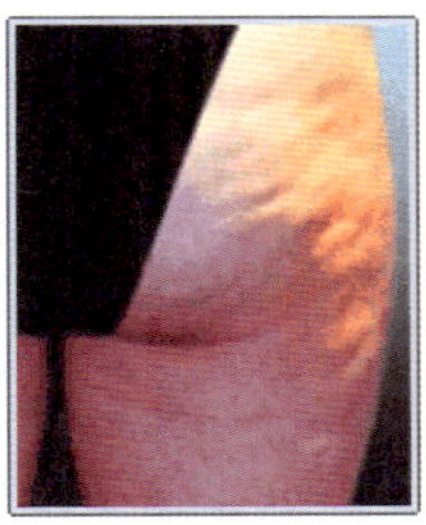

치료전

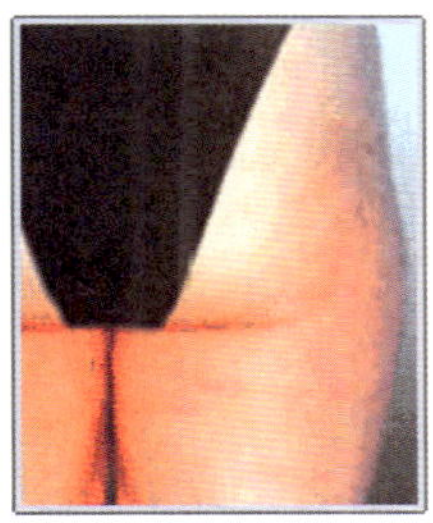

치료후

1) 원인 혹은 악화요인의 해결

셀룰라이트의 원인 중 가장 중요한 것이 신체 활동량 부족이다. 평소 일상생활에서 의식적으로 몸을 많이 움직이도록 권장해야 한다. 담배를 끊고 술은 치료기간 동안 주 1회 이내로 적당량(알코올 20g 이하) 섭취하도록 한다. 간성 스트레스를 적절히 조절하지 않으면 셀룰라이트 치료도 실패하기 쉽다. 특히 우울증, 불안증이 있으면 약물요법 등 적극적인 치료를 고려해야 한다. 당뇨병, 폐경기 증후군, 생리 전 증후군, 갑상선 기능저하 등 동반질환이 있는 경우 이러한 질환이 셀룰라이트를 악화시킬 수 있으므로 이 역시 적극적인 치료가 필요하다. 셀룰라이트를 악화시킬 수 있는 약물(에스트로겐, 항히스타민, 베타-차단제 등)도 고려해야 한다(표 1-1).

표 1-1 셀룰라이트의 원인 혹은 악화요인

① 신체 활동량/운동 부족 ② 칼로리 과잉 섭취 ③ 흡연 ④ 과다한 음주 ⑤ 스트레스 ⑥ 우울, 불안 ⑦ 동반질환(당뇨병, 폐경기 증후군, 생리 전 증후군, 갑상선 기능저하, 심부전, 신장질환 등) ⑧ 만성 변비 ⑨ 특발성 부종 ⑩ 약물(에스트로겐, 피임약, 항히스타민, 항갑상선제, 베타-차단제 등) ⑪ 기타: 오래 서 있는 직업, 몸에 달라붙는 옷 , 하이힐

2) 식이요법

셀룰라이트의 식이요법이 비만의 식이요법과 다른 점은 칼로리 제한보다 영양소의 균형에 더 초점을 맞춘다는 것이다. 체중 증가가 있다면 칼로리 제한 균형식이 필요하지만 체중 감량이 아니라 국소지방감량이나 셀룰라이트 치료를 위한 식이요법이라면 지나치게 칼로리를 낮출 필요가 없다.

당질의 과다섭취는 셀룰라이트의 원인이 되므로 당질은 전체 열량의 50~60% 정도를 유지하며 동일한 칼로리라면 혈당지수(glycemic index)가 낮은 식품을 선택하도록 한다. 예를 들어 흰쌀밥 한 공기와 현미밥 혹은 잡곡밥 한 공기는 300kcal의 동일한 열량을 갖지만 체내 혈당이 올라가는 속도와 그에 따른 인슐린 분비량은 차이가 있다. 물론 흰쌀밥을 섭취하더라도 섬유질이 풍부한 나물반찬을 곁들인다면 혈당지수를 낮출 수 있다. 제과점 빵, 과자, 케익 등의 식품은 혈당지수가 높을 뿐 아니라 곁들여 먹는 음식이 없으므로 혈당을 급격히 높여 셀룰라이트 치료를 방해하는 요인이 된다. 혈당지수가 낮은 대표적 식품은 콩이며 저지방 유제품도 혈당지수가 낮다(표 1-2).

지방은 무조건 적게 섭취할 것이 아니라 동물성 지방, 즉 포화지방산의 섭취는 최소한으로 줄이되, 불포화지방산의 섭취는 적절히 유지하도록 해야 한다. 포화지방산은 대부분의 동물성 식품의 기름, 버터 등에 많이 함유되어 있으며, 식물성 기름 중에서도 팜유와 코코넛유에 많다. 식물성 기름에 수소를 첨가하여 경화시킨 트랜스(trans) 지방산은 포화지방산 못지 않게 인체에 좋지 않는 영향을 주므로 피해야 한다. 트랜스 지방산은 마가린, 커피 크림, 스낵류에 특히 많이 포함되어 있다. 불포화지방산은 체내에서 혈전 형성 억제, 염증반응 등에 관여하는 에이코사노이드(eicosanoid)의 균형을 유지하는데 필수적이다. 생선 기름, 올리브유, 콩기름, 들기름 등의 식물성 기름, 호두 같은 견과류 등에 많이

표 1-2 주요 식품의 혈당 지수

식 품	혈당지수	식 품	혈당지수
흰쌀밥	65	설탕	92
현미밥	55	콘푸레이크	92
보리밥	43	떡	82
구운감자	85	도넛	76
옥수수	55	꿀	73
고구마	54	팝콘	72
콩	18~48	콜라	68
두유	44	크로와상	67
우유	27	치즈피자	60
바나나	53	오린지주스	57
포도	46	아이스크림	50
사과	38	토마토주스	38

함유되어 있다. 하지만 지방은 칼로리밀도가 높으므로 지나치게 많이 섭취하는 것은 피해야 하며 전체 섭취열량의 20~30%를 유지하도록 한다.

적절한 단백질 섭취는 셀룰라이트 치료에 필수적 요소이다. 특히 섭취 칼로리를 제한할수록 양질의 단백질 섭취가 중요하다. 최소한 전체 섭취열량이 15~20%는 단백질로 섭취해야 한다. 육류(소고기, 돼지고기), 가금류(닭고기, 오리고기), 생선, 우유, 계란의 단백질은 필수아미노산을 골고루 갖춘 완전단백질에 해당한다. 일반적으로 단백질이 풍부한 식품은 지방도 함께 포함하고 있으므로 닭고기는 껍질을 벗겨서, 육류는 살코기로만, 계란은 흰자위로만, 유제품은 저지방으로 선택한다. 콩류 및 두부 등도 훌륭한 단백질 공급원이 된다.

섬유질은 식후 급격한 혈당 상승을 억제하고, 적은 양으로 포만감을 주며 무엇보다 변비 개선 효과가 있어 충분한 섬유질 섭취는 셀룰라이트 치료에 꼭 포함되어야 한다. 섬유질 권장량은 일반적으로 20~35g이며, 제품화된 식이섬유보다는 콩, 전곡류, 채소, 과일 등 섬유질이 풍부한 식품 섭취를 늘리도록 권장하는 것이 더 좋다. 섬유질의 효과를 최대로 끌어올리기 위해서는 충분한 수분섭취를 함께 권해야 한다. 적어도 하루 2l의 수분을 매일 섭취하도록 한다.

부종이 자주 나타나는 사람도 셀룰라이트 치료가 어렵다. 이 경우 수분섭취를 충분히 하는 것 이외에 음식을 싱겁게 섭취하도록 하고, 밤늦게 식사하거나 과식하는 습관을 고치도록 해야 한다.

3) 규칙적인 운동

셀룰라이트의 가장 큰 원인이 신체활동량 부족이므로 규칙적인 운동은 셀룰라이트 치료에 반드시 포함되어야 한다. 걷기, 속보, 조깅, 달리기, 고정식 자전거, 스텝퍼 등 유산소 운동을 적어도 주 4회 이상, 한 번에 30분 이상 시행해야 효과를 얻을 수 있다. 아울러 주 2~3회 아령이나 역기를 이용한 근력운동을 병행하면 저지방(fat-free mass)축적을 막을 수 있다.

(1) 유산소 운동

유산소 운동은 셀룰라이트 치료의 가장 효과적인 방법이지만 시간을 많이 요하는 단점도있다. 유산소 운동의 강도는 세지 않은 것이 좋다. 지방은 최대 산소 섭취량의 40~65% 정도의 강도로 운동할 때 효율적으로 에너지가 연소된다. 운동이 과격할수록 에너지는 지방이 아니라 당질에서 충당된다. 운동을 시작한 지 15분 정도 지나야 본격적으로 지방이 연소되기 시작하므로 매일 30~40분간 일정한 속도로 자전거를 타거나 빠르게 걷는 것은 체중을 줄이고 몸매를 가꾸는데 가장 이상적인 운동이다.

(2) 근력운동

근력은 기초 대사량의 약 30%를 소비하며 팔과 다리의 근육이 전체 근육 무게의 약 70%를 차지한다. 근육을 키우면 기초 대사량이 증가하고 몸매 선이 분명해져 체중계 눈금과 관계없이 체형이 교정된다.

근력운동은 우선 가장 많은 에너지를 요구하는 근육부터 키우기 시작하고, 가장 적은 에너지를 소모하는 근육을 나중에 키운다. 일반적으로 다리부터 시작하여 팔, 등, 가슴, 어깨 그리고 복부 근육을 키운다. 정기적으로 운동을 한다면 하루는 다리와 등 그리고 그 다음날은 팔, 가슴, 어깨 등의 근력운동을 한다.

(3) 운동을 겸한 특수 치료

체내 지방을 연소하는 유일할 방법은 운동뿐이다. 하지만 운동을 하면 혈액은 운동에 관여하는 근육 쪽으로 몰린다. 상대적으로 피부와 피하지방에는 충분한 혈액공급이 이루어지지 않는다. 특히 셀룰라이트가 형성되어 있는 부위에는 미세순환 장애가 있어 그나마 공급되던 혈류의 양이 줄면서 지방대사가 충분히 일어나지 않는다. 따라서 셀룰라이트의 정도가 심해 결절이 형성되어 있고 섬유화, 경화가 일어나 있는 경우에는 식이요법과 운동 이외에 특수한 치료가 병행되어야 한다. 유산소 운동을 할 때에도 강도가 높은 운동을 짧게 하기보다는 강도가 낮은 운동을 길게 하는 것이 더 유리하다.

4) 기타 셀룰라이트 제거를 위한 효과적인 방법

예방을 위해서는 매일 2*l* 이상의 물을 마시고, 신선한 야채나 과일을 먹어서 노폐물이 잘 배출되도록 하고, 따뜻한 물에서 목욕을 하여 혈액순환이 잘 되도록 한다. 또 운동·식이요법과 함께 셀룰라이트가 생긴 부위를 마사지하면 증세 완화에 도움이 된다.

(1) 슬리밍 제품

개인의 차이는 있지만 셀룰라이트를 예방하거나 완화하는 효과가 있는 것은 확실하다고 한다. 하지만 알레르기나 접촉성 피부염이 잘 생기는 사람은 사용을 피하는 것이 좋다. 슬리밍 제품을 아침, 저녁으로 사용하고 유산소 운동과 병행할 경우 보다 효과적이다.

- 크리스티앙 디오르의 '비키니 안티 셀룰라이트, 랑콤의 아로마 피트 익스텐션', 약국 판매용 화장품 브랜드 비쉬의 '디 스톡' 등

(2) 아로마테라피

아로마테라피에 사용되는 오일 중에서 해독작용, 림프 자극, 이뇨작용, 호르몬 균형 등의 치료 효과를 가진 에센셜 오일을 쓰면 셀룰라이트 제거에 효과적이다. 그레이프 플룻, 주니퍼, 페넬, 싸이프레스, 로즈마리 등이 그것으로 이러한 오일을 환자의 상태에 따라 처방하게 된다. 에센셜 오일로 목욕을 하거나 전신 마사지로 셀룰라이트 제거에 도움을 준다.

(3) 수술요법

기존에는 지방 흡입술이나 주사요법 등이 주로 사용되었으나 최근에는 새로 도입된 부분지방 분해장비를 이용하여 마취나 수술 없이도 효과적으로 피하에 축적된 셀룰라이트를 효과적으로 배출하여 부분 비만을 해소할 수 있다고 한다. 수술이 불필요하므로 합병증 위험이 거의 없고 통증도 거의 수반하지 않는다. 한달에 2~3회 시술하며 효과를 볼 수 있다고 한다.

(4) 문질러주는 방법

허벅지나 뱃살은 살이 찐 상태에서 오래되다 보면 지방 덩어리가 굳어서 단단한 셀룰라이트 형태를 이루게 되는데 이것은 웬만한 운동이나 다이어트로는 빠지질 않는다. 오히려 단단한 지방 덩어리가 근육성질을 갖추게 되는 경향마저 있다. 그렇게 되면 점점 더 빼기 힘들게 된다.

이러한 단단한 지방 형성 덩어리를 사정없이 문질러주게 되면 근육이 풀리고 각종 혈관의 흐름이 원활해지고, 경락에 자극을 주면 단단한 지방 덩어리가 흐물흐물 해지면서 살이 부드러워진다. 살이 부드러워진다는 것은 단단한 지방 덩어리가 각종 림프계, 혈관, 배설물, 땀 등으로 쉽게 빠질 수 있다.

그러나 이와 같은 방법 중 수술요법 외에는 아직까지 별다른 효과를 느끼지 못한다는 것이 정설이다. 수술요법은 일반인들이 선뜻 하기에는 여러 가지 문제가 많기 때문에 그리 대중적인 요법은 되지 못하고 있다.

5) 셀룰라이트는 왜 여성에게 잘 생길까?

체중 증가와 함께 체내 지방이 과다하게 축적되는 곳은 심층부 피하지방, 즉 층판층인 반면, 셀룰라이트는 표층부 피하지방, 즉 원형층에 잘 생긴다.

원형층은 남녀간 해부학적 차이가 있다. 여성의 경우 원형층은 수직으로 배열된 커다란 방의 형태를 보여 지방이 쉽게 쌓일수 있으며 축적된 지방 덩어리는 피부층으로 밀고 올라가는 양상을 띠는데 반하여, 남성의 경우는 방이 작고 마름 골로 비스듬하게 있어 지방이 축적되기 어렵고 따라서 셀룰라이트도 잘 형성되지 않는다.

6. 지방과 셀룰라이트

지방세포의 과다축적으로 인슐린 저항성이 생기면 고인슐린혈증으로 인하여 지방분해가 억제될뿐 아니라 혈당 상승, 혈압 상승, 부종 악화 등으르 셀룰라이트가 생기거나 이미 존재하는 셀룰라이트를 악화시킨다.

셀룰라이트의 종류 중 단단한 형태(단단하고 작은 덩어리로 뭉쳐진 셀룰라이트)는 마르고 단단한 체격을 가진 젊은 여성에게서 잘 나타나는 반면 부드러운 형태(부드럽고 넓은 부위에 나타나는 셀룰라이트)는 운동하다가 중단한 여성, 지나친 다이어트를 하는 여성에게서 잘 나타난다.

1) 지방

지방조직은 체내에 저장되어 있는 연료의 90% 이상을 차지하고 있는 주요 에너지원이다.체성분을 분석해 보면 지방은 남성의 경우 8~15%를, 여성의 경우 18~23%를 차지하고 있다. 지방조직은 체온을 유지하는 데에도 필요하다. 최근에는 leptin, resistin, adipsin, TNF(tumor necrosis factor)-a, PAI(plasminogen activator inhibitor)-1 같은 물질을 분비하는 내분비 기능도 하는 것으로 밝혀졌다. 특히 지방세포에서 분비되는 렙틴은 뇌의 시상하부에 작용하여 음식 섭취와 에너지 대사에 영향을 줌으로써 에너지 항상성을 유지하는 중요한 호르몬이다. 체내에는 약 350억 개의 지방세포가 있으며 남성은 신체 상부에, 여성은 신체 하부에 더 많이 분포해 있다. 음식을 통해 체내로 들어온 지방은 카일로마이크론(chylomicron)의 형태로 혈류를 따라 돌다가 혈관 내벽에 있는 lipoprotein lipase(LPL)에 의해 지방세포로 들어와 저장되고 나머지는 간으로 들어간다.

간에서 생성된 중성지방은 VLDL(very low density lipoprotein)을 통히 혈류를 돌다가 역시 LPL에 의해 지방세포로 들어와 저장된다. 섭취한 당질에서 유리된 당은 인슐린의 도움으로 각 조직세포로 들어가 에너지로 이용되며 일부는 간으로 들어가 글리코겐 형태로 저장되거나 지방산으로 전환되어 지방세포에 중성지방의 형태로 저장된다.

2) 지방분해의 조절

지방분해와 지방합성에는 여러 가지 인자들이 관여하며, 이것이 지방조직의 두께를 결정짓는다. 지방합성은 주로 혈관벽에 있는 LPL(lipoprotein lipase)에 의해, 지방분해는 지방세포 안에 있는 HSL(hormone-sensitive lipase)에 의해 이루어진다. 지단백의 형태로 혈류를 돌고 있는 중성지방을 분해하여 지방세포로 유입시키는 작용을 하는 LPL은 남성보다 여성에게 많으며, 복부보다 허벅지/엉덩이 부위에 더 많다. 지방합성은 호르몬(특히 인슐린), 효소 등 여러 요인의 영향을 받는다.

HSL은 rate-limiting enzyme으로 이 효소의 활성화 정도에 따라 지방분해와 항지방 분해의 균형이 결정된다.

카테콜아민은 지방분해 균형을 조절하는 중요한 인자이다. 카테콜아민은 혈류를 돌면서 지방세포에 직접 작용하거나 교감 신경계를 통해 지방분해에 영향을 준다.

지방세포 내에서 지방분해를 촉진하는 중요한 인자는 cAMP의 농도이다. 카테콜아민이 베타-수용체에 결합하면 Gs protein의 작용으로 adenylate cy-cyclase 활성화되면서 세포 내 cAMP 생성이 증가하고 이는 protein kinase A(PKA)를 활성화시킨다.

PKA는 HSL을 phosphorylation하여 활성화시키고 HSL은 중성지방을 지방산과 글리세롤로 분해한다. 카테콜아민이 알파 2-수용체를 통해 작용하면 lipoprotein에 의해 adenylate cyclase가 비활성화되면서 세포 내 cAMP생성이 감소한다.

결국 베타-수용체와 알파 2-수용체의 분포와 자극 정도가 지방세포 내 cAMP 농도에 영향을 주어 지방분해를 조절한다. 지방세포에는 비슷한 정도의 알파, 베타 수용체를 포함하고 있지만, 여성의 하체 부위 지방에는 알파 2-수용체가 훨씬 더 많이 분포하는 등 부위에 따른 차이가 있다.

호르몬도 지방분해 조절에 중요한 작용을 한다. 인슐린은 LPL의 작용을 활성화시켜 유리지방산과 당이 지방세포 안으로 들어와 중성지방의 형태로 저장될 수 있게 해주며, HSL의 작용을 억제한다. 인슐린이 지방세포 수용체에 결합하면 PDE 3B를 활성화하여 세포 내 cAMP를 감소시키고 PKA 활성화를 억제한다.

에스트로겐과 프로락틴은 인슐린의 작용을 강화시키는 반면, 프로게스테론, 테스토스테론, 황체호르몬 등은 인슐린의 지방합성 작용을 감소시킨다. 갑상선 자극 호르몬은 지방분해를 촉진시키는 것으로 알려져 있다. 성장호르몬은 베타-수용체의 기능을 강화시켜 주며, 갑상선호르몬은 베타-수용체의 발현을 상향조절한다. 성장호르몬은 또한 직접 adenylate cyclase를 활성화하고 cAMP 생성을 증가시켜 지방분해를 촉진하는 것으로 알려져 있다.

혈중 코티졸 농도가 증가하면 전체적으로 지방분해가 촉진되지만 복부 피하지방에는 오히려 지방분해가 억제되고 지방합성이 촉진된다. 지방세포에서 분비되는 TNF-알파 같은 사이토카인도 지방분해를 자극하는 것으로 알려져 있다. 지방세포에서 생성된 아데노신이 수용체에 결합하면 지방분해를 억제하는 방향으로 작용한다.

혈중 렙틴 농도가 증가하면 지방분해 역시 증가하는데 이는 렙틴이 지방분해를 직접 자극하기보다는 에너지 섭취를 감소시키고 에너지 소비를 증가시켜 에너지 밸런스를 유지시키는 결과로 생각하고 있다. 렙틴이 HSL를 조절하는지는 아직 분명하지 않다.

영양, 운동, 노화도 지방분해에 영향을 준다. 탄수화불 위주의 식사는 LPL활성을 증가시켜 지방합성을 자극한다. 운동은 카테콜아민에 의한 지방분해 속도를 증가시킨다.

3) 지방분해의 부위별 차이

고도비만으로 수술(장우회술)을 받은 환자의 지방감량 속도는 허벅지보다 복부에서 더 빠르게 일어난다. 지방분해 속도의 부위별 차이는 지방분해 촉진제를 국소적으로 투여했을 때 반응이 다르게 일어날 수 있음을 시사한다. 실험실 연구결과에 의하면 지방세포의 지방분해를 일으키는 아드레날린 역치는 부위에 따라 차이가 난다.

베타-수용체에 대한 반응은 부위별로 차이를 보이는데. 복부 지방세포는 허벅지 부위 지방세포에 비해 베타-수용체 자극을 통한 자방분해 효과의 감수성이 더 높다. 이는 복부에 비해 허벅지 부위 지방세포에 알파 2-수용체가 더 많기 때문으로 알려져 있다. 한 실험실 연구에서 지방세포 배양액 내 노르에피네프린 농도를 높일수록 지방분해 역시 증가하였다. 허벅지 부위와 복부, 두 부위에서 얻은 지방세포의 최대 지방분해 속도는 차이가 없었다.

하지만 허벅지 부위 지방세포의 경우 최대 지방분해 속도를 얻는데 복부지방보다 노르에피네프린 농도를 더 높여야 했다. 허벅지 부위 지방세포의 알파 2-수용체를 차단하면 노르에피네프린의 지방분해 효과가 훨씬 증가한다.

7. 탄력있는 몸매 가꾸기

여름엔 탄력 있고 건강한 몸매가 사랑받는다. 울퉁불퉁한 살을 다듬고 처진 피부에 탄력을 주는 것이 급선무다. 우리 몸은 쓰고 남은 에너지를 지방의 형태로 저장하게 되는데, 특히 여성은 피하에 많이 쌓이게 된다. 피하 지방층이 커지면 림프액과 혈액순환을 억제하게 되고, 부종이 오면서 노폐물과 함께 지방이 섬유질로 둘러 쌓이게 된다. 이 상태가 지속되면 결국 단단한 지방덩어리인 셀룰라이트가 되는 것이다.

10명의 여성 중 7명이 셀룰라이트로 고민하고 있으며, 셀룰라이트의 90%가 '여성'에게 나타난다고 한다. 셀룰라이트는 일단 생성되면 쉽게 없어지지 않으므로 평상시에 철저한 관리를 해야 한다.

이런 셀룰라이트를 오래 방치하면 피부 표면이 울퉁불퉁해지는 것은 물론, 다이어트를 해도 탄력적인 느낌이 들지 않는다. 그러므로 단순히 날씬한 것에 그치지 말고 보다 탄력적으로 보일 수 있는 방법을 찾아야 한다.

1) 단백질과 비타민의 효과

단백질과 비타민 섭취가 중요하다. 일단 생성되면 쉽게 없어지지 않는 것이 바로 셀룰라이트이다. 그렇기에 평소 관리가 중요하다. 단백질과 비타민을 많이 섭취하고 지방의 섭취를 줄여야 한다. 식사 때마다 유제품을 섭취하고 매일 1~2회 쇠고기, 생선, 달걀을 먹자. 또 하루에 한 번은 꼭 신선한 야채나 과일을 먹는다. 인스턴트식품은 될 수 있으면 피하고 규칙적으로 물을 마시는 것을 습관화한다. 운동은 걷기 등 유산소 운동이 도움이 되며 혈액 순환을 원활히 하기 위해 운동 전후 꼭 스트레칭을 해준다.

2) 슬리밍 보디 케어

보통 사람들은 셀룰라이트의 원인을 비만으로 생각하는데 셀룰라이트는 비만과 상관없이 누구에게나 나타날 수 있는 피부 변화이다. 신체의 특정 부위에 피하 지방이 비정상적으로 쌓여 피부 표면이 오렌지 껍질처럼 울퉁불퉁해진 것으로 몸무게나 옷 사이즈와 상관없이 주로 엉덩이·허벅지·배·팔 등 부위에서 쉽게 발견된다. 그리고 남녀 모두에게 셀룰라이트가 생기지만 보통 남자보다 여자에게 흔하게 나타난다. 남자는 피부 결합 조직이 탄력 있고 긴밀하게 연결되어 지방이 쉽게 뭉쳐지지 않는 반면, 여자들은 임신을 고려하여 피부가 잘 늘어날 수 있도록 피부 조직이 유연하게 구성되어 지방이 쉽게 쌓이는 것이다.

3) 건강한 생활습관

산소를 필요로 하는 유산소 운동을 매일 20분 이상 꾸준히 하면 몸의 신진대사가 원활해져 셀룰라이트 생성이 억제되므로 걷기나 조깅 등의 운동을 꾸준히 한다. 더불어 체내 노폐물 제거를 위해 물을 충분히 마시고, 부종을 일으키는 짠 음식과 지방, 당분 섭취 및 세포 산화 작용을 일으키는 흡연을 금하는 것도 필요하다. 몸을 조이는 옷이나 굽이 높은 신발도 자제한다.

평소 앉는 자세도 중요하다. 보통 무의식중에 다리를 꼬고 앉는데 이런 경우 허벅지의 혈액 순환이 떨어져 부종의 원인이 될 수 있으므로 의식적으로 다리를 바로 펴고 앉도록 한다. 목욕할 때도 이런 자세로 다리 마사지를 하면 효과가 있다. 따뜻한 물로 샤워나 목욕, 반신욕 등을 자주 하는 것도 혈액 순환을 좋게 하는 방법이다. 빠른 효과를 원한다면 슬리밍과 퍼밍 제품을 바르는 것만으로 만족하지 않아야 한다. 제품의 효과를 높이기 위해선 각질 관리가 필수임을 잊지 말자. 일주일에 2회 정도 각질을 제거해야 슬리밍 성분이 피부 속으로 빠르게 흡수된다. 또 몸이 따뜻한 상태에서 제품이 더욱 효과적으로 침투하므로 목욕 후 바르는 것이 좋은데, 이때 아로마 제품을 활용하면 좋다. 신진대사를 원활하게 해주는 주니퍼베리나 셀룰라이트 분해와 독소 배출 효과가 있는 시프러스 등을 함께 섞어 바르면 훨씬 좋은 효과를 기대할 수 있다.

4) 매끄러운 피부로 가꾸려면

셀룰라이트 고민 없이 매끈하고 아름다운 몸매로 가꾸기 위해서는 조기 예방 못지 않게 셀룰라이트를 개선하는 꾸준한 뷰티 케어와 건강한 식습관, 그리고 규칙적인 운동이 무엇보다 중요하다. 셀룰라이트를 관리하는 뷰티 아이템은 다이어트와 상관없이 세포의 에너지 생성 및 신진대사 증진에 관여하는 성분을 함유해 꾸준하게 사용하면 울퉁불퉁한 몸매를 매끄럽게 다듬어준다. 단, 셀룰라이트를 완화시켜주는 제품은 다이어트 의약품이 아니므로 제품을 사용할 때는 두 달 이상 지속적으로 사용하고 동시에 운동과 적절한 식이요법 등을 병행해야 라인이 다듬어진다. 우리 몸은 새벽 1~5시 사이에 지방이 잘 분해되고 수분 배출이 원활해지므로 잠들기 전에 바르는 것이 가장 좋다.

5) 슬리밍 몸매를 위한 샤워 노하우

각질을 제대로 제거하는 것만으로도 혈액 순환이 원활해지고 피부가 매끄러워질 수 있다. 그리고 또 한 가지, 날씬해지는 샤워비법을 활용하면 몸에 탄력이 생겨 라인 역시 슬림해지는 효과를 누릴 수 있다.

샤워 전에 물을 마셔주는 것이 좋다. 샤워 전에 물을 마시면 땀과 노폐물이 몸 밖으로 훨씬 더 잘 빠져나온다. 결과적으로 피부가 청결해지고 다이어트 효과도 높아진다. 찬물보다는 뜨거운 물, 맹물보다는 혈액 순환을 돕는 허브티나 녹차가 좋다.

다이어트 효과를 보고 싶다면 40℃ 정도의 뜨거운 물이 좋다. 온수와 냉수를 교대로 사용하면 더욱 효과적이다. 이때 샤워의 시작과 마무리는 반드시 따뜻한 물로 해야 심장에 부담을 주지 않고 혈액 순환도 좋아진다. 샤워 시간은 10분에서 20분 정도가 적당하다. 샤워를 마무리할 때쯤 수압을 높인 뒤 뜨거운 물과 찬물을 번갈아가며 몸에 뿌려준다. 피부가 수축과 이완을 반복하여 몸에 탄력이 살아난다. 살이 많거나 근육이 뭉친 부위에 집중적으로 분사하며, 샤워기와 몸의 거리는 10~15cm 정도가 적당하다.

지압 효과가 있는 마사지 기구로 온몸을 문지르는 것도 매우 좋다. 샤워 중에는 오일을 바른 뒤에, 샤워 후에는 보디 크림을 바르고 도구를 이용해 지방이 많거나 근육이 뭉친 부위를 집중적으로 누르면서 마사지하면 혈액 순환이 좋아져 피부가 생기를 되찾을 수 있다.

6) 마사지의 효과

이런 부위들을 접시, 봉, 맥주병, 팻킬러, 주걱 등으로 집중적으로 문지르게되면 단단한 지방을 부드럽게 만들어주고 고체형태의 지방덩어리를 액체형태의 지방산으로 만들어서 혈액속에 순환케 만들어주고 각종 배설물, 땀, 소변, 대변을 통해서 체외로 쉽게 빠져나오게 해준다는 것이다.

그러나 문지르지 않고 유산소운동만 하게 되면 고체형태의 지방덩어리가 그대로 있기 때문에 살이 좀처럼 안 빠지는 원인이 된다. 혈액순환을 도와주고 지방연소에 필요한 산소공급을 원활하게 해주고 또한 림프계의 순환을 도와줘서 세포사이에 정체되어 있는 수분 및 노폐물을 제거해주기 때문에 오랫동안 꾸준히 문질러주면 지방층이 제거된 팽팽하고 탄력 있는 피부를 만들어주게 된다.

제2장
스파(Spa)

1. 스파의 정의

광천수와 온천은 여러 문화를 걸쳐서 수 세기동안 휴식과 치유의 한 부분이었다. 온천이 있는 마을들은 휴양, 요양이나 휴가기간 동안 가게 되는 유명한 지역으로 성장하기도 했다. 즉 스파란 초기에는 "치료를 위한 온천의 개념"이었다.

이러한 스파의 개념은 오늘날에도 크게 변함없지만, 온천이나 그 기능을 대체할 수 있는 현대적인 최신 목욕시설을 갖추고, 편안하게 쉴 수 있는 휴식공간을 확보하고 활력을 불어넣어 줄 수 있는 다양한 프로그램을 갖춘 현대적인 건강 리조트나 유명 호텔까지 광범위하게 그 의미가 확대되었다. 오늘날의 스파는 체중을 줄이고 싶어 하거나 몸매를 유지하고 싶은 사람들, 또는 단순한 휴식을 원하거나 고급스러운 분위기를 즐기면서 특별한 관리를 받고 싶어 하는 사람들에게 모두에게 만족감을 줄 수 있는 형태로 변화되었다. 현대인들은 균형 잡힌 영양 음식, 운동, 바디관리, 체력관리, 정신적 안정 및 스트레스 관리, 행동 테라피, 운동역학 등 현대인 요구할 수 있는 다양한 요소들을 모두 충족시켜 주고 있기 때문에 관심의 대상이며 누구나 접하고 누리고 싶은 분야이기도 하다.

스파는 온천 및 물을 이용한 건강증진 및 심신안정을 위한 다양한 미용 치료 장비 및 시설 등을 총칭하는 의미로 불리고 있다.

2. 스파의 유형

1) 홀리스틱 스파(Holistic Spa)

몸과 마음을 최적의 상태로 회복시켜 신체의 정상 기능을 개선시켜주는 고도의 건강법을 추구하는 방법으로 대체의학적 치료법과 개별 영양상태와 식단부분까지 맞춤식인 스파이다.

2) 데스티네이션 스파(Destination Spa)

데스티네이션 스파는 체중감량을 주된 목적으로 하여 비교적 장기적인 체류가 요구되는 전문적인 비만관리, 식이요법, 운동 프로그램, 행동수정 요법 등의 프로그램을 제공하는 형태이다.

비만은 체중이 많이 나가는 과체중을 의미하는 것이 아니라 과도한 에너지가 체지방으로 축적되어 발생하는 질환으로 정의되고 있다. 비만자체가 수명을 단축시키며 아울러 고혈압, 비후성 심근증(Hypertrophic cardiomyopathy), 고지혈증, 당뇨, 담석증, 폐쇄성 수면성무호흡(Obstructive sleep apnea), 퇴행성관절염, 정신장애 등을 초래한다. 데스티네이션 스파의 비만관리는 땀의 기화에 의한 칼로리 소모라는 발한 감량법의 원리도 작용하지만, 하이드로 테라피와 함께 실시하는 물의 분무를 이용한 여러 가지 테라피를 통해 림프 순환과 모세혈관의 순환증가로 인한 신진대사의 증가, 유착된 조직의 충격효과로 지방 세포의 손상을 줄이고 국소의 굳어진 조직의 비후(Disperses)와 연화라는 효과를 도출 할 수 있다. 뿐만 아니라 고객의 신체적, 정신적 건강상태에 대한 철저한 조사와 상담을 통해 각 개인에 적합한 관리가 비교적 장기간에 걸쳐 자연요법, 각종 마사지, 운동요법, 행동수정요법, 스트레스완화를 위한 명상, 요가 등의 다양한 관리 프로그램으로 집중적으로 이루어진다.

3) 메디컬 스파(Medical Spa)

메디컬 스파는 CT, MRI 등의 종합적인 의료 설비를 갖추고 고객의 종합건강진단과 상담으로부터 출산 후의 관리, 수술 후의 관리 등으로 진행한다. 메디컬 스파는 메디컬 케어(medical care)와 웰리스 케어(wellness care)의 통합 형태이다. 메디컬 스파 프로그램은 크게 3가지의 영역으로 구분 할 수 있다.

첫째는 노화관리(Anti-aging care) 프로그램이다. 노화를 근본적으로 막을 수는 없지만 조금이라도 늦추거나 최적의 상태로 되돌리기 위한 노력들이 꾸준히 시도되어 왔다. 수술에 의한 가장 대표적인 방법이 안면거상술, 흉터제거술과 박피술 등을 들 수 있다. 그러나 이런 수술적인 치료나 박피술은 관리상의 불편과 회복에 따른 시간소요 등의 이유로 바쁜 현대인들이 쉽게 접근하기 어려운 치료방법이었다. 따라서 손쉽게 접근 및 간편화된 레이저, 고주파기기 등을 이용하여 모세혈관 확장, 안면홍조, 주근깨나 기미 등의 색소질환 이나 모공수축의 관리 및 치료를 하고 있으며 잔주름 관리에 적용하는 새로운 기술과 기기들도 속속 개발 및 도입되고 있다.

두번째 영역은 비만관리(Obesity care) 프로그램이다. 이미 비만이 질병으로 정의되었고 비만이 야기하는 여러 가지 합병증으로 인해 체중감량의 수요는 꾸준히 증가되고 있다.

엔더몰로지, 카복시 테라피, 메조테라피, 자가지방주입술 등의 시술과 전신관리에서 다양한 마사지와 테라피가 병행되어 고객에게 제공되므로 만족도를 높여준다.

세번째 영역은 스트레스관리(Anti-stress Care) 프로그램이다. 현대인들에게 스트레스는 피할 수 없는 문제이다. 스트레스는 그 자체만으로도 불편한 존재이지만 심장질환, 뇌혈관질환, 소화기 질환, 피부질환, 비만에서부터 암(cancer)에 이르기 까지 각종 질환과 성인병의 가장 중요한 원인으로 지목되고 있다. 따라서 이러한 스트레스 관리를 위한 스트레스 관련 원인분석, 행동수정요법, 마인드 컨트롤(mind control), 음악요법(music therapy), 칼라테라피(color therapy), 아로마테라피와 같은 다양한 보완대체요법적인 관리 방법이 적용된다.

4) 데이 스파(Day Spa)

데이 스파는 최근 국내에도 많이 도입되어 있으며 주로 체류형(숙박)이 아닌 2시간, 3시간, 1일 등의 짧은 시간 내에 휴양시설이 아닌 도심에서 뷰티관리, 체형관리, 스트레스케어 등의 프로그램을 제공한다.

Day Spa 프로그램을 구체적으로 살펴보면 건강에 관련된 대표적인 relaxation program은 Swedish Massage, Whirl pool, Vichy Shower, Aroma therapy, Meridian Massage, Ayurvedic Massage, Air bobble, Hawaiian Massage 등이 많이 적용되고 있다.

뷰티에 관련된 프로그램 중 체형관리인 slimming 프로그램의 주요 테라피로는 Water Jet, Anti-cellulite Massage, Whirl pool, Body Polish, Hydro Massage, Body Silhouette, Body Wrapping, Steam Therapy 등으로 구성된다.

Facial 프로그램은 Shiatsu Massage, Micro-dermabrasion, Acne Care, Sensitive Skin Care, Lifting, Whitening, Wrinkle Care 등으로 구성된다.

5) 호텔 & 리조트 스파(Hotel & Resort Spa)

여가와 레저 문화의 확산으로 최근 많이 개발되고 있으며 동남아시아의 리조트나 하와이와 같은 휴양 관광지의 호텔과 리조트의 부속시설로 건립되어 지역별 특화된 다양한 관리프로그램을 제공한다. 지역 특산물이나 특화된 상품으로 연계하거나 세부적으로는 각각의 피부타입과 나이 등 개개인의 특성에 알맞은 맞춤식 특별 스파 패키지를 제공하고 있다.

6) 크루즈 스파(Cruise Spa)

크루즈 스파는 우리에게 익숙하지 않는 형태이다. 이는 호화 여객선 등에 설치된 스파 시설을 말하며 여행객이 주로 긴장해소, 피로회복 등의 이완(relaxation) 프로그램을 제공 받게 된다.

7) 온천 스파(Hot spring Spa)

천연의 광천수, 해수 등을 이용한 온천에 설치된 스파를 말하며, 지역별 온천수의 특성에 따른 유효성분에 의한 피부질환 치료 피로 회복, 휴양의 목적이었지만 현재는 종합적인 휴양시설로 재개발되는 추세에 있다. 어떤 유형의 스파이든 현재의 스파는 외면적인 아름다움이나 건강함 뿐만 아니라 내면의 관리(inner therapy)를 통해 심신의 균형을 회복하는 다양한 프로그램을 제공하고 있다.

3. 스파 프로그램

스파에서 제공되는 서비스 프로그램을 요약하자면 크게 네 가지로 나눌 수 있다.

1) 치료를 목적 프로그램

하이드로(hydro) 테라피는 물을 이용한 시술 및 치료요법을 총칭하는 것으로, 일반적으로 욕조나 사우나에서부터 최첨단 수(水) 마사지 장비가 이용되기도 한다. 또한 바다 제품을 사용한 딸라소(thalasso) 테라피는 해양환경에 포함되어 있는 천연성분을 신체 내에 흡수시켜 미네랄 공급, 노폐물 배출 및 인체 구성의 균형유지를 유도한다. 우리에게 가장 많이 알려진 아로마 테라피 또한 스파 서비스 프로그램이 될 수 있는데, 꽃, 식물, 약초, 나무 등의 에센셜 오일 등이 치료 효과가 있다는 이론에 근거한 요법이다.

이 요법은 각종 천연 향을 이용하여 신체적 불균형에 대한 각 증상을 보정해주는데 정신적 이완 등 기분에 대한 효과뿐 아니라 이들 천연오일은 피부를 위해 아스트리젠트 효과, 곰팡이 효과 또는 박테리아 방지효과 등을 갖는다.

그 밖에 심신의 평온을 유도하는 음악 테라피, 빛이나 색 등을 쪼이거나 바르는 등의 컬러 떼라피, 마지막으로 물리치료요법으로 고전적인 물리치료기구 및 물리치료사의 직접 시술이 포함되는 경우도 스파 서비스 프로그램이 될 수 있다.

2) 미용관리 프로그램(Beauty care program)

미용관리 스파 서비스 프로그램은 에스테틱으로 기존의 뷰티숍에서 시술되고 있는 미용관리로서 얼굴을 기본으로 손, 발, 가슴 집중 관리 및 매니/패티큐어 등 세부적인 관리도 이에 포함된다.

3) 피트니스 서비스 프로그램(Fitness service program)

이는 요가와 에어로빅 등 체계적인 운동을 통해 신체의 균형을 유도하는 것으로, 최근 추세는 요가, 필라테스 등 심리적인 안정까지 도와주는 운동요법이 인기를 끌고 있다.

4) 기타 프로그램

그 밖에 지역별 특화된 패키지나 스파쿠진 등 식이요법을 병행하여 시너지 효과를 극대화시킬 수 있는 프로그램도 스파 서비스에 포함될 수 있다.

4. 스파 테라피

1) 발레오 테라피(Balneo therapy)

미용과 치유의 목적으로 욕조에서 따뜻한 물에 허브와 아로마를 이용하여 몸과 마음을 차분히 정화하는 Anti-stress 테라피 형태이다.

2) 하이드로 테라피(Hydro therapy)

물을 이용하여 다양한 수압과 수류를 만드는 모든 기기와 컨셉을 갖춘 가장 일반적인 형태로서 건강 증진, 비만 완화, 스트레스 해소, 미용 등 다양하게 활용되고 있는 테라피이다.

3) 딸라소 테라피(Thalasso therapy)

불어로 바다를 뜻하는 '딸라소'와 치유를 뜻하는 '테라피'가 합쳐져 만들어진 말로서 미용과 치유의 목적으로 바다의 생명력을 이용한 해양요법의 형태이다. 해수나 해초류를 이용하여 피부세포에 산소를 공급하고, 독소를 배출시키며 미네랄을 보충시키는 테라피이다.

4) 바디랩 테라피(Body wrap therapy)

고객의 건강상태에 따라 선택된 해수와 다양한 해초류를 사용하는 바디랩을 발라서, 만성피로, 근육통증, 수술 후 재활, 회복 및 치료효과, 데톡스와 셀룰라이트 방지효과를 목적으로 하는 테라피이다.

5) 마사지 테라피(Massage therapy)

다양한 마사지 테크닉으로 피부를 자극하여 모세혈관의 혈행을 촉진시키고 신진대사를 강화시켜 축적된 셀룰라이트 분해와 근육의 긴장이완, 정신적 편안함을 제공하여 자연 치유력을 향상시키는 테라피 형태이다.

6) 아로마 테라피(Aroma therapy)

천연 식물의 꽃, 줄기, 뿌리, 열매, 잎 등에서 추출해 낸 몸에 이로운 향기를 의미하는 "Aroma"와 치료법을 의미하는 "therapy"의 합성어로서 정신세계를 열도록 몸을 이완시켜 깊은 명상에 몰입하도록 도와주며, 향에 따라 감정을 안정시키기도 하고 흥분시키기도 하여 감정 조절에 매우 효과적이며, 정신과 육체의 질병을 예방하고 건강을 유지하도록 하는 요법을 말한다.

7) 기기를 이용한 테라피

하이드로 스파 기기와 하이드로 테라피 기기, 에스테틱 기기 및 기구를 이용한 다양한 프로그램으로 얼굴관리, 바디관리, 두피관리에 응용하여 시너지 효과를 보는 테라피의 총칭이다.

8) 요가와 명상(Yoega & meditation)

요가가 명상의 의미로 쓰인 것은 "우파니샤드"라는 고대 문헌에서 부터인데, 즉 심신을 조절하여 자아를 자유롭게 한다는 뜻이며, 명상은 일상적인 생활에서 벗어나 마음을 고요히 가라앉히고 승화된 생각으로 마음을 집중하게 하는 것이다. 주된 작용은 정신과 마음, 육체를 하나로 연결하여 몸의 독소를 정화시키며 긍정적 요소의 흐름을 좋게 하여 스트레스를 완화함과 동시에 면역력과 자연치유력을 강화시키는 방법이다.

9) 사운드 테라피(Sound therapy)

사운드 테라피는 보완요법(Complimentary Therapy)의 일환으로서 심리적 스트레스 해소, 수술 전후 안정, 일시적 통증완화 등의 목적으로 클리닉에서 활용하기도 하며, 에스테틱의 경우 고급화된 Beauty와 Health의 개념을 동시에 제공하고, Anti-stress 관리, Anti-aging 관리, 체험관리, 근육 통증 완화 관리에 효과적으로 활용하는 테라피이다.

10) 스파 쿠진(Spa cuisine)

담백하게 조리된 신선한 육류와 제철 과일, 비타민과 식이섬유가 풍부한 샐러드 및 허브 건강 음료 등을 이용하여 지치고 손상된 인체의 조직 회복과 체내 대사 과정에 필요한 성분 영양의 불균형을 조절하기도 하고 맛과 칼로리가 균형있게 조화되어 지친 몸과 마음에 생기를 찾게 하는 식사 프로그램이다.

5. 스파 트리트먼트(Spa treatment)

1) 스웨디시 마사지(Swedish massage)

스웨디시 마사지는 서양을 대표하는 수기요법으로 서양인들의 관점에선 가장 이상적이며, 또 가장 과학적인 마사지라 평가받고 있다. 유럽에서는 클래식 또는 유럽피언 마사지로 널리 알려져 있는 반면에 미국에서는 스웨디시 마사지로 알려져 있다. 마사지의 궁극적인 목표는 혈액순환(circulation)에 있다. 전신에 걸쳐 흐르는 혈관을 자극하여 혈액순환을 도와 신진대사를 촉진시켜 노폐물을 제거하는 것으로 직접 혈관에 압력을 주어 심장방향으로 강하게 미는 테크닉을 구사한다. 이 때 직접 피부에 그냥 압을 가하게 되면 상처가 날 수 있기 때문에 오일을 사용하게 되었고 그 영향으로 부드러운 압을 적용, 강약으로 반죽하듯 가감하여 감미로운 촉감으로 경직된 근육을 이완시키는 기법을 가지고 있다. 마사지 오일을 사용하는데 있어서 에센셜 오일(essential oils)과 마사지 전용 오일을 일정 비율로 제조해서 아로마 치료(Aroma therapy)와 병행할 수가 있다는 장점도 가지고 있다.

(1) 마사지 기본 동작(Massage stroke)

① 에플라지(Effleurage), 스트로킹(Stroking)

신체의 큰 근육에 적용하는 동작이다. 손바닥을 피부표면에 부드럽게 접촉시켜 미끄러지듯 처음과 끝의 속도와 압이 일정하게 하여 피술자에게 안정과 평안함을 준다. 또한 강한 압을 주기 전에 예비 동작의 마사지로 불필요한 통증이 발생되지 않도록 한다. 마사지 시작 시점이나 끝나는 시점에 몸의 여러 부분(팔, 다리 등)에 적용한다.

② 페트리사지(Petrissage)

근육의 피부조직을 주물러 압박하는 형태로 강, 약의 압박을 양손과 팔뚝을 이용 비틀고 조이는 기법이다. 이 기법의 목적은 혈관을 확장시키고 결체 조직의 부기를 해소하고 근육을 이완시켜 근육통을 완화시키고 피부에 탄력성을 주는데 있다.

③ 프릭션(Friction)

피부아래 연부조직을 자극하거나 부착된 근육을 분리하고, 관절과 연결조직(인대, 힘줄)에 자극을 준다. 주로 손가락 끝에 힘을 주어 적용한다.

④ 바이브레이션(Vibration)

신경조직을 진정시키며 연동운동을 자극한다. 심한 근육통증이 있는 급성일 경우 이 테크닉으로 통증을 경감시킬 수 있다.

⑤ 경타법(Tapotement, percussion)

두드리는 모든 종류를 지칭하며 짧은 시간에는 근육에 활력을 줄 수 있으며, 장시간 적용은 근육을 안정시키는 효과를 낸다. 혈액순환을 촉진시키고 감각기관을 자극하는 형태이다.

⑥ 스트레칭(Stretching)

고객의 유연성을 고려하여 시행한다. 스트레칭의 효과는 유연성 증가와 관절의 신전을 늘려 부상의 위험을 막아주고 혈액순환의 촉진과 근육 경련을 경감시킨다.

2) 아율베딕 마사지(Ayurvedic Massage)

아율베딕의 역사는 인도의학역사 약 오천년 동안 계승되어온 것이 오늘날 정리되어 진 것이다. 아율베딕이란 생활의 지혜라는 의미로 인도의학을 기초로 하여 질병의 예방과 자연식이요법과 약초요법을 병행한 마사지로서 체내 노폐물 정체로 인한 몸의 부기나 피로감, 특정 부위의 근육 뭉침 해소에 적절한 트리트먼트이며 순환을 촉진시키는 약초 주머니나 향기를 이용하여 독소가 정체되어 있는 부위를 따뜻하게 마사지를 해 줌으로서 체내에 있는 독소 배출과 피부의 건강관리, 원기회복, 심신안정, 노화예방 등에 도움을 준다.

(1) 마사지 테크닉

마사지의 최대 효과를 얻기 위해서는 반드시 인체 구조 및 마사지에 대한 체계적인 방법을 이해하여야 하며, 지압점의 위치와 피부의 색과 피부결 등을 모두 세밀하게 관찰해야만 한다. 마사지는 신경계, 순환계, 림프계와 내분비계를 포함한 신체의 많은 체계에 영향을 미치기 때문이다. 아율베딕 마사지에서 사용되는 기법은 다음과 같은 종류가 있다.

① 쓰다듬기와 문지르기(Strokes)

마사지를 받을 부위를 가볍게 쓰다듬고, 두드리고 주무른다. 몇 방울의 오일을 손바닥에 떨어뜨리고 활기차게 손을 문지른다. 다음 고객의 몸에 문지르는 마사지를 시작한다. 손의 따뜻한 열기가 고객의 림프 결절과 림프의 흐름을 자극하기 때문이다. 몸 전체를 완전하게 문지른 후, 양손으로 근육을 짜고 교차로 움직이는 것을 멈춘다.

② 두드리기(Tapping)

두드리기는 동작은 대상 부위를 자극하여 신체 및 피부의 모세혈관의 혈액순환을 증가시킨다. 손바닥을 컵모양으로 만들어 두드리기를 시행한다.

③ 주무르기(Kneading)

주무르기는 근육, 관절, 인대에 쌓인 노폐물 및 스트레스를 풀어주고 제거하는 역할을 한다. 나른하고 잘 풀리지 않는 스트레스로 인하여 근육이 경직되었을 때 주무르기를 통해서 세포막 안의 활동성을 증가시키며 신체의 근육을 발달시키고 활력을 주는 화학성분의 순환을 증가시킨다.

④ 쥐어짜기(Squeezing)

쥐어짜기 동작은 팔다리와 손, 발가락에 적용한다. 문지르는 동안 사용된 오일이 모두 흡수된 후 양손을 교차하는 동작으로 몸의 부분을 쥐어짜는 동작을 행한다. 넓적다리에서 시작하여 아래쪽인 발가락 끝으로 움직여 나가고, 겨드랑이부터 시작해서 손가락 끝에서 마친다. 짜기 동작은 신경과 피부 밑을 흐르는 모세혈관의 섬세한 세포 조직에 영향을 미치며 손과 발의 말단 까지 영양소를 보내는 역할을 한다. 근육조직의 균형을 잡아주며, 팔과 다리의 긴장과 통증을 완화시켜준다. 고객의 몸이 이완된 후에는, 건조예방을 위해 손과 발가락 끝에 오일을 몇 방울씩 떨어뜨려 준다.

(2) 아율베딕 마사지 프로그램

인도의 아율베딕 마사지는 대상자, 체질, 지역에 따라 다양한데, 마사지의 효과에 따라 크게 3가지가 있다. 정화 아율베다 마사지(Frification Massage), 일반 아율베딕 마사지(General Massage), 말초에서 심장을 향하여 마사지 하는 프로그램 등이 있다.

① 정화 아율베다마사지(Frification Massage)

심장에서 말초로 마사지하는 형태의 정화 아율베딕 마사지는 피부가 건조한 바타(VATA)타입으로 자주 붓거나 독소 정체가 심해 순환이 안 되는 체질에게 적합한 마사지로 자연치유력과 면역력 증진을 도와주며 전신관리에 효과적이다. 소이빈이나 아몬드 오일을 사용하여 전신을 마사지 한다.

② 일반 아율베딕 마사지(General Massage)

근육의 결을 따라 근육을 풀어 주는 형태의 마사지로 근육의 피로로 인한 오십견과 견비통이 있는 사람을 대상으로 경혈과 유사한 '마르마(marma)라는 포인트를 자극하며 근육을 풀어주는 것이 특징이다. 올리브오일이나 쎄서미 오일을 이용한다.

③ 말초에서 심장을 향하여 마사지

이 프로그램은 젊어지는 호르몬 마사지와 몸매관리를 위한 슬리밍 마사지로 나누어 그 효과가 각각 다르다.

ⓐ 호르몬 마사지(Rejuvenation Massage)

인체의 림프부위를 마사지 한 후 말초에서 심장 방향으로 올려주며 마사지한다. 월풀을 이용하여 고객의 몸을 담그게 한 후 가볍게 샤워 후 마무리한다.

ⓑ 슬리밍 마사지(Sliming Massage)

몸매관리를 위한 마사지로 곡물 파우더나 바디 클레이 파우더를 이용하여 문지르거나 주무르는 테크닉을 중심으로 한 수기 요법으로 체지방이 집중되어 있는 부위를 집중으로 마사지 한다. 마사지 후 월풀을 이용하여 고객의 몸을 담그게 한 후 가볍게 샤워 후 마무리한다.

3) 타이마사지(Thai Massage)

타이마사지는 태국의 전통의술의 기법 중 하나로 약초요법(허브), 명상, 요가 등을 함께 이용하여 신체 조직을 마사지하여 인체를 정화, 운동시키는 마사지이다. 또한 타이 마사지는 옷을 입은 상태로 마사지를 받는 드라이 스킨 마사지이며, 몸 전체를 다스려서 부분을 치료하는 형태로 몸의 순환 및 기능의 균형을 잡아주고, 기운을 북돋아 주는 태국 전통 건강기법이기도 하다.

타이마사지는 한의학에서 말하는 경락이라는 기 와 혈의 통로인 센(sen)이라는, 기(氣)가 다니는 길을 부드럽게 누르거나, 당겨주고, 밀어주고, 비틀어주는 스트레칭 동작기법으로, 기의 균형을 맞추어서 몸과 마음의 건강을 증진시키는 형태로 손, 손가락, 손바닥, 팔꿈치 등을 이용하여 압력을 가하는 가압 방식의 치료 마사지이다. 태국 전통 마사지의 기원은 2500년 전 고대 인디아에서 전래된 것으로 알려져 있으며, 중국의 한방의학과 태국의 임상의학이 더해지면서 그들만의 독특한 타이마사지로 계승 발전하게 된다. 신체 각 부분의 관절과 근육의 가동 범위와 각도에 맞는 적절한 마사지 기법을 구사하기 때문에 선입견에 의한 고통이나 피로감은 없다.

(1) 타이마사지 효과

① 근육의 이완에 따른 혈액, 임파액, 신경의 순환이 좋아져서 질병예방 및 저항력을 높여준다.
② 굴신의 유연성 향상 및 심신의 안정으로 숙면 과 스트레스를 해소할 수 있다.
③ 노화를 방지하여 인대와 근육을 강화시켜 부상을 예방 할 수 있다
④ 성인병을 예방하고, 내장 기능을 강화 시켜 소화 기능이 좋아 진다.
⑤ 신진대사작용을 촉진시키므로 건강한 신체를 유지하게 된다.

(2) 타이마사지 시술하는 방법

① 손가락, 손바닥, 팔뚝 등을 이용하여 부드럽고 깊고, 천천히 행한다.
② 누르거나, 당겨주고, 밀어주고, 비틀어주는 등 요가와 비슷한 기술들을 사용한다. 너무 심하게 스트레칭 하지 않는다.
③ 한 동작에서 다음 동작으로 넘어갈 때는 부드럽고 자연스럽게 넘어간다.
④ 언제나 급하게 서두르지 않고 느긋하게 호흡과 맞추어 천천히 행한다.
⑤ 통증부위를 정확히 짚어서 알아내는 방법을 체득한다.
⑥ 여러 가지 자세를 바꾸어가며 몸을 이용하여 행한다.
⑦ 처음에는 약한 곳부터 천천히 부드럽게 누르고 점차 강도를 조절하여 시행한 후 다시 부드럽게 마무리한다.

(3) 금기사항

① 피시술자는 식후 1~2시간 내에는 마사지를 받지 않아야 한다.
② 3개월 이내에 수술을 받은 사람을 마사지를 받아서는 안 된다.
③ 혈압이 높은 사람은 다리를 높이 들어 올리는 자세는 피해야한다.
④ 임산부, 정맥류, 천식환자, 피부의 상처나 질환이 있는 자는 주의를 요한다.

4) 시아추 마사지(Shiatsu Massage)

시아추는 전통적인 일본의 마사지 기법이다. 이 기법은 고대 중국의 지압으로부터 발전되었으며, 인체 내의 통로를 통한 에너지 흐름에 기반을 두고 있다. 이들 에너지 통로는 6개의 수동적인 집단과 6개의 능동적인 집단으로 대개 구분된다. 6개의 수동적인 통로와 6개의 능동적인 통로 집단은 특정 내부 인체기관 및 상호작용적인 에너지 흐름과 관련된다. 시아추는 손동작을 사용하여 부드러운 압력에서 시작하여 강한 압력을 가하는데, 이러한 압력은 인체의 각종 기능을 자극, 활성화시켜 이완 및 조절함과 동시에 심신의 안정을 통하여 스트레스를 해소시키는 효과가 있다.

시아추(지압)는 '침을 사용하지 않는 침술'이라고 불린다. 중국의 전통 요법인 안마가 일본에서 정착된 형태로 오일을 사용하지 않고 가벼운 옷을 입은 고객에게 엄지 또는 수근 부위로 관리한다. 시아추는 경락을 자극함으로써 기가 잘 통하도록 돕는 마사지이다. 고객을 관리 할 때는 호흡을 매우 중시하며 에너지를 자극하기 위해 때로는 강하게, 때로는 약하게 마사지 한다.

(1) 효과

① 독소 및 노폐물을 제거한다.
② 혈액 및 기혈순환을 촉진시킨다.
③ 근육의 이완 및 유연성을 부여한다.

(2) 적용대상

① 만성 피로 증후군
② 근육 결림과 오십견 등의 근육 통증
③ 기, 혈액 순환이상으로 혈액 순환 부조화

(3) 금기사항

① 악성, 만, 급성 염증이 있는 경우
② 골절 및 척추에 이상이 있는 경우
③ 임산부

5) 발반사 마사지(Reflexology)

신체에 이상 증세가 생기면 건강한 상태를 유지하기 위해 경락을 자극하여 기(氣)의 흐름을 원활히 하는 방법으로 발에는 이 경락과 경혈이 집중적으로 분포되어 있다. 12개의 경락 중 6개의 경락과 41개의 경혈, 5개의 기혈, 그리고 각 내장과 연결되어 있는 75개의 반사구와 신경이 있다. 인체의 내장 및 각 기관들과 연결되어 있는 경락 및 반사구를 자극해 기가 잘 통하게 하면 기운이 내장에까지 잘 전달되어 자연 치유력을 향상시키게 된다. 현대적 용어로 설명한다면 발의 피로를 덜어줄 뿐만 아니라, 내장기능의 질병 예방과 치료로 신체가 건강한 상태를 유지할 수 있도록 해주는 것이다.

(1) 발반사 요법의 효과

반사요법은 우리 신체의 주요 장기들에 대응하는 자극점이 손과 발에 분포하고 있다는 원리에 근거를 두고 있다. 발반사 요법은 발의 경혈점에 압력을 가함으로써 그에 상응하는 신체 장기에 자극을 주는 것이다.

① 스트레스를 감소시키고 긴장을 풀어준다.

발반사 요법을 조용한 음악과 부드러운 조명, 아로마 에센셜 오일을 함께 사용하면 효과를 높일 수 있다.

② 혈액 순환을 촉진시킨다.

혈액은 신체에 필요한 영양분을 운반하기도 하지만 동시에 독성과 노폐물을 운반한다. 혈액속의 영양분을 잘 흡수하고 노폐물을 더욱 효과적으로 배출시킬 수 있다.

③ 신체 독성을 제거해준다.

신체는 림프계 및 소화계를 통해 노폐물을 제거한다. 스트레스 상황에서는 림프계와 소화계가 제 기능을 못하며, 발 반사는 스트레스를 감소시킴으로써 림프계와 소화계가 제 기능을 하도록 도와준다.

④ 내분비선의 균형을 유지시키고, 신체 에너지를 충전시켜준다.

누적된 피로를 풀어 심신이 안정상태로 유지되어 각종 호르몬이 정상적으로 분비되고 순환되어 균형 잡힌 조직으로 변화되는 효과가 있다.

⑤ 스트레스로 인한 질병을 예방한다.

발반사 요법을 받으면 그 이완 효과가 면역계에 영향을 주어 잦은 감기, 스트레스성 질병을 예방할 수 있다. 발바닥을 자극함으로써 뇌의 혈행이 자극되고 각성이 증가한다. 보통 성인과 마찬가지로, 발바닥 자극과 함께 음악요법, 이완요법을 병행하면 더욱 좋은 효과를 기대할 수 있다. 치매 증상 외에도 신경통, 오십견, 고혈압, 소화불량, 설사, 변비, 정서불안 등을 조절할 수 있다. 특히 심리적인 스트레스로 인한 증상들을 경감시켜주는 효과가 있다.

자극 방법은 지압, 브러시 마사지, 족욕, 겨자습포, 운동, 맨손마사지 등이 있다.

(2) 반사구 마사지

반사구 마사지는 대상자의 상태에 따라 나무로 만든 지압봉으로 대상자가 통증을 느끼지 않을 정도로 중간정도 압력을 이용하여 피로감소의 반사구를 중심으로 아래의 순서대로 마사지를 시행한다.

① 피로감소의 반사구는 신장, 수뇨관, 방광, 요도의 기본 반사구와 머리 갑상선, 부갑상선, 간, 상, 하부 임파선, 편도선의 직접반사구이다.

② 배설기관의 반사구(신장, 수뇨관, 방광, 요도)를 자극 → 척추부위의 반사구(코, 경추, 부갑상선, 흉추, 요추, 천추, 미추, 전립선, 고관절) → 발가락에 분포된 반사구(코, 뇌하수체, 대뇌, 전두동, 소뇌, 뇌간, 눈, 귀, 삼차신경)를 자극 → 소화기계통의 반사구(위, 췌장, 십이지장, 소장, 대장, 직장과 항문)를 자극 → 발가락 뿌리 부분의 반사구(승모근, 폐, 기관지)를 자극 → 면역기관의 반사구(상악, 하악, 상하부임파선, 편도선, 목, 기관, 흉부임파선, 서혜부)를 자극 → 발 내측의 반사구(경추, 흉추, 요추, 천골, 미골)를 자극 → 발 외측의 반사구(견관절, 상완, 주관절, 슬관절, 외미골)를 자극 → 배설 기관의 반사구(신장, 수뇨관, 방광, 요도)를 다시 자극 → 다리마사지(무릎 위 10cm까지)

③ 마무리 단계 : 마사지가 끝난 후 따뜻한 수건으로 마사지 부위를 감싸서 혈액순환과 노폐물의 배설을 돕고 발반사구 마사지가 끝난 30분 이내에 노폐물 배설을 도와주기 위해 미온수를 음용하도록 한다.

(3) 주의사항

① 식후 1시간이내는 피한다.

② 마사지전 시술자는 손을 깨끗이 소독하거나 씻는다.

③ 차가운 물 샤워는 피한다.

④ 외부에 상처로 인한 출혈이 심한 경우 피한다.

⑤ 발가락은 모세혈관이 많이 분포되어 있으므로 마구 주무르는 것은 피한다.

⑥ 지나친 압력으로 고통을 느끼게 해서는 안 된다.
⑦ 여성의 경우 생리 중에는 마사지를 피한다.
⑧ 대수술을 받은 사람은 100일 이내는 피한다.
⑨ 무좀 및 2차 염증 감염자는 마사지를 피한다.
⑩ 정맥류의 발에는 마사지를 금한다.
⑪ 급성 심장경색증 및 심한 심장병, 고혈압 환자는 의사의 지시에 따른다.
⑫ 마사지를 행한 후 반드시 30분 이내에 미온수를 2컵 정도 마신다.

6) 스톤 테라피(Stone Therapy)

오래전부터 중국이나 아시아권에 전해 내려오는 민간요법을 현대적으로 재창조한 스톤 테라피는 水(물)과 氣(공기), 土(흙), 火(불) 그리고 자연의 에너지가 응축된 현무암을 이용한 마사지로 몸 속 에너지의 균형을 조절하고 마음을 편안하게 안정시키는 자연 요법의 하나이다. 검은색의 현무암은 원적외선을 다량 함유하고 있어 기의 흐름을 좋게 하고 혈액순환을 촉진시켜 사람의 몸을 치료하는 효과가 있다.

현무암이 갖고 있는 철분과 다양한 미네랄, 원적외선의 상호작용은 열 흡수력을 높여 강력한 에너지를 형성시키고 인체의 독소와 노폐물 제거, 림프순환, 스트레스 해소, 근육이완, 지방분해, 면역증강, 세포조직의 재생 및 활성화를 통해 인체가 본래 가지고 있는 자연 치유력을 증가시키는 역할을 한다.

(1) 스톤 테라피의 유형

① 피부 관리를 위한 스톤 테라피
② 비만과 셀룰라이트 관리를 위한 스톤 테라피
③ 근육 조직의 긴장, 경직, 통증을 위한 스톤 테라피
④ 신체의 긴장 및 스트레스 완화를 위한 스톤 테라피

(2) 스톤 테라피 관리방법

① 정통 스톤테라피에는 시작단계에서 꽃잎을 뿌리거나 아로마 오일을 바르는 등의 약간의 '의식'이 행해진다.
② 얼굴 피부의 문제점을 관리하기 위해 아로마 오일을 약간 묻힌 다뜻한 스톤으로 마사지를 실시하거나 '챠크라' 라고 하는 얼굴과 몸의 에너지 포인트 부위에 돌을 올려놓기도 한다.

③ 관리를 하는 동안 손에 뜨거운 돌을 쥐고 있기도 하고 발가락에 작은 돌을 끼워놓기도 한다. 여드름 피부의 경우는 뜨거운 돌 보다는 차가운 돌(대리석)을 많이 사용하는데, 이유는 차가움이 염증을 가라앉히는데 도움이 되기 때문이다.

④ 비만 관리에 스톤을 접목하는 경우는 전신의 순환을 돕기 위하여 따뜻한 돌에 아로마를 묻혀 전신을 마사지하고 부분적인 셀룰라이트 부위에 집중적인 스톤마사지를 실시한다. 온도를 교차적으로 적용하는 냉온요법을 실시하여 지방분해의 효과를 높이기도 한다.

⑤ 근육 경직과 통증을 위한 스톤 테라피는 스톤 딥티슈 마사지라고도 한다. 통증을 유발하는 곳을 찾아내어 근육 속 깊은 조직에까지 뜨거운 돌을 이용하여 강하게 마사지 하고 차가운 돌로 마무리하는 마사지이다.

⑥ 관리 마지막 단계에서는 조용하고 평화롭게 스톤을 마무리하는 '의식'으로 끝을 맺는다.

(3) 스톤 테라피의 효과

돌의 에너지, 기를 이용한 냉, 온 요법으로 돌들의 성질을 고객의 상태에 따라 적절히 적용하는 관리이며, 현무암과 대리석 외에 크리스털, 스톤, 석영석 등을 사용하며, 현무암은 뜨거운 온도를 가장 오래 붙잡고 있는 성질이 있고, 대리석은 차가운 온도가 오래 유지된다. 뜨거운 돌은 뭉쳐있는 근육을 풀어주고, 온기와 함께 순환을 촉진시켜 통증이 있는 근육과 관절을 풀어주는 효과가 크다. 염증이 있는 부위나 두통에는 차가운 대리석을 적용하여, 염증으로 인한 화기를 내려주고 완화시키는 역할을 한다. 따뜻한 현무암과 차가운 대리석을 다양한 마사지 테크닉과 함께 아로마 에센셜 오일과 결합하여 몸의 긴장완화를 가장 깊은 단계에 이르게 하고 긍정적인 기의 흐름과 근육의 심부조직을 통한 근육 이완에 도움을 주며, 구체적인 효과를 나열하면 다음과 같다.

① 스톤 마사지의 강력한 에너지(온열)는 신체의 조화와 정화 효과를 증진시킨다.

② 스톤 마사지는 평온과 안정의 깊은 명상상태를 누릴 수 있게 한다.

③ 돌과 관련된 손동작은 돌에서만 나오는 특유의 에너지로 막혀진 부위에 자극적인 열을 가해, 막힌 내부에서 기혈의 흐름을 돕는다.

④ 얼굴의 부종과 붉음을 감소시키고 혈액 순환을 촉진 시킨다.

⑤ 스트레스 해소, 림프순환촉진, 독소배출, 지방분해, 면역증강 체질개선, 피로 회복, 세포활성화, 노화관리, 근육이완 등에 효과가 있다.

그 외 생리통이나 일반적인 신경통, 관절통, 견비통, 요통, 근육통증 등의 통증 증상을 완화시켜 주는 데 효능이 있는 것으로 알려져 있다.

7) 보석 테라피(Gemstone Therapy)

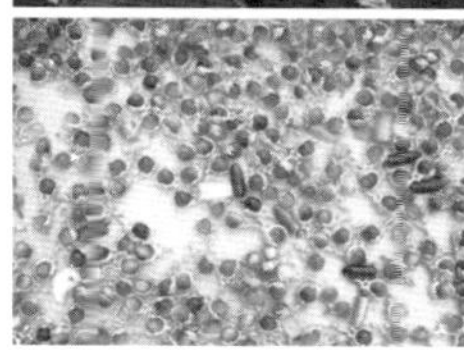

보석 테라피(Gemstone Therapy)는 세계적으로 유명한 휴양지의 호텔 및 리조트 주요 스파 프로그램이 된지 오래이다. 이 프로그램의 주목적은 지친 현대인의 육체 및 심리적 균형과 안정, 긴장완화 및 휴식을 목적으로 기획된 것이다. 보석 테라피는 보석이 갖는 고유의 빛깔과 색, 파동의 에너지를 이용하여 건강과 미용분야에 신체적, 심리적, 영적으로 정화를 유도하여 치유 및 예방 수단으로 사용하는 대체의학의 한 분야이다. 17세기 유럽의 왕실 중심으로 확산된 보석치료는 원석의 형태로 치료에 사용하거나 분말로 가루를 내어 복용 또는 바르는 형태로 다양한 질병 치료에 응용되기도 했다. 보석 테라피의 활용범위는 보석마사지, 보석패치 및 침구, 보석 티(Tea), 보석 심리치료, 칼라링 진단 등 기능성 치료의 전 범위를 다루고 있다. 피부, 내부 장기 및 심리상황의 종합적 범위에서 치료 및 관리 효과가 나타나는 대체의학으로서 피부, 비만, 모근, 심리치료 등의 기능성 치료에 도움을 주고 있다.

특히 보석 테라피는 피부를 탄력있게 해주고 근육을 이완시키며 얼굴 윤곽을 바로 잡아주는 효과가 있으며, 고가의 보석이 주는 부드러운 촉감이 특별한 느낌을 원하는 고객들에게 많은 인기를 얻고 있다.

(1) 일반적인 보석 테라피 순서

① 따뜻하게 데운 자수정과 옥을 등 위에 올려 몸을 따뜻하게 한다.
② 보석 성분이 함유된 마사지 밤을 묻힌 옥을 문질러 마사지 해준다.
③ 손을 이용해 세심한 부분까지 마사지 해준다.
④ 마지막으로 따뜻하게 데운 옥을 손에 쥐어 심리 안정 효과를 준다.

마사지 부위는 등과 둔부, 얼굴로서 따뜻한 옥은 뭉친 근육을 풀어주고 혈액순환과 신진대사를 원활하게 해주며 차갑게 식힌 자수정은 마사지의 마무리 단계에서 얼굴과 둔부에 사용해 수렴 효과와 탄력을 준다.

(2) 효과

① 보석을 이용해 경혈점을 자극해줌으로써 혈액순환이 촉진되어 두부의 리프팅 효과를 볼 수 있다.
② 보석이 갖는 생체 정보의 저장 및 기능원리를 이용하여 인간의 육체 및 정신적 질병을 예방 및 치료에 도움을 준다.
③ 보석의 빛, color, 결 구조는 생체의 여러 정보와 교감하며 이를 기능적으로 활용하여 질병과 생체변형 등 다양한 기능성 치료에 다음과 같이 활용한다.

- 다이아몬드 : 광신, 냉정, 조울, 금주, 금연, 약물중독, 중풍, 류머티즘
- 마노 : 집중력 부족, 감성의 부족, 몽유병, 간질병, 불면증, 눈의 피로
- 루비 : 열, 오한, 열성 전염성 질환, 류머티즘, 두통, 편두통
- 벽옥 : 난청, 청각 상실, 감기, 독감, 비염, 류머티즘, 중풍, 심장 장애, 두통, 악몽, 불면증, 해산 후
- 감람석 : 열을 동반하는 질환이나 심장장애, 목의 통증, 집중력 향상, 어린이 정신발달에 효과적이다.
- 녹석영 : 피부 발진, 알레르기성 피부 반응, 찰과상 등의 가벼운 외상
- 녹옥수 : 중풍, 류머티즘, 관절염, 부정적 감정이나 화를 잘 내는 성격
- 녹주석 : 위 질환, 경미한 중독현상, 화를 잘 내고 공격성이 강한 사람
- 호박 : 위통, 방광장애, 전립선장애, 소변장애, 위 점막염
- 수정 : 시각장애, 시력약화, 갑상선, 편도선염, 심장의 통증, 복통, 소화장애
- 에메랄드 : 면역 및 혈액순환 증진, 체중감소, 심장질환, 통풍, 류머티즘, 간질, 두통, 가래
- 석류석 : 시력장애, 안질, 착시, 알레르기, 정신혼란, 환상, 심통, 약물중독
- 진주 : 열성 질환, 두통, 편두통
- 사드 : 저항, 면역기능 강화, 눈 경련, 청각기능 저하, 중이염
- 사파이어 : 안질, 충혈 눈, 시력, 통풍, 류머티즘, 관절통, 집중력문제, 공포증
- 홍옥수 : 코피, 코감기
- 자수정 : 피부 트러블, 노화 반점, 주근깨, 여드름, 붓거나 멍든 피부
- 토파즈 : 중독, 식품 알레르기, 시력약화, 염증성 치료, 비장 증대, 피부 질환
- 오닉스 : 허약, 약시, 시력장애, 다래끼, 심통, 협심증, 위장증, 비장질환
- 칼세돈 : 면역강화, 허약성, 무기력, 혈액의 정화, 신경불안, 언어장애

(3) 인도의 보석 테라피

인도의 보석치료는 명상과 종교적 의미가 부가되어 발전이 되었는데, 힌두교에서 말하는 우리 몸통에 수직으로 형성된 7부분의 차크라를 칼라와 보석으로 대비하여 그 치료적 내용과 범위를 다음과 같이 설정하고 있다.

① 무라다라(Muladhara) : 제1 차크라

한방에서는 '회음부'라 칭하는 위치이다. 주로 생식 및 생명과 관계된 중추로서 붉은 빛이 중심이 된다. 해당 보석은 루비, 가넷 등 붉은 빛깔의 보석이 생명과 생식에 작용을 하며 루비는 피부외적인 부분에, 가넷은 피부 내적인 부분이 생명력으로 작용을 한다. 가넷은 혈액순환에 효능을 보이며 가루의 형태로 복용되기도 한다.

② 스바디스타나(Svadhishthana) : 제2 차크라

단전이라 칭하는 위치이다. 방광과 비뇨기에 영향을 주는 위치로 칼라로는 주황색이 해당한다. 해당 보석은 산호, 월장석 등이다.

③ 마니푸라(Manipura) : 제3 차크라

한방에서 중완부라 칭한다. 신체 내의 중요한 생리 및 소화나 신진대사 촉진 역할을 담당하는 자리이기도 하다. 칼라로는 노란색으로 토파즈, 황수정 그리고 노란색 지르코니아가 해당된다. 노란빛의 칼라는 소화를 촉진시키고 신체의 장기에 활력을 주는 역할을 한다.

④ 아나하타(Anahata) : 제4 차크라

심장 신경총으로 가슴사이에 위치하며, 칼라로는 녹색이 해당하며 에메랄드가 대표적인 치료보석이다. 혈액순환, 심리적 및 정신적 질병과 조절하는 부분이다.

⑤ 비슈다(Visuddha) : 제5 차크라

인후부에 위치하며, 호흡과 목소리의 중심으로 폐를 직접 관장하며 호흡기관을 다스린다. 칼라로는 맑은 하늘색으로 파랑에 해당 보석으로 아쿠아마린이 대표적이며, 남옥, 터키옥 등도 있다.

⑥ 아즈나(Ajna) : 제6 차크라

눈과 눈 사이인 미간에 위치한다. 제3의 눈 위치라고 알려진 부분으로 해당 칼라와 보석은 짙은 파란 빛의 사파이어, 석영, 방해석 등이 있다 이성적 활동 및 정신적 능력과 직결된 부위이다.

⑦ 사하스라라(Sahasrara) : 제7 차크라

백회, 정수리 부분에 위치한다. 범어로는 영광, 승리, 완성 등을 의미하며 해당칼라와 보석은 보라색과 자수정이다. 6개의 차크라들이 잘 운행되고 조절되면 스스로 빛을 발하는 작용을 한다고 알려져 있다.

8) 칼라 테라피(Color Therapy)

칼라 테라피(Color Therapy)는 컬러를 사용해 다양한 신체, 정신적 장애를 치료하는 광선요법(Photo Therapy)의 한 형태로 직접적인 질병치료를 목적으로 하기보다 신체의 자연적 치유 능력을 활성화시켜 주는 역할을 한다. 색채는 그 속성에 따라 모두 다른 파장을 지니고 있다. 따라서 색채요법은 몸속에 흐르는 기(氣)가 막혔을 때 그 부분에 고유의 진동과 주파수를 일으키는 색채를 붙이거나 빛으로 쏘여서 기의 흐름을 원활하게 해준다. 현대의학에서도 색을 치료에 활용하는 사례를 볼 수 있는데 색의 파장을 이용한 적외선 치료법이 좋은 예이다. 빛과 색은 자연이 주는 천연 에너지원으로서 각각의 색깔은 서로 다른 특징을 가지고 있으며, 파장에 따라 다른 효과를 가지고 있어서 사람을 진정시키거나 흥분시키기도 하고, 활력을 되찾아 주기도 하며 신체의 모든 세포활동을 정상화시키기도 한다. 광선의 파장, 빛의 세기, 색깔에 따른 효과를 적절히 선택, 이용함으로서 인체에 필요한 효능을 가져올 수 있다.

(1) 색의 효과

색상이 가진 특징에서 빨강은 심장, 청색은 비장, 녹색은 간, 흑색은 신장, 백색은 폐, 황색은 위장, 보라색은 발열 부위에 효과적인 것으로 알려져 있다. 다음의 색깔별 상세한 효과를 알아본다.

① 흰색(White)

몸 전체를 강하게, 순수하게 만든다. 다른 색깔과 혼합했을 때 치료효과를 한층 더 강화시켜 준다. 음식의 색으로는 짠맛을 느끼게 하며 흰색을 배경으로 음식을 담으면 음식의 색을 깨끗하고 원색으로 반사시켜 식욕을 느끼게 만드는 역할을 한다.

② 검정(Black)

검정색은 고급스럽고 모던한 분위기를 연출하며, 신경과민이나 투쟁심을 누그려 뜨려준다. 그러나 검정색은 우울증을 야기할 수 있다. 흰색과 검정색의 결합은 특히 좋다. 이는 균형을 유지하게 해준다. 행동에 대해 통제를 할 수 있게 해주고 상황에 대한 올바른 이해를 갖는데 도움을 준다.

③ 붉은색(Red)

정열과 의지의 색깔이기 때문에 육체적인 강인함을 북돋는다. 빈혈, 생리통, 저혈압, 관절통에 좋은 효과를 준다. 신체에 에너지를 자극하고 활동성을 촉진시켜 혈액 순환이 잘되게 하고 헤모글로빈 생성에 도움을 줌으로써 빈혈이나 무력감, 저혈압, 상처 완화에 적합한 칼라이다. 레드칼라의 의상이나 양말, 장갑, 조끼, 스카프 등의 소품활용은 레드의 에너지를 받아들이는 방법으로 효과적이다.

④ 오렌지색(Orange)

사람의 기분을 행복하고 즐겁게 하며, 활기를 주는 오렌지색은 사교성과 친절함을 촉진시킨다. 그러나 매우 활동적이고 신경질적인 사람들은 이 색깔과 청색이 혼합된 옷을 입어야 한다. 오렌지색은 우울증을 막는 좋은 치료제가 되며 월경불순, 신장병과 대장염, 심한 복통, 면역체계 강화, 천식, 무기력증, 소화기 증강, 경련에 효과가 있다.

⑤ 노란색(Yellow)

노란색은 의기소침해있거나 외로울 때 활력을 불어넣어 주는 칼라로 오렌지색과 같이 감정을 치료하는데 좋다. 맑은 정신을 오랫동안 갖도록 도와준다. 복부를 상징하고 있는 노란색은 신경계통의 피로 회복을 빠르게 하고 심장과 근육을 강화시켜 순환작용을 촉진시킨다. 또한 식욕을 개선해주며 위장계통의 질병치료에 좋은 효과가 있다.

⑥ 녹색(Green)

자연의 칼라 녹색은 새 생명과 에너지이며 성장, 재생, 치료의 칼라이다. 정신, 육체적 과도한 긴장을 해소해 주고 혈압을 안정시켜 준다. 또 눈의 피로를 풀어주고 심장병을 이겨내는데 도움을 준다. 부드럽고 선명한 색조의 녹색은 편안함과 상쾌함을 느끼게 하지만 탁한 녹색은 소극적이고 집착이 강한 성격으로 변하게 할 수 있다.

⑦ 청색(Blue)

청색은 청결한 무균의 색깔이다. 안정감을 주어 긴장을 풀어주고 신경을 진정시켜 맥박을 느리게 하며 호흡을 깊게 한다. 이는 스트레스로 인한 불면증에 도움을 주어 숙면을 할 수 있게 하며, 목이나 호흡기 질환에 도움을 주는 색이다. 또한 골격의 치료를 돕고 손톱과 치아를 강화시키는 색이기도 하다.

⑧ 남색(Indigo)

남색은 스트레스를 해소하며 정서적 안정감을 준다. 편두통과 두통, 땀띠나 햇볕 화상에 좋으며, 얼굴이나 머리에 있는 모든 기관 즉 눈, 코, 귀 등의 치료에 도움을 준다. 탁한 남색은 고립감과 우울감을 드러내므로 맑고 선명한 색을 사용하는 것이 스트레스 해소와 정서적 안정에 효과적이다.

⑨ 보라색(Violet)

신진대사의 균형을 잡아주는 보라색은 신체의 포타슘 균형을 유지시켜 식욕을 억제시키고 세포를 정화 및 순화, 재생시키는데 도움을 준다. 또한 뇌하수체의 기능과 연결되어 있어 호르몬의 활동을 정상화시키고, 강박관념과 두려움을 없애주므로 신경의 긴장과 정신적 혼란을 겪는 사람에게 적합하다.

9) 광선 테라피(Light therapy)

빛은 물과 더불어 생명의 근원이 되는 자연의 에너지이다. 현대인들은 바쁘게 살아가고 실내 생활이 늘어나면서 자연의 빛으로부터 멀어지게 되었다. 빛 치료는 10000 lux 이상의 밝은 빛이 나오는 라이트 박스(light box)나 자연광(햇빛)을 이용하는 치료법으로 서구에서는 우울증, 수면장애 등의 치료에 안전하게 사용되고 있는 자연치료법이다.

빛은 신진대사를 증가시키고 에너지 소비를 증가시켜주는 효과가 있다. 빛의 일부인 자외선 B는 피부에서 콜레스테롤을 비타민 D로 전환시킨다. 비타민 D는 골밀도를 유지하는데 중요한 역할을 하며 골다공증을 예방하는 작용을 한다.

빛의 자극은 시각 중추에서 시상하부(hypothalamus), 변연계(limbic system), 대뇌 피질(cerebral cortex)로 연결되며 뇌 호르몬과 신경 전달 물질(neurotransmitter)의 분비에 영향을 주어 생체리듬 조절, 감정, 기억 등의 영역에 치료 효과를 나타낸다. 빛 치료는 혈중의 세로토닌(serotonin) 농도를 증가시키고 뇌에서 세로토닌의 활성도를 높여준다. 세로토닌의 활성증가는 기분을 밝게 해주며 우울증을 치료하는 효과가 있으며 또한 식욕을 떨어뜨려 비만의 치료에도 효과가 있다고 알려져 있다. 빛은 낮 시간 동안의 멜라토닌(melatonin) 분비를 억제하는 작용을 한다. 빛에 의하여 억제된 멜라토닌이 야간에 집중되므로 수면을 유도하고 숙면에 큰 역할을 한다. 멜라토닌은 항산화작용과 노화방지 작용으로도 많은 주목을 받고 있는 호르몬이다.

(1) 라이트 테라피 대상 질환 및 효과

눈에 보이는 파장의 빛, 즉 가시광선을 이용하는 광선치료(light therapy) 영역이 확대되고 있다. 빛 자체가 기분과 생체리듬과 내분비체계를 정상화시키고, 신진대사를 촉진하고, 통증을 완화하며, 혈관을 확장시키는 등의 작용을 하는 것으로 밝혀지면서 우울증이나 불면증과 같은 정신과 질환 뿐만 아니라 내분비질환, 피부질환, 통증, 비만과 같은 질병의 치료에도 응용되고 있다.

광선치료가 가장 먼저 일반화된 곳은 불면증이나 우울증 등을 치료하는 정신과 질환분야이다. 백색을 띠는 종합가시광선은 수면을 조절하는 멜라토닌 분비를 촉진시켜 불면증을 해소하고 시차(時差)를 극복하는 등 수면장애를 조절한다. 또 뇌를 활성화 시키는 세로토닌이라는 신경전달물질을 분비시켜 우울증을 해소하는데도 큰 효과가 있다.

정신과 전문의들은 그러나 한 발 더 나가 최근엔 섭식장애, 비만, 학습장애 등의 치료에도 광선치료를 응용하고 있다. 백색 종합가시광선에 의해 촉진되는 멜라토닌 호르몬은 불규칙한 식사로 인한 비만을 치료하는 데도 효과가 있는 것으로 알려져 폭식증 같은 섭식장애와 비만의 치료에 적용되고 있다. 또 학습능력이 떨어지는 학생의 집중력을 향상시키려는 목적으로도 일부 시행되고 있다.

정신과 이외의 분야에선 신생아의 황달 치료에 가장 일반적으로 광선치료가 시행되고 있다. 라이트 박스에서 나오는 청색 가시광선은 황달을 일으키는 빌리루빈이라는 물질을 감소시켜 신생아들의 황달을 치료한다.

그 밖에 피부의 여드름 제거, 고혈압 치료, 입원환자의 욕창 치료 등에도 실험적으로 광선치료가 적용되고 있다. 청색 가시광선은 여드름 원인균을 죽이는 데도 적격이어서 피부과에선 피부를 당겨주는 PPX(Photopneumatic therapy)라는 치료기를 이용해 여드름을 치료하고 있다. 또 청색 가시광선이 혈관을 확장시켜 혈액순환을 촉진시키는 원리를 이용해 고혈압의 치료에 적용하는 의사들이 있으며, 피부조직을 재생시키고 염증을 감소시키는 원리를 이용해서 욕창의 치료에도 사용된다.

(2) 파장에 따른 빛의 효과

가시광선 : 3,900~7,700Å

파 장	색 깔	효 과
3,900~4,500Å	보라색	정신질환완화, 식욕억제, 백혈구조성, 칼륨과 나트륨 이온균형 유지
4,100~4,500Å	남 색	안정, 두려움과 억압 해소, 눈과 귓병에 사용
4,500~4,900Å	파란색	안정, 해독, 열맥박통증감염, 여드름, 황달, 관절염 치료
4,900~5,500Å	녹 색	항균작용, 암세포 파괴
5,500~5,900Å	노란색	신경 강화, 사고 자극, 운동신경 활성화, 근육에너지 생성
5,900~6,300Å	주황색	신체 활력에 영향, 몸과 마음의 균형유지, 우울증 치료
6,300~7,700Å	적 색	혈액순환 촉진, 충혈 해소, 후각, 시각, 청각, 촉각, 미각자극, 교감신경계 활성화

(3) 유의사항

① 극도로 쇠약한 위, 십이지장 궤양 환자, 결핵환자들의 질환 부위에 직접 조사(照射)해서는 안 된다.
② 안면에 조사할 때는 눈을 감아야 한다.
③ 조사 각도는 수평을 유지한다.
④ 조사 부위에 따라 알맞은 집광기를 선별한다.
⑤ 조사시 불쾌감을 호소하면 조사를 중지한다.

10) 안티 스트레스 트리트먼트(Anti-stress treatment)

만병의 근원이자 정신 건강에 해가되는 가장 큰 주범은 스트레스이다. 적당한 스트레스는 생활의 촉진제가 되지만, 과도한 스트레스는 몸과 마음에 커다란 악영향을 끼치게 된다. 복잡하고 다양한 현대 문명 생활에서 파생될 수 밖에 없는 스트레스는 무엇 보다 잘 관리해 삶의 활력소로 만드는 노력이 필요하다. 아로마 에션셜 오일을 이용한 스트레스 관리법을 알아본다.

(1) 아로마테라피

아로마테라피란 향기치료, 즉 허브에서 추출한 방향성 정유를 질병의 예방과 치료에 사용하는 방법을 말한다. 식물이 가진 각종 유효성분을 이용해 신체와 정신의 항상성을 유지하고 신체와 정신의 부조화를 개선시키는 방법으로 사용되는데, 스트레스와 불규칙한 생활습관 등으로 비롯된 여러 가지 증상완화에 효과가 뛰어나다.

적용방법으로는 크게 흡입법과 마사지법으로 나눈다. 흡입법은 식물에서 추출한 향유로 후각 신경을 통해 대뇌에 자극을 주는 방법이며, 감정적인 안정과 내분비계의 조정 효과를 얻을 수 있다. 마사지 법은 마사지를 통해 흡수된 아로마 에센셜 오일들이 근육, 인대 등의 부위에 작용해 근골격계에 올 수 있는 통증을 제거하는 방법이다.

(2) 안티 스트레스용 에센셜 오일의 종류

증 상	에 센 셜 오 일
긴장이완	버가못, 카모마일 로만, 크라지 세이지, 일랑일랑, 샌달우드, 프랑킨센스, 라벤더, 페티그레인, 스위트 마조람, 오렌지
통증완화	바질, 블랙페퍼, 진저, 레몬, 라임, 제라늄, 로즈마리, 페퍼민트, 파인, 타임
우울증	버가못, 만다린, 멜리사, 네롤리, 로즈, 자스민

(3) 관리방법

① 베이스 오일에 긴장이완에 효과적인 에센셜 오일을 4~5방울 정도 떨어뜨려 혼합한다.
② 승장(承漿), 지창(地倉), 청명(清明), 영향(迎香), 찬죽(贊竹), 인당(印堂), 백회(百會) 등의 혈점을 지압한다.
③ 양쪽 수근(水根) 부위를 3등분하여 3~4초 정도 지그시 눌러 지압한다.
④ 같은 방법으로 귀 뒤부터 시작하는 측 두부를 3등분해 지압한다.

⑤ 오른손의 엄지와 검지로 경추 부분을 차례로 마사지한 후, 천주(天柱) 부분을 지압해 마무리한다.

⑥ 오른손으로 천주 부분을 지압한 상태에서 왼손으로 이마를 살며시 젖혀 부드럽게 스트레칭 한다.

⑦ 머리를 뒤로 기울여 기대게 한 후, 양쪽 태양(太陽) 부분에 엄지를 얹고 작은 원을 그리듯 돌려 부드럽게 마사지 한다.

⑧ 목 양옆에 두 손을 얹어 가볍게 주물러 준다.

⑨ 오른쪽 어깨 위에 오른쪽 팔뚝을 올려놓고 5~10초 정도 지긋이 눌러준다. 이때 왼손은 머리를 감싸 고개를 왼쪽으로 스트레칭 해준다. 반대편 동일.

⑩ 두 손으로 승모근을 지나 어깨 하단까지 적당한 압을 사용해 마사지한다.

⑪ 검지로 경추 1번부터 시작해, 엄지로 흉추 12번을 지나 기립근을 마사지. 작은 원을 그리듯이 마찰 동작으로 마사지한다.

⑫ 한 손씩 번갈아 가며 등 전체를 부드럽게 쓰다듬어 준다.

⑬ 기지개를 켜듯 양손을 들어 목에 감싼 후, 팔목 부분을 안전하게 감싸고 몸을 최대한 뒤로 젖혀 긴 호흡과 함께 스트레칭 한다.

6. 제품을 이용한 트리트먼트

1) 해초

해초는 미네랄이 풍부하게 들어 있어 장에 대해 좋은 효과를 나타내기 때문에 오래 전부터 영양식품이나 다이어트 식품, 갑상선 질환의 치료에 이용되어 왔다. 최근에는 피부에 미치는 해초의 효과에 대한 연구가 활발히 진행되고 있는데 해초는 피지선의 피지분비를 조절하고 풍부한 미네랄을 보충하여 피부에 영양을 공급해주고 상처 치유를 도와준다. 특히 뛰어난 보습력으로 피부의 탄력과 투명성을 유지하는 데에 효과를 나타내기 때문에 피부미용에도 좋은 효과를 나타내는 것으로 알려져 있다. 또 해초의 피부 진정 작용과 상처 치유력, 보습 작용 때문에 기존의 화학 박피에 비해 치료 후 회복이 빠르며 더 좋은 효과를 나타내고 있다. 각질이 무리함 없이 정돈되어 일상생활에 지장을 느끼지 않고 세안이나 메이크업도 바로 가능하며 각질 탈락으로 인한 부담이 적어 호응이 높은 관리 방법이다.

(1) 해초박피가 필요한 피부와 시술방법

여드름, 잔주름, 잡티, 기미, 늘어난 모공, 여드름 흉터, 노화된 피부, 두껍고 칙칙한 피부 등이다.

*** 해초박피 시술방법**

① 100% 천연 해초효소를 특수한 용액에 개어 피부에 도포한다.
② 약 10분 정도 해초 용액을 얼굴에서 마사지 한다.
③ 표피의 각질이 자연스럽게 탈피된다.
④ 각질 유연제 및 진정 마스크로 피부를 진정시킨다.

(2) 효과

멜라닌 형성을 억제하고 콜라겐 형성을 촉진시키기 때문에 기미, 주근깨, 잡티 제거와 잔주름 완화에 효과가 있다.

(3) 해초분말을 사용한 스케일링 종류

① 얇은 해초 스케일링

세안, 메이크업이 가능하며 일상생활에 지장이 없고 가볍게 각질을 정돈해 준다.

② 일반 해초 스케일링

해초 스케일링 시술시 해초파우더를 첨가함으로써 얕은 해초 스케일링보다 좀 더 강도가 강한 관리 방법이다.

③ 해초 부분 스케일링

해초 스케일링 후에 만족하지 못한 부위 또는 문제성 피부 부위를 가볍게 부분적으로 관리하는 방법이다.

2) 클레이 트리트먼트(Clay treatment)

클레이란 땅 속에서 채취한 점토이다. 미네랄 성분을 다량 함유하고 있는 지구가 피부에 안겨준 선물이다. 다양한 색깔의 클레이가 있지만 그것은 함유한 미네랄 성분의 차이 때문이며, 대부분 자연색 그대로이다. 클레이에 함유된 활발한 유효성분은 피부에 잘 흡수되기 때문에 바르기만 하면 노폐물과 불필요한 피지가 사라지고 곧바로 혈액순환이 좋아져 매끈하고 건강한 피부가 된다.

(1) 클레이의 종류

① 옐로우 클레이 : 지성피부, 여드름 피부에 적합하다. 여드름이 심할 때는 물에 조금 타서 세안하면 좋다. 그을린 피부에도 효과적이다.

② 블루 클레이 : 미백효과가 있다. 효능이 강해 비누에 첨가하는 경우가 많다. 소량을 화이트 클레이나 핑크 클레이와 섞어서 사용하면 좋다.

③ 레드 클레이 : 철분과 유분을 많이 함유하고 있으며 피부에 윤기를 주어 건강하게 만든다. 노화, 피부건조, 두피에 효과적이다.

④ 로즈 클레이 : 레드와 화이트를 혼합한 것으로 얼굴이나 몸에 폭넓게 사용한다. 자극이 적어 민감한 피부에도 좋다.

⑤ 오렌지 클레이 : 피부 상태에 관계없이 사용할 수 있는 클레이로 몸은 물론 두피 케어에도 이용한다. 기미, 주근깨 등 노화에 효과적이다.

⑥ 화이트 클레이 : 일반적으로 많이 사용하는 클레이이다. 피부에 자극이 적어 건조하고 민감한 피부에 적합하다. 모공의 노폐물을 깨끗이 제거한다.

⑦ 그린 클레이 : 효능이 강한 클레이지만 피부미용에 가장 많이 사용하고 있다. 지성피부, 여드름 피부에 좋다.

⑧ 핑크 클레이 : 보디 파우더나 바스트 케어 등에도 사용한다. 여드름 피부에도 효과가 있다. 또한 자극이 적어 민감한 피부에도 좋다.

(2) 클레이의 이용방법

① 클레이 팩

클레이를 물에 녹여 얼굴에 바르기만 해도 팩이 되지만 마르는 것을 늦춰서 미네랄 성분이 충분히 스며들게 하려면 요구르트나 꿀을 섞는 것이 효과적이다. 클레이 팩은 피부의 자극을 완화시키는 역할도 한다.

② 클레이 바스

욕조에 클레이를 한 움큼 집어넣고, 미지근한 물에 얼마동안 들어가 있으면 클레이의 유효성분이 차츰 몸속에 침투하여 피부가 매끈해지고 동시에 몸 상태가 정리되어 활력이 넘친다.

③ 클레이 비누

비누를 만들 때 클레이를 넣으면 클레이 비누가 된다. 세안 비누로 사용하면 모공의 노폐물을 제거하여 칙칙함을 예방하기 때문에 피부색이 밝아진다. 내재되어 있는 피부 트러블까지 잡아주어 피부가 한층 더 투명하고 건강해진다. 미네랄 성분이 외부 자극을 진정시키고 피부 노폐물 등을 흡수한다. 뾰루지, 홍조, 벌레물림, 기저귀 발진 등을 진정시키고 건강하게 해준다.

3) 머드 트리트먼트(Mud treatment)

머드는 천연 미네랄과 각종 유효성분이 다량 함유되어 있으며, 무기성분과 유기복합물질 등 광물질이 풍부하다. 머드는 탄소, 질소, 인, 유황, 철, 규산화합물 등 수많은 무기물질과 미량원소들, 유기물, 프롤란, 에스트로겐 등 호르몬 유사물질이 들어 있을 뿐만 아니라 티아민, 아스코르빈산, 엽산, 비타민B12, 리보플라민 등과 같은 비타민류가 함유되어 있다.

(1) 머드가 피부에 주는 효과

일반적으로 머드는 항염증 작용, 물질대사의 촉진, 세포, 조직, 신경의 성장 및 재생촉진, 면역기능, 진통작용, 호르몬 기능 촉진 등의 다양한 작용을 한다.

① 칼슘(Calcium) : 세포막의 투과성 조절, 신경흥분 억제 및 스트레스 억제 작용을 한다.
② 칼륨(Potassium): 삼투압 조절과 스트레스 억제작용으로 피부 진정작용을 한다.
③ 철(Fe): 산소와 결합, 조직에 산소를 운반하며 콜라겐 결합에도 작용한다.
④ 게르마늄(Ge) : 피부 수축작용을 한다.

⑤ 나트륨(Sodium) : 삼투압을 조절하여 피부의 노폐물은 밖으로 내보내 주고 여러 영양분들이 피부 깊숙이 침투할 수 있도록 도와주며 근육의 탄력을 유지시키고, 수분 균형을 유지하여 준다.
⑥ 규소(Si) : 모공 속에 있는 노폐물과 과다하게 배출되는 피지를 제거하는데 좋은 효과를 나타낸다.
⑦ 산소() : 피부세포 호흡작용에 도움을 준다.
⑧ 알루미늄(Al) : 화장품의 주원료 중 하나로 혈액순환을 촉진하는 작용을 한다.

음이온 혈액 중에 미네랄 성분인 칼슘, 나트륨, 칼륨 등의 이온화율을 상승시켜 알칼리화의 진행을 통해 혈액을 정화해 주기도 한다. 또한 머드는 흡착력이 뛰어나 머드가 마른 후에 닦아낼 때 피부의 노폐물들과 각질들이 흡착되어 닦이게 된다. 이로서 피부재생을 도와주고 모공이 막혀 생기는 여드름이나 뾰루지를 예방할 수 있다. 또한 머드가 마르면서 형성된 막으로 인해 피부에 열이 발생하고, 이 열이 모세혈관을 자극하여 혈액순환을 원활하게 해준다.

(2) 머드 사용시 주의사항

머드는 자연 상태 그대로 있는 것을 사용할 경우 염분과 각종 세균 때문에 피부에 자극이 되거나 트러블을 일으킬 수 있으므로 자연 상태의 머드를 사용하기 보다는 화장품으로 만들어진 형태의 머드를 사용할 것을 권장한다.

제품으로 나온 머드팩은 머드만 100%로 되어 있는 경우 피부를 지나치게 건조시킬 수 있기 때문에 100% 머드는 거의 없다. 따라서 머드와 크림형상을 배합한 페이스트 형태의 팩이 대부분이다. 머드함량이 많은 제품은 지성 및 여드름 피부가 사용하면 좋고, 머드보다 크림함량이 많은 제품은 건성피부가 사용하면 좋다. 올바르게 선택했다고 하더라도 피부가 건조하고 예민한 사람의 경우는 주 1회를 넘지 않는 것이 좋으며 머드팩을 바른 후 10분에서 15분을 넘기지 않는 것이 좋다. 머드의 흡착력이 오히려 자극이 되어 과다하게 피지를 제거하여 피부가 자극을 받을 수도 있기 때문이다 또한 머드팩을 닦을 때도 피부에 자극이 가지 않도록 부드럽게 가볍게 문질러 닦아 주는 것이 좋고 흡착력이 강해 피부에 남아 모공을 막는 또 다른 원인이 될 수 있기 때문이 깨끗이 제거하도록 해야 한다.

4) 시워드(Seaweed)

일반적으로 전신해초 관리로 마스크 등을 한다면 전신에 혈액 순환촉진과 독소 제거, 피부의 유연화, 정신적인 안정감을 전달하는 것이 목표이다. 각질제거나 첨가물 등이 피부를 더욱 부드럽게 할 수 있다. 트리트먼트의 빈도가 개인차에 따라 효과가 다르게 나타날 수 있으나 일반적으로 주1회 관리로 4~6주 관리가 권장된다.

5) 알개(Algae)

알개는 바닷물이나 담수, 물표면, 나무나 바위에서 보통 자라는 식물을 말한다. 알개는 풀이 아니지만 지구상 그 어떤 식물군보다 광범위한 지역에 분포한다. 약 25,000종류가 있으며 크기는 엄지손톱의 20만분의 1의 작은 것부터 60미터나 되는 큭 것 까지 다양하다. 화장품에 가장 많이 쓰이는 켈프와 다른 산업에서 쓰이는 큰 브라운 알개는 30미터까지 자란다. 알개는 보통 음식이나 화장품 산업에 이용된다.

(1) 알개의 4가지 구분

① 클로로피타 : 그린(녹조류)

피부탄력, 순환촉진, 보습, 세포재생에 효과가 있으며, 식용의 파래속, 우산말, 할리메다 등이 있다.

② 시아노피타 : 블루-그린(청녹조류)

신진대사를 촉진하는 비타민 A, B, C, D, E를 풍부하게 함유하고 있다. 그 중에 스피룰리나는 미네랄 함량이 매우 높아 식품보조제와 화장품에 쓰인다.

③ 파에오피타 : 브라운(갈조류)

신진대사 촉진, 세포재생, 독소 배출 등에 도움을 준다. 식품 및 화장품 산업 등에 이용되며 높은 칼륨과 요오드가 함유되어 있다. 다시마로 불리는 라미나리아, 바다의 양배추라 불리는 네레오키스티스, 요오드 함량이 많은 푸쿠스, 사가숨, 성장을 촉진시키는 클로렐라 등이 있다.

④ 로도피타 : 레드(홍조류)

다른 종류와 혼합해서 안정제, 필터, 윤활제 등에 역할을 한다. 요오드가 풍부하여 젤라틴 질이다. 78종 이상이며 주로 젤리에 사용된다.

에스테틱 분야에서는 알개를 다양하게 혼합하여 제조사의 제품의 기능, 트리트먼트 방법에 따라 여러 가지 용도로 사용하고 있다.

(2) 알개 바디 랩(Algae Body wrap) 관리

바디 트러블 및 노폐물 케어와 피부에 도움을 주는 알개 바디 랩은 각종 환경오염과 기타 원인 등으로 인해 칙칙한 피부 및 바디트러블에 적용한다.

① 풍부한 해조 알개 성분과 해조 미네랄 성분으로 칙칙하고 늘어진 피부에 풍부한 수분과 영양을 공급한다.
② 정체된 노폐물의 배출로 바디 트러블 케어를 도와준다
③ 각종 갈조류 계열의 알개 추출물이 피부에 충분한 보습과 함께 디톡스 케어의 효율을 높여줍니다.
④ 성분은 리소담니움 칼카레움 추출물, 푸쿠스 베시쿨로서스 추출물 등이다.

(3) 사용순서

① 각질 케어 후 온 습포를 이용하여 깨끗이 닦아 준다.
② 바디 오일 또는 마사지 크림을 이용하여 바디 마사지를 해준다.
③ 따뜻한 온 습포 또는 스펀지를 이용하여 마사지 오일 또는 크림을 한다.
④ 바디 젤 또는 바디 앰플을 적용 부위에 도포한 후 거즈를 깔고 바디 랩을 미온수와 혼합하여 적용 부위에 도포한다.
⑤ 20~30분 적용 후, 효율적인 케어를 위해 전용 랩 또는 호일을 이용한다.

복부 케어 시에는 배꼽을 중심으로 배꼽을 제외한 나머지 부위에 도포한다. 등 부위 케어 시에는 뭉치기 쉬운 어깨 및 척추 라인을 기준으로 'T'자로 도포하여 준다.

6) 파라핀

파라핀은 탄화수소의 고형복합체로 석유, 나무, 석탄 등에서 얻는 물질로 초와 크레용 등의 원료 물질이기도 하며, 화장품에서는 밀랍(Bees wax)의 대체물질로 사용되기도 한다. 파라핀은 화학적으로 대단히 안정적인 것이 특징이며 상온에서는 흰색의 반투명한 고체 형태로 존재하고, 45~65℃에서는 액체 상태로 따뜻함을 유지하는 특징을 가지고 있다. 파라핀 케어는 열을 이용하는 온열요법(Thermo Therapy)의 일종으로 경직된 근육의 이완을 돕는 것은 물론 피부 순환을 원활하게 하여 피로감과 통증을 해소할 수 있다.

에스테틱에서는 온열요법의 효과를 얻기 위해 적외선램프, 석고 마스크, 온습포, 스티머, 사우나 등을 이용한다. 온열작용으로 피부 온도를 높여 피부 순환을 원활하게 만들어주며 피부에 보습과 영양성분이 더 많이 전달될 수 있도록 도움을 준다. 즉, 피부 표면과 피부 내부에 동시에 작용하여 메마르고 거칠어진 피부, 피부순환이 원활하지 못한 피부가 좋아질 수 있는 조건을 만들어 주는데 효과적인 트리트먼트 방법이다.

파라핀 케어는 우리 신체 부위에 다양하게 응용할 수 있다. 손이나 발의 경우 다른 부위에 비하여 작은 근육과 인대로 많이 구성되어 있으며 많이 사용하는 만큼 피로와 경직

증상을 많이 느끼게 된다. 파라핀 케어를 적용하면 온열작용으로 근육과 인대가 이완되어, 부드럽게 되는 효과가 있으며 피부순환 촉진으로 피부 온도가 높아지고 피로 회복과 상처 치유에 도움을 준다.

(1) 손 관리(Hand Care)

혈액순환을 촉진시켜 손을 따뜻하게 해주고, 손이 저리는 증상 완화에도 도움을 주며, 거칠어지고 튼 손을 촉촉하고 매끄럽게 가꿔주며, 약해진 손톱에 코팅 효과를 주어 손톱을 건강하게 해주고, 슬리밍 제품의 흡수와 지방 연소를 돕고 경직된 근육을 이완시켜 굵은 팔 관리에도 효과적이다.

(2) 발 관리(Foot Care)

혈액순환을 원활하게 해 주어 붓고 저린 발에 효과적이며, 딱딱한 굳은살 부위를 부드럽게 해주어 굳은살을 보다 쉽게 관리할 수 있고, 근육의 이완을 도와 발의 피로감을 해소해 준다.

(3) 복부 및 가슴 관리(Abdomen & Breast Care)

온열감을 주어 피부의 순환을 촉진하여 비만 관리 제품과 가슴 관리 제품 사용 시 효과적이며, 복부 및 가슴의 경직된 부위를 이완시켜 마사지 후 시너지 효과를 줄 수 있다.

(4) 얼굴 관리(Face Care)

피부 온도를 높여 순환을 촉진시켜 모공을 열어주어, 노폐물을 제거 및 영양 제품의 흡수를 도와 보습과 영양 공급하여 피부를 건강하게 가꿔줄 수 있게 한다.

(5) 파라핀 케어를 위한 준비

① 파라핀 워머(Paraffin Warmer): 고형 파라핀을 녹이는 전기기기
② 파라핀 왁스
③ 일회용 비닐 팩
④ 손 · 발 관리용 커버 및 수건
⑤ 로션, 크림, 슬리밍 제품

(6) 파라핀 케어 순서

① 파라핀 왁스를 파라핀 워머에 넣고 전원을 연결한 후 스위치를 켠 다음 파라핀이 완전히 액체가 될 때까지 기다린다. 약 4시간 정도 소요된다.

② 클렌징과 세안으로 피부 노폐물과 묵은 각질을 제거한다.

③ 로션이나 크림으로 가볍게 마사지를 하여 경직된 피부와 근육을 부드럽게 이완시켜 준다.

④ 손이나 발의 경우 물기가 없는 상태로 따뜻한 파라핀 액에 약 1~2초 정도 담갔다 뺀 후 4~5초 정도 식힌다. 이런 동작을 4~5회 정도 반복한다. 얼굴과 복부 및 가슴의 경우 브러시를 이용하여 도포한다. 특히 얼굴에 적용할 화상을 예방하기 위해 수분 크림을 두텁게 펴 바른다. 눈과 입술 주변에는 화장솜을 대고, 마른 거즈로 피부를 덮는다.

⑤ 손이나 발의 경우 보온과 깔끔함을 위해 일회용 비닐 팩을 씌우고 그 위에 덮개를 씌우면 더욱 효과적이다.

⑥ 15분 정도 후 굳어진 파라핀을 부드럽게 제거한 후 자극적인 관리는 피하고 스프레이 토너, 로션, 크림 등으로 마무리해 준다.

제3장 경락과 전신지압요법

1. 경락의 개요

경락(經絡)은 인체의 기, 혈, 진액이 운행하는 주요 통로이며, 인체의 각 장부와 사지, 관절을 서로 연결하는 길이다. 즉 경락은 인체의 연결, 반응 조절계통으로, 고유의 연락체계를 형성하여 각종 장부 조직, 기관, 피부 및 모발, 근육, 골격 등의 조직과 소통 및 연결시켜, 인체의 생리와 병리, 질병의 진단과 치료에 중요한 근거가 된다.

경락(經絡)은 경맥(經脈)과 낙맥(絡脈)의 총칭으로서 십이경맥(經脈), 십이경별(經別), 십이경근(經筋), 기경팔맥(奇經八脈), 십오별락(別絡), 손락(孫絡), 부탁(浮絡), 혈락(血絡)을 포괄적으로 포함하고 있다.

경락은 기혈을 유통시키는 작용을 수행함에 있어서 고유한 특징을 가지고 있으며 인체가 정상적인 환경에 있을 때는 규칙적인 자기의 역할을 수행하지만, 인체에 병변이 발생하면 해당 계통의 경락에 증후가 반영된다. 특정 부위에 통증(痛症), 냉감(冷感), 경결(硬結), 함몰(陷沒) 등의 이상이 나타나게 된다. 그러므로 인체의 생리와 병리, 질병의 발생과 진단과 치료에서, 경락이 매우 중요한 부분이다.

2. 경락의 구성과 유주

경(經)과 낙(絡)은 하나의 이름으로 불리어지나, 경(經)은 팔, 다리, 몸통, 뇌 등 심층의 일정 부위에 분포하는 큰 지맥을 의미하며 간선으로서 곧게 가는 선이며, 낙(絡)은 경에서 갈라진 지맥으로서 그물과 같이 선 사이를 서로 연락하는 것이다. 경락은 인체 내의 경맥과 낙맥을 총칭하는 말로 전신의 기혈(氣血)을 운행하고 각 부분을 조절하는 통로이다.

표 3-1 경락의 구성

경락(經絡)	경맥(經脈)	십이경맥(十二經脈)
		십이경별(十二經別)
		기경팔맥(奇經八脈)
	낙맥(絡脈)	십오락맥(十五絡脈)
		손락맥(孫絡脈)
		부락맥(浮絡脈)
		혈락맥(血絡脈)

1) 경맥(經脈)의 구성

경맥은 십이경맥(十二經脈), 십이경별(十二經別), 기경팔맥(奇經八脈)의 세 종류로 구성되어 있으며, 십이경근(十二經筋), 십이피부(十二皮部)를 포괄적으로 포함한다.

(1) 십이경맥(十二經脈)

십이경맥은 심부(深部)에 고루 분포하고 종횡으로 순행하는 경맥이다. 십이경맥은 오장육부인 장부의 이름을 붙여 명명하고 있으며 십이정경맥(十二正經脈)이라고 불려진다. 정경(正經)은 수, 족 삼음경(三陰)과 수, 족 삼양경(三陽)의 12개가 있어 "십이경맥"이라 한다. 십이경맥은 좌우대칭이며 팔에 분포하는 경맥을 수삼음, 수삼양이라 하며, 다리에 분포하는 경맥을 족삼음, 족삼양이라 한다. 삼음은 태음(太陰), 소음(少陰), 궐음(厥陰)이며, 삼양은 태양(太陽), 양명(陽明), 소양(少陽)이다. 이것을 장부와 결합하면 수태음폐경(手太陰肺經), 수양명대장경(手陽明大腸經), 족양명위경(足陽明胃經), 족태음비경(足太陰脾經), 수소음심경(手少陰心經),수태양소장경(手太陽小腸經), 족태양방광경(足太陽膀胱經), 족소음신경(足少陰腎經), 수궐음심포경(手厥陰心包經), 수소양삼초경(手少陽三焦經), 족소양담경(足少陽膽經), 족궐음간경(足厥陰肝經)의 십이경맥이다.

(2) 십이경별(十二經別)

십이경별은 십이경맥에서 갈라져 나온 지맥(支脈)으로 십이경맥과 낙맥과는 다른 경로의 혈맥으로 별행(別行)하는 정경(正經)이라 하여 경별(經別)이라 불려진다.

표 3-2 십이정경(十二正經脈)의 음, 양경에 따른 분류

십이정경(十二正經脈)	육양경(六陽經)	수삼양경(手三陽經)	수양명대장경(手陽明大腸經)
			수소양삼초경(手少陽三焦經)
			수태양소장경(手太陽小腸經)
		족삼양경(足三陽經)	족양명위경(足陽明胃經)
			족소양담경(足少陽膽經)
			족태양방광경(足太陽膀胱經)
	육음경(六陰經)	수삼음경(手三陰經)	수태음폐경(手太陰肺經)
			수궐음심포경(手厥陰心包經)
			수소음심경(手少陰心經)
		족삼음경(足三陰經)	족태음비경(足太陰脾經)
			족궐음간경(足厥陰肝經)
			족소음신경(足少陰腎經)

(3) 기경팔맥(奇經八脈)

십이경맥 이외의 별다른 길의 경맥으로, 인체의 정중선을 유주하는 독맥(督脈), 임맥(任脈), 충맥(衝脈), 대맥(帶脈), 양교맥(陽蹻脈), 음교맥(陰蹻脈), 양유맥(陽維脈), 음유맥(陰維脈)의 8개가 있다.

독맥(督脈)은 머리, 목 등의 정중선을 순행하여 전신의 양경(陽經)을 총괄하며, 임맥(任脈)은 목, 가슴, 배의 정중선을 순행하여 전신의 음경(陰經)을 총괄한다. 충맥(衝脈)의 순환 경로는 밑에서 위로 올라가기만 하고 바로 십이경맥의 주요한 길목에 있다. 대맥(帶脈)은 12늑골 밑에 허리를 돌아가면서 음양의 여러 경을 구속한다. 양교(陽蹻) 음교(陰蹻)의 교(蹻)자는 민첩하다는 뜻이며 또 발뒤축이라는 뜻이 포함되어 있다. 이 두 맥은 다 발뒤축의 양쪽에서 시작하여 한 가닥은 안쪽으로부터 올라가는데 이것을 음교라 하고 바깥쪽으로부터 올라가는 것을 양교라 한다. 음유(陰維)는 모든 음경맥(陰經脈)을 연락 조절하고, 양유(陽維)는 모든 양경맥(陽經脈)을 연락 조절하여 기혈(氣血)의 운행(運行)에 작용(作用)을 한다. 십이정경과 임맥, 독맥을 합쳐 십사정경이라 부르기도 한다.

2) 낙맥(絡脈)의 구성

낙맥(絡脈)은 인체의 얕은 체표에 사행으로 유주하는 경맥의 작은 분지로, 십오낙맥(十五絡脈), 부락(浮絡), 손락(孫絡), 혈락(血絡)으로 구성되며, 별락(別絡)이라고 불려진다. 십오낙맥(十五絡脈)은 십이경맥(十二經脈), 독맥(督脈), 임맥(任脈), 별락 비경(脾經)의 대포락(大包絡)을 합하여 십오낙맥(十五絡脈)이라 한다. 낙맥의 역할은 주로 표리관계에 있는 음경과 양경의 경맥간의 연계체계를 강화시켜주는 역할을 한다. 부락(浮絡)은 낙맥이 체표에 떠 있는 것으로, 넓게 분포해서 경맥과 체표를 소통시킨다. 부락 가운데 피부로 노출된 작은 혈관을 혈락(血絡)이라고 한다. 손락(孫絡)은 낙맥에서 갈라져나간 가장 작은 가지로, 기혈을 운행시키고 영위를 통하게 하는 작용이 있다.

3) 십이경맥의 유주순서

십이경맥의 유주순서는 복부의 중초에서 흉부인 폐로 상행하고, 수태음폐경맥에서 시작하게 되며 수양명대장경, 족양명위경, 족태음비경, 수소음심경, 수태양소장경, 족태양방광경, 족소음신경, 수궐음심포경, 수소양삼초경, 족소양담경, 족궐음간경 순으로 유주하여 폐경맥으로 다시 오게 된다.

표 3-3 십이경맥의 순행

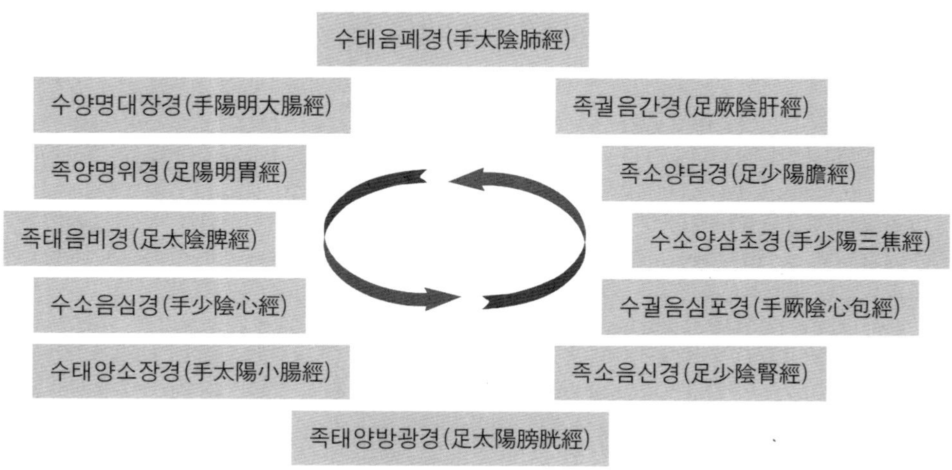

3. 경락의 기능

경락의 기능은 표리상하를 소통시켜 장부와 조직을 연결하고, 기혈을 은행하며, 병사의 침입이나 기타 자극을 전달하고, 인체의 이상을 감지 및 반영하며, 인체 각 부분의 기능을 조절하는 것 등이다.

1) 생리적 작용

12경맥을 비롯하여 15낙맥, 12경별, 기경 8맥, 경근과 전신의 손가락 등이 한 개의 통일체를 이루어 안으로는 5장 6부, 밖으로는 사지(四肢), 백해(百骸), 근(筋), 골(骨), 피부(皮膚), 육(肉), 귀(耳), 눈(目), 입(口), 코(鼻), 혀(舌) 등 생체의 각 부분, 그리고 장(臟)과 장, 장(臟)과 부(腑), 장(臟)과 오관(五官), 사지와 구간(軀幹) 사이를 순행하여 이를 이어주며, 일체적인 균형을 유지하고 전신에 영양을 공급하여 병사(病邪)를 막아 내며 건강을 유지하게 하는 작용을 한다.

2) 병리적 작용

기혈은 경락을 통하여 온몸에 수송된다. 그리고 인체의 조직과 기관은 기혈의 작용을 통해서 정상적인 생리활동을 유지하며, 외사(外邪)의 침입을 방어하여 인체를 보호한다. 외사(外邪)가 인체에 침습할 때에 경락의 기가 자기의 기능을 상실하여 모든 질병을 제때에 막아내지 못한다면 경락의 통로를 통하여 직접 내장으로 들어가 이증(裏症)이 나타나며, 병발(病發) 혹은 경락에 후유 증상이 나타나게 된다. 경락은 인체 각 부분의 기능활동에 대하여 상대적 평형과 협조를 유지하는 작용을 한다.

3) 진단에서의 작용

경락은 병사(病邪)의 침입이나 침구 자극 등을 전달하는 작용이 있으며 이를 '경락 감응전달 현상'이라고 한다. 경락 감응전달 현상은 혈자리에 자극이 가해졌을 때, 인체에 발생하는 시큰거림, 마비증상, 묵직하거나, 붓는 등의 감각이 경맥의 순행노선을 따라 전해지거나 퍼지는 현상을 말한다. 자각 증상과 타각 증상에 따라 하나의 경맥 혹은 몇 개 경맥의 병변을 판단할 수 있다. 그러나 경맥이 동일한 부위에서 동일한 증상이 나타날 수 있으므로 주의를 요한다.

4) 치료에서의 작용

경락은 인체의 질병 발생에 대하여 연결된 부위에 이상변화를 반영한다. 특히 체표부위의 이상 현상을 반응점, 압통점 또는 과민점이라고 한다. 이런 체표 반응점은 질병 진단과 침구 치료에 쓰는 혈자리이다. 인체는 한열(寒熱), 온냉(溫冷), 기계 및 전, 자기적 자극과 약물의 자극에 의한 내적 자극 등에 의하여 반응을 일으킨다. 이러한 반응현상은 병을 치료함에 있어서 약물이나 침구 요법은 물론이고 경락은 중요한 단서를 제공하고 있다.

경락의 목적은 경혈을 통하여 각종의 병적 변화를 조절하는 데 있다. 그러므로 경혈은 본경 혹은 여러 경의 경기가 모여 있는 곳이 있기 때문에 경혈을 통하여 경락의 기를 유통시켜 국부에서부터 원격 부위로 전신에 이르게 하여 질병을 치유할 수 있다.

경락이 인체의 생리기능과 발병 기전에 중요한 의의가 있을 뿐만 아니라 진단과 치료에 있어서도 중요하다. 그러므로 경락은 모든 병리치료법, 처방, 약물 등에 총괄해서 경락학설을 이해하여야 더욱 효과적인 치료 결과를 볼 수 있다.

4. 경혈의 개요

인체 내부 장기에 병적 변화가 일어났을 때 그 장기에 해당하는 일부의 경락 계통에는 병리 반응이 나타나게 되는데, 동양의학에서는 내장 장기와 일부 경맥이 연계되어 오장육부에 해당하는 그 반응이 경락선에서 반응이 더욱 현저하게 나타나는 일정한 점을 경혈이라고 한다. 혈위(穴位), 공혈(孔穴), 수혈(腧穴), 유혈(兪穴)이라 부르기도 한다. 내장 장기에 병이 있을 때 해당되는 경혈을 누르면 그 경혈은 손끝에 만져지는 감각이 다르며 환자는 압통을 느끼며, 건강한 부위와는 다른 감촉을 느끼게 된다. 이와 같이 경혈은 맥기운이 모이는 부위이며 침과 뜸을 실시하는 부위이다. 이는 인체의 내장 장기 기운이 통하는 경락의 기운이 모이며 수송되고 주입되는 곳이기 때문이다.

1) 경혈(經穴)

경혈은 14경락 계통에 속한 수혈을 말한다. 〈동의보감〉, 〈침구 경험방〉에서는 365혈이라 하였고, 〈침구대성〉에서는 359혈, 소문, 14경 발휘, 갑을경에서는 354혈로 기록되어 있다.

2) 경외기혈

(1) 기혈(奇穴)

"동의보감"에서는 "영추와 내경에 나와 있지 않으므로 기혈이다"라고 하였다. 임상에서 독특한 효과가 있는 혈을 말하며 14경락의 계통에 속하지 않으며, 경혈의 보완역할을 할 수 있는 비방혈로 알려져 있다.

(2) 아시혈(阿是穴)

아시혈은 인체의 국소부위에 민감한 반응을 나타내는 압통점을 말한다. 이것은 천응혈(天膺穴), 통응혈(痛膺穴), 부정혈(不定穴)이라고도 한다. 즉 아픈 부위에 혈을 정하고 침과 뜸을 실시하는 곳을 아시혈이라고 한다. 이것은 고정된 혈 위치가 있는 것이 아니라 아픈 부위가 있는 데를 혈위로 하는 것이다. 인체 부위 중에 몹시 아픈 통증을 유발하거나 시큰거림 또는 근의 경직감을 나타나는 곳으로 침이나 뜸을 하면 병증에 대한 치유 효과가 있다고 하여 임상적으로 널리 상용된다. 아시혈의 특징은 일정 부위의 유주 경로가 없고 대락, 별락, 손락과 연계함으로서 경락의 흐름을 보완하는 역할을 한다.

3) 경혈(經穴)의 기능

기혈의 소통하는 곳으로 경맥과 낙맥이 관통하는 부위이며, 경맥의 기혈은 경혈을 통해 만나 소통하여 신체를 하나의 유기체로 구성한다. 질병의 반응이 나타나는 곳이기도 하다. 경락과 경혈은 장부, 조직, 기관과 연계되어 있어서 질병이 생기면 해당 경혈 부위에 이상 반응이 나타난다. 또한 질병을 예방하고 치료하는 곳이다. 경혈은 인체 내부의 병변에 대한 반응도 나타나지만 역으로 인위적인 외부 자극에 의해서도 생리, 병리적 반응을 하기 때문에 경혈을 통해 기혈을 조절하여 정기(正氣)를 돕고, 사기(邪氣)를 없애 질병을 치료나 예방한다.

4) 경혈의 작용

경혈은 일정한 경락이 순행하는 계통에 분포되어 있기 때문에 그의 작용은 경락의 기능과 밀접한 관계를 가지고 있다. 침구 요법은 이 특징을 기반으로 경락과 장부의 기능을 조절, 치료, 예방의 목적을 달성할 수 있다. 경혈은 각기 위치한 부위와 연계인근 조직과 기관의 병증을 치료 할 수 있다. 예를 들면 눈부의의 정명, 승읍, 사백혈은 모두 눈병을 치료하고, 귀부위의 청궁, 청회, 예풍혈은 귓병을 치료하며, 위부위의 중완, 건리, 양문혈은 위병을 치료한다. 또한 국소 통락(局所通洛)작용으로 혈을 중심으로 한 한정된 부위의 기혈(氣穴)을 잘 소통시키는 작용을 말한다. 혈의 중요성에 따라 국소의 범위가 달라진다. 특정 혈의 작용으로서 원거리 조절 및 2차성 작용 기능이 있다. 즉 경맥이 순환하는 먼 부위의 조직 기관장부의 병증도 치료하고 신체에 영향을 주는 작용을 한다. 특정한 혈만의 특별한 작용을 하는 기능도 있다.

5) 경혈의 주요혈

(1) 원혈(原穴)

질병에 대하여 강한 자연 치유력을 증가시키는 혈자리이다.

각 경에 있어서 삼초의 원기가 특히 강하고 현저하게 나타나는 곳으로서 삼초의 원기를 유도 및 북돋우는 경혈이다. 또한 내장 장기와 연관이 있는 혈자리이다.

(2) 낙혈(絡穴)

십이경맥에서 갈라져 나가 다른 경맥과 경맥 사이에서 연계를 가지므로 낙혈이라고 한다. 14경락에는 각각 1개씩의 낙혈이 있고 족태음 비경에는 대락혈(大絡穴)이 한 개 더 있어서 15낙혈로 되어 있다. 낙혈은 모두가 자기의 경락으로 부터 갈라져 나가 다른 경락과의 연계를 형성한 것이며 낙혈은 또한 병변이 발생하면 각각 그의 특징적인 병후를 나타낸다. 만성병에 잘 듣는 혈로서 한 경맥에서 다른 경맥으로 이동할 때 발기점이 되는 곳이며 경맥의 허(虛)와 실(實)에 따라 반응하며 보사(補瀉)의 대상이 되는 치료점이다.

(3) 극혈(隙穴)

극(隙)자를 쓰는 이 혈들은 근과 근 사이, 근막과 뼈 사이, 뼈와 뼈 사이 등 틈새에 위치하고 있다. 즉 극혈은 기혈이 깊이 모이는 곳이기 때문에 치료하는데 일부 특수한 효과가 있다. 대체로 급성질환에 잘 듣는 혈이다. 자침된 침 끝에 의하여 방전되는 전기적 정체의 해결 효과가 간극의 통로를 따라 먼 위치까지 전달되는 특징이 있다.

(4) 모혈(募穴)

모혈은 12경맥에 각각 1개씩 있으며, 위치는 대부분 상응되는 장부와 가까이 있어서 내장병의 진찰과 치료에 사용된다. 복부에 있어서 양병(陽病)에 잘 듣는 혈이며 미용적 변이의 원인을 진단하는 혈이다.

(5) 배유(背兪) 또는 배수

배유(배수)는 배부(背部)에 있는 5장 6부의 유혈이다. 즉 심유, 폐유, 간유, 신유, 비유 등인데 그 장이나 부의 경락의 기가 운반되어 흐르는 곳이다. 음병(陰病)에 잘 듣는 혈이며, 만성병에 주효하며, 특히 뜸 치료에 잘 듣는 혈이기도 하다.

(6) 교회혈(交會穴)

교회혈은 두 개 경맥이나 혹은 그 이상의 경맥이 교회하는 부위인데 전신에 약 90여 혈이 있어서 질병뿐만 아니라 그 교회하는 맥의 질병을 겸하여 치료할 수 있다.

(7) 팔맥교회혈(八脈交會穴)

사지부(四肢部에)서 기경팔맥(奇經八脈)을 통하는 8개의 혈위를 말한다. 통증을 제거하는 혈이다. 충맥은 공손혈, 음유맥은 내관혈로 심장, 위장, 흉부의 통증을 다스리는데 쓰인다. 독맥은 후계, 양교맥- 신맥 이 두혈은 시력저하, 결막염, 항간증, 어깨통증, 소장의 이상, 방광의 이상을 다스린다. 대맥은 임읍, 양유맥은 의관혈을 교회혈로 하여 편두통, 항간증, 어깨통증을 다스리는 데 쓰인다. 임맥은 열결, 음교맥은 조해혈을 다스려 호흡기질환, 인후염, 흉통을 다스려 효과를 본다.

6) 오수혈(五輸穴)

오수혈(五輸穴)이란 경락상의 경혈 중에서 특정한 오행의 성정이 강하게 나타나는 것을 각각의 오행으로 구분하고 구분된 오행의 기능을 의미 있게 표현한 것을 총칭하며 오수혈 또는 오행혈(五行穴)이라고도 한다. 즉 사지(四抜)의 말단(末端)에서 주관절과 슬관절로 향하여 정(井)·영(滎)·수(輸)·경(經)·합(合)으로 요혈(要穴)이 특정한 명칭 순으로 배열된 부위이다. 경기(經氣)가 경맥(經脈)의 순행과정에서 소경기(小經氣)에서 대경기(大經氣), 얕은 부위에서 깊은 부위로, 가까운 부위에서 먼 부위로 정(井), 영(滎), 수(輸), 경(經), 합(合)의 통과부위에 따라 변화하고, 그 작용도 구별되는 것을 명칭으로 표현한 것이다.

(1) 정혈(井穴)

맥기(脈氣)가 처음 솟아 나온다는 뜻이다. 수족의 조갑측이나 지단에 위치해 있다. 정혈은 거의 손끝, 발끝에 있으나 오직 용천혈만은 발바닥에 있다. 주치증으로는 급성열성질환, 정신질환, 구급질환 등을 응용할 수 있으며, 협심증의 발작심계항진, 심장쇠약, 정신홍분, 신경증, 신경통 등을 진정하는 데 효과적이며, 편도선염, 학질, 소아의 소화불량 신생식기계통의 질환소복부, 제질환, 병증에 관한 소화기계통 구급치료에 이용된다.

(2) 영혈(滎穴)

맥기(脈氣)가 번성해서 천천히 흐르는 상태로 즉 작은 수류가 되어 흐르는 정혈(井穴)보다는 맥기가 약간 큰 것을 표시한다. 영혈의 위치는 손가락이나 발가락의 근처에 있다. 주치증으로는 신열과 심(心), 화병, 발열을 다스리고, 학질, 인후종통 등에 효과가 있다.

(3) 수혈(輸穴)

맥기(脈氣)가 주입(注入)되는 곳, 즉 맥기주수(脈氣注輸)의 의미가 있다. 경맥 중의 맥기는 점차적으로 강성해져, 수혈(輸穴)은 수류가 관통하는 곳으로 맥기가 머물고 소통하는 역할을 한다. 수혈(輸穴)의 위치는 수관절과 족관절 부근에 있다. 주관절동통, 슬관절동통, 감기, 폐염의 발열, 신경통, 관절염 등을 다스린다.

(4) 경혈(經穴)

맥기(脈氣)가 통행(通行)하는 곳으로, 기가 왕성하여 큰물을 이루어 흐르는 것과 같다하여 경과(經過) 및 통행(通行)이란 의미를 가지고 있다. 경혈은 수관절이나 족관절의 손목과 발목 부근에 있다. 주치증으로는 인후두질환, 해수, 천식, 한열, 흉협통, 심통, 인후부등의 병증을 다스린다.

(5) 합혈(合穴)

맥기(脈氣)가 들어가 합쳐지는 것을 의미하는 것으로, 맥기(脈氣)가 장부로 들어가 제경과 회합하는 이유로 합(合)이라 한다. 합혈의 위치는 주관절과 슬관절의 부위에 있다. 주치증으로는 만성병의 치료에 좋으며 특히 소화기질환, 부통 그리고 이명, 방광염, 요도통, 위병, 장병, 담병, 심통 등을 다스린다.

7) 기타요혈

팔회혈, 사총혈, 팔회혈 및 사총혈을 수정 보완한 오요혈과 심요혈 등이 있다. 그 중에서 팔회혈은 장(臟), 부(腑), 근(筋), 수(髓), 혈(血), 골(骨) 맥(脈), 기(氣) 등이 만나는 부위로서 중요한 혈이다. 신체 조직을 8계통으로 구분하여 각 계통의 질환에 사용하면 뚜렷한 효과를 볼 수 있는 혈이다. 그것들을 열거하면 다음과 같다.

(1) 팔회혈(八會穴)

① 장회(臟會) : 장문(章門)

장회는 비의 모혈이다. 오장(간, 심, 비, 폐, 신)은 비에서 기를 받으므로 오장의 모든 병, 즉 흉격 및 간, 비, 신의 병증일 때 치료점이 된다.

② 부회(腑會) : 중완(中脘)

중완은 위의 모혈이다. 육부(담, 소장, 위, 대장, 방광, 삼초)는 위에서 기를 받기 때문에 육부의 모든 병증에 쓰인다.

③ 기회(氣會) : 전중(膻中)

전중은 심포의 모혈이다. 신경계 및 천식, 기울(노이로제) 등에 쓰인다.

④ 혈회(血會) : 격유(膈兪)

격유는 심장이나 혈액 등과 관련된 병증에 쓰인다.

⑤ 근회(筋會) : 양릉천(陽陵泉)

양릉천은 근육경련, 하지마비 등과 같은 근육 병증에 쓰인다.

⑥ 맥회(脈會) : 태연(太淵)

태연은 무맥증이나 심력쇠갈 등과 같은 맥박과 순환기 관련된 병증에 쓰인다.

⑦ 골회(骨會) : 대저(大杼)

대저는 척주병, 만성 소모열 등과 같은 골과 근육이 관련된 병증에 쓰인다.

⑧ 수회(髓會) : 현종(懸鍾)

현종(절골)은 하지골통이나 핍력(힘이 다 빠짐) 등과 같은 골수에 관련된 병증에 쓰인다.

5. 취혈법

경혈의 위치는 체표의 돌기나 함요부 등에서 몇 촌 상측 또는 하측 등으로 나타낸다. 이와 같이 정해진 경혈의 위치를 바르게 잡는 것을 취혈이라고 한다. 취혈을 정확하게 하려면 우선 바른 자세를 취하는 것이 중요하다. 취혈법에는 골도분촌법, 수지등신촌법, 구촌법, 목촌법 등이 있다.

1) 골도분촌법(骨度分寸法)

골도분촌법은 '영추' '골도편'에 기록되어 있는 촌법을 기준으로 여기에 쓰는 척도는 신체 각 부위의 길이가 남녀노소와 비수에 다라 모두 다르므로 보통 자로 잴 수는 없다. 신체의 부분을 일정한 표준 치수로 등분한 측량치로서 두 개의 관절간의 길이를 등분하여 표시한 것이다. 골도법의 단위는 촌, 푼으로 한다. 실제 임상에서 취혈할 때에는 골도분촌법을 기준으로 하면서도 해당 부위의 해부적 사항이나 반응 등을 손으로 만져 살펴야 한다.

표 3-4 골도 분촌법의 체표정위의 구분

신체부위	측량거리	촌(寸)	신체부위	측량거리	촌(寸)
두면부	전발제~후발제	12	배면부	제7경추돌기~견봉	7
	미심~전발제	3	외측부	액중~계늑	12
	대추~후발제	3	상지부	액횡문~주횡문	9
	좌우 유양돌기	9		완횡문~주횡문	12
	좌우 액발각간	9	하지부	대퇴골대전자~슬중	19
흉복부	좌우 유듀간	8		슬중~외과첨	16
	좌우 쇄골상와 중점간	8		치골상연~슬개골상연	18
	흉늑각사이~제중사이	8		경골내과하연~내과첨	13
	제중~치골연합상연	5		둔횡문~슬횡문	14
배면부	흉추극돌기~견갑내측연	3	발바닥	발바닥전체 길이	12

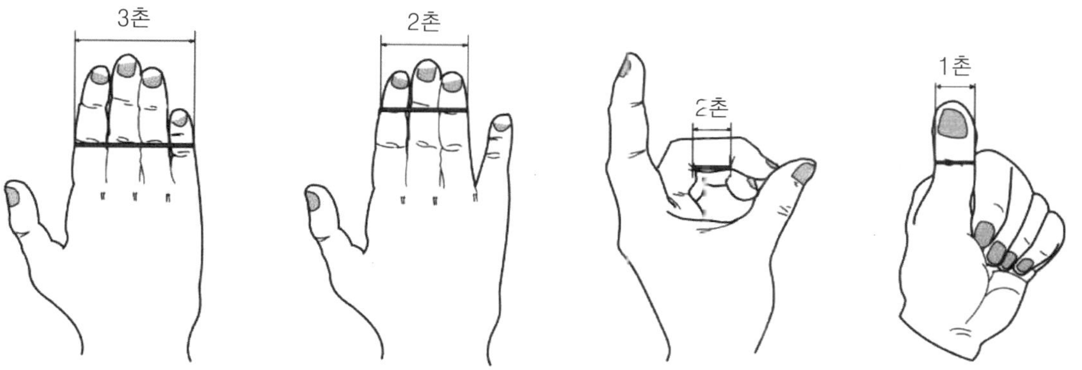

일부법(一不法) 3지(三指) 동신촌(同身寸) 중지(中指) 등신촌(同身寸) 모지 동신촌(同身寸)

그림 3-1 수지동신법

① 모지 말절의 횡경을 1촌으로 본다.
② 시지와 중지를 가지런히 했을 때, 그 2지 중절의 횡경을 1촌으로 본다.
③ 남자는 왼쪽, 여자는 오른쪽 중지 말절의 길이를 1촌으로 본다.
④ 가지런히 붙인 제2, 3 ,4지의 횡경을 2촌으로 본다.
⑤ 모지를 제외한 4지의 횡경을 3촌으로 본다.

2) 수지동신촌법(手指同身寸法)

수지동신촌법은 경혈을 정하는 데 있어서 신체 각 부위를 동일한 촌법. 즉 본인의 손가락으로 자기 몸의 촌법을 측정하기 때문에 수지동신촌법이라고 하였다.

3) 구촌법(口寸法)

좌우 구각의 거리를 1촌으로 하며 본인의 입술을 기준으로 가로길이에 해당하는 측량 방법을 말한다.

4) 목촌법(目寸法)

내안각과 외안각의 거리를 1촌으로 하며 자신의 눈 총 가로 길이를 기준으로 한 측량 방법을 말한다.

6. 경혈지압의 효과와 방법

1) 경혈(經穴)지압의 개요

맨손 요법인 지압은 인류 역사와 함께 전승 및 계승되어진 가장 원초적이며 본능적인 치유 요법으로서 심신의 기운을 회복하고 온몸의 에너지를 활성화시켜 질병을 치유 및 예방하는 기법으로 발달되어 왔다. 고대 이집트, 중국, 인디언 등에서 사용해온 전통적인 치유기법으로서 손과 발에 인체와 같은 구조의 반사점이 있다는 원리에 기반을 둔 것이다. 지압은 혈류를 개선하여 기운을 찾아주는 것으로 황제내경에 의하면 우리 인체에는 오장육부와 머리, 팔, 다리로 연결하는 기의 흐름이 있는데 음과 양장부가 서로 상관관계에 있으며 상생과 상극작용에 의해 에너지가 공급되며 생명이 유지되는데, 인간의 장부를 돌며 에너지를 공급하는 기(氣)의 통로를 경락(經絡)이라고 한다. 경락 내에서 에너지가 원만히 흐르고 있다면 건강한 것이나 어느 장부에 이상이 있으면 즉시 그 에너지의 흐름이 정체되는데 이와 같이 기(氣) 즉, 에너지의 흐름이 정체되면 그 이상이 경락의 해당 부위에 나타나게 되는데 그 부위에는 통증(痛症), 냉감(冷感), 경결(硬結), 함몰(陷沒) 등의 증상으로서 나타나는데 그곳이 경혈에 해당되는 곳이다.

그 경혈에 지압을 하게 되면 기의 과부족을 조절하게 되고 그 흐름을 원활하게 하여 다시 내장기능이 활발하게 움직이게 되어 몸의 이상이나 병변이 치유 및 개선된다는 것이다. 오늘날에는 365혈을 쓰고 있다. 또한 세계보건기구(WHO)에서는 361혈을 쓰고, 이것은 동양의학에 기초가 되고 있다. 서양에서는 마사지란 이름으로 전해져오고 동양에서는 정통적으로 침구나 탕약 외에 정골팔법(正骨八法)에서 분화된 각종의 수기치료법으로 접골(接骨), 안마(按摩), 추나(推拿) 등의 한방 외치법(外治法)이 전해져 오고 있다.

경혈지압요법이란 기구를 사용하지 않고 손만을 사용하여 우리 몸의 경락과 경혈점을 눌러서 건강을 유지, 증진시키며 질병을 치유하는 것이라 할 수 있다. 우리들 인간의 몸 표면에는 민감하게 자극을 내장에 전달하는 곳들이 많이 있는데 바로 체표에 자극을 전할 할 수 있는 장소가 경락상의 경혈인 것이다. 동양의 경혈 지압은 압 반응 및 압 반사라고 하는 압의 효과를 기대하는 물리적 생체 요법이라 할 수 있다. 침과 뜸에서는 경혈점 만을 중점적으로 기구를 사용하여 시술하는데 비하여 경혈지압은 전신요법으로서 경락 전체를 맨손으로 시술하고 증상에 따라서 부분시술을 하게 된다.

경혈지압의 특징은 다른 수기(手技)는 동적인데 비하여 정적인 것이 특징으로써 누르는 압이 내장과 근육 등 조직의 깊숙이 침투하도록 지속 및 간헐적인 압을 가하여 우리 몸이 가지고 있는 자연치유 능력을 이끌어 내어 치료 효과를 가져 올 수 있게 하는 것이 특징이다. 이와 같은 원리에 근대 의학의 해부학적 생리학적 근거에서 몸 표면에 제일 효과적인 경혈점을 각 부위마다 체계를 세운 것이 경혈 지압요법이라 할 수 있다. 지압요법이란 건강의 유지, 증진과 병의 치료를 위하여 손으로 체표에 압 자극을 가하여 전신의 기능과 형태를 정상으로 되돌리는 맨손 치유 요법인 것이다.

지압은 일반적으로 손가락으로 압력을 가하는 전통적인 치료기술이다. 이것은 육체적인 현란하고 교묘한 손놀림의 형태인 안마, 부드러운 마찰이나 두드리는 행위가 없으므로 서양의 마사지와는 매우 다른 형태이다. 그 대신에 누르기와 손, 발 등을 잡아당기는 기술이 사용되어진다. 지압은 인체의 경맥의 에너지 통로를 따라 있는 수백여개의 혈(穴)자리에 압력을 가하는 수단으로 손바닥, 엄지손가락, 손가락 관절, 팔꿈치, 무릎과 심지어 발까지도 사용한다. 중국에도 유사한 치료법인 침이나 경혈 지압법이 있다. 기본적으로 신체건강을 지키고 예방 및 치료 하는 수단인 지압은 간단하고 안전하며, 효과적일 뿐만 아니라 건강을 유지하기 위하여 활력을 증강시키고 기의 흐름과 균형을 돕는 역할을 한다.

지압 요법의 범위는 육체적, 정신적 수준에 있는 모든 것들을 포괄하며, 병변이나 증상이 뿐만 아니라 각 개인마다의 건강유지 및 치료법을 제시한다. 지압은 만성적인 병에서 상해나 스트레스와 관련된 질병들을 포함하여 여러 종류의 급, 만성적인 건강문제들을 경감시키는데 효능이 있다. 지압은 또한 분만시 고통을 경감시키기 위해 사용되기도 한다.

2) 지압의 종류

(1) 맨손 경락지압

일반적 개념의 경락 지압의 체계로, 개별 국소 경락들에 맨손자극을 통해 특정의 효과를 만들어낸다. 혈류의 경로와 국소 경락의 경혈점에 따라 자극하는 방법이다. 경혈점, 경혈경로, 경혈부위 자극 등이 있다. 경락 수기요법의 경우에는 수기요법 전반의 기법 훈련이 필요하며, 그 배경으로 경락과 음양사상, 오행사상의 이해를 근간으로 하여야한다.

압박법, 롤링압박법, 유념법, 유날법, 경찰법, 강찰법, 윤춘법, 진동압법, 유동압법, 신전압법, 직압법, 사압법,간헐압법, 림프경락법, 예열법, 우열법, 혈도압법 등의 기법이 있다. 수기용제, 유기용제의 사용유무에 따라 건식경락과 습식경락으로 대별된다. 습식경락의 경우에는 별외로 피부의 쓸림을 방지해주는 효과가 크다.

(2) 솔, 안마기 등의 경락지압

솔이나 안마기 등 특정한 도구를 통해 경락을 자극하는 지압의 형태이다. 경로를 자극하기 편한 장점이 있다. 도구에 따라 다양한 지압의 효과를 낼 수 있다. 단점으로는 경혈점이나 지압 부위에 대한 섬세한 기법을 적용하기 힘들다는 점이다.

(3) 부항 경락지압

경락을 자극하는 기법으로 부항이라는 도구를 쓰는 경락지압으로 국소적인 면에 중점을 두는 경향이 있다. 어적혈이나 농백혈을 부항기로 진공의 압력을 걸어 막힌 모세혈관의 혈액을 소통시킴으로서 혈류를 개선하는 방법으로 부항지압의 경우에도 여러 가지 체계가 있다.

치료적 효과로 미용기구이기 보단 민간요법적 기구에 가까운 부항은 정압(음압) 부항법과 오일이나 로션을 이용한〈흡착유주법〉,〈부항발포법〉등이 있으며 강한 치료적 기법으로는〈형렬부항법〉등이 있다. 음압을 이용한 경락자극법(음압유치법),〈근저항이완조절법〉,〈음압진동법〉등이 있다. 자극강도를 조절할 수 있으나, 일반적으로 중, 강자극이며 처방자가 초보자인 경우에는 제한된 국소에 국한하여 사용하기를 권한다. 미용적 부항마사지에서는 유두 함몰이나 가슴의 확대에도 적용하기도 한다. 시간과 자극량에 주의하여야 한다. 부항은 국소비만에 있어 타 기법과 병행할 시 시너지 효과를 준다.

(4) 경근(경락근육)지압

일반적으로 경락지압이 표피자극에 그치는 것에 반해 경근지압에서는 각각의 경락자극이 심층부에 영향이 미치도록 하고 있다. 그것은 경락의 기본 구성요소가 되는 경혈점이 각각의 체표가 아닌 특정 심도를 갖고 있기 때문인데 경근지압은 단순히 경락지압을 공부하는 것만이 아닌 근육에 대한 기본적인 지식도 갖추고 있어야 한다.

(5) 림프경락지압

경락지압과 림프지압의 혼합된 형태로 동양의학의 경락 외에도 림프의 해부학적 학설을 토대로 림프와 경락을 동시에 다루고 있다.

(6) 경락교정지압

경락지압과 신체교정 수기요법이 조합된 형태의 지압이다. 경락지압과 교정(스포츠교정, 정체, 조체법, 정골요법 등)이 조합되어 있는 형태이다.

3) 지압의 효과

신경통이나 저림, 근육경련 등의 치료에 효과적이며, 전신의 임파액이나 혈액 순환을 촉진하여 신진 대사를 강화함으로써 피로를 회복시키는 역할을 한다. 또한, 내장에 대해서도 내장 반사점에 자극을 줌으로써 그 기능을 활성화하는데도 효과적이라고 할 수 있다. 이밖에도 피부와 피부의 접촉을 통해 시술자와 피시술자간의 기의 교류를 통해 정신적·감정적 수준의 치료에도 두루 효과가 인정된다고 할 수 있다. 세부적으로 나열하면 다음과 같은 효과가 있다.

(1) 혈액순환 효과

지압요법은 피부의 혈액순환을 자극하고 근육을 이완시키는 효과를 나타냄과 동시에 피부의 혈액순환이 좋아지면 각조직의 신진대사가 왕성하여 불필요한 노폐물을 배출하는 효과가 있다. 짧은 시간에 압력을 가할 경우는 탄력이 끝까지 전해지지 않고 원상태로 돌아가지만 일정한 시간 약 3~5초 정도 지속했다가 손가락을 천천히 떼면 그 압력은 멀리까지 전달된다. 경혈지압은 체표의 압력이 일정량의 지속을 유지해야 한다. 체표에 손가락으로 압을 가하게 되면 그 부위 정맥관과 동맥관, 임파액관이 압박되어 혈액이 상류 쪽에 일단 고였다가 누르고 있던 손가락을 떼 주면 가득 찼던 혈액은 일시 하류 쪽으로 세차게 흘러간다는 원리이다. 이런 원리를 되풀이하면 혈액순환이 왕성해지며 지압부위에 정체되어 있던 노폐물은 신속히 정맥에 흡수되어 배출되고 신진대사가 활발해진다. 혈행장애에 기인한 순환기계의 병들에게 지압요법이 많이 활용된다. 혈행에 장애가 없으면 순환이 좋아져서 노화방지가 되며 고혈압, 치매, 중풍 등을 예방할 수 있으며 건강증진에 크게 기여할 수 있다.

(2) 흥분작용 효과

기능이 감퇴하고 있는 신경이나 근육에 대해 지압요법을 실시하며 그 흥분성을 높여 기능회복을 도와주는 작용을 말한다.

(3) 진정효과

비정상적으로 신경이나 근육의 기능이 흥분되었을 때 그 기능을 진정시켜 주는 작용을 말한다. 통증을 동반하고 있는 경우는 압력에 주의해야한다.

(4) 반사작용 효과

근육자체에 직접 지압하거나 그것을 지배하는 신경부에 지압을 하거나 인대근육의 힘줄에 지압을 가함으로써 경결, 위축 등이 이완으로 회복 될 수 있다. 운동이나 장시간 노동 등으로 하지근육이 경직되면 전신적인 내구성을 많이 요구하며, 하복부 근육이 경화되고 그 영향으로 소장, 대장 운동이 약화되어 소화 배설작용이 약화된다. 이때 인체는 등의 가운데나 허리 근육의 경결(응어리), 지각과민 등이 나타난다. 이때 등이나 허리의 지압점에 지압을 해 주면 반사기전에 의해 내장기에 자극이 전달되는 작용이 나타난다. 둔부 근육의 경결은 요부(腰部)와 배부(背部)근육의 경직을 초래하여 교감신경에 이상이 생기고 척추부전 탈구증과 경부(頸部)근육 이상과 경추부전 탈구증 등의 원인이 된다. 복근의 경화가 미치는 영향은 소화계와 비뇨기계의 병을 초래할 수 있다. 근육형성에 있어서 세포조직의 신진대사가 원활하지 못하면 노폐물이 생겨 정체되고 세포의 활력이 감퇴되어 신경, 피부, 혈관 활동을 저해하게 되므로 근육의 이상을 조절해야하는데 이 요법을 시행하면 효과도 크다.

(5) 골격이상은 자연교정효과

지압요법은 직접으로 골격을 조정하는 것은 아니나 카이로프락틱(Chiropractic)이나 정체요법(正體療法)처럼 척추, 골반, 견갑골 등의 부전탈구를 직접 교정하는 것은 아니나 골격에 이상이 생긴 경우 그와 관계있는 근육과 인대, 힘줄 등을 지압함으로써 그 골격이 정상위치로 복귀하여 자연적으로 교정이 된다. 양쪽 엄지손가락으로 척추 횡돌기 부분을 적당한 압력으로 가하면 소리가 나며, 척추부전 탈구증이나 신경장애로 인한 여러 장기에 병적이상을 초래한다는 이론과 같이 지압요법으로 골격이상이 자연 교정이 된다. 교정된 것을 고정, 유지하려면 해당 장기치료도 같이 병행해야 한다.

(6) 내장기능을 원활히 하는 효과

체표의 경혈을 자극하여 내장의 병을 치료한다는 생각은 수천년 전부터 한방에서 사용하는 침술요법이나 뜸요법, 수기술 등이 체계화되어 왔다. 내장(內臟)장애(障碍)가 일어나면 후근신경세포에 이상흥분을 일으키므로 해당척추분절에서 피부세포에 이르는 신경에 흥분이 전달되어 지각과민, 압통, 근육경결, 발한, 혈관수축에 의한 냉감 등으로 표현된다. 이런 현상이 나타나는 반응점은 진단점도 되고 치료점도 된다. 내장기능을 조절하는 체표반사점에 나타나는 것은 상대의 체질이나 성격, 발병원인 등을 잘 살펴서 압자극을 하게 되면 내장의 이상 현상도 가라 앉아 그 기능이 정상화 되며 많은 효과를 볼 수 있다. 그렇지 않고 함부로 압자극을 하게 되면 오히려 그 흥분상태가 거꾸로 내장에 전달되어 역효과를 초래할 수 있다.

(7) 신경실조 조절효과

인체 오장육부에서 각 장기 오장의 활동은 어떤 의지에 좌우되는 것이 아니라 자율신경에 의해 저절로 조절되고 있다. 자율신경에는 교감신경과 부교감신경이 있어 서로 길항작용(拮抗作用)을 하고 있다. 자율신경은 외계(外界)의 상태가 급하면 우리 몸은 거기에 적응하려고 긴장한다. 이때 내장을 지배하는 자율신경은 신체를 행동적 자세로 이끄는 교감신경 우위(優位)의 상태가 되어 동공은 확대되고 심장은 빨리 뛰며 모세혈관을 수축하여 혈압은 높아지고 기관(氣管)은 확대되어 호흡량이 증대된다. 자율신경의 교감신경과 부교감신경은 서로 필요에 의해 한쪽이 우위가 되면 다른 한쪽은 억제하도록 서로 반대되는 작용을 하고 있다. 자극이 너무 지나치게 강하거나 외계의 변화가 심하거나 또는 자주 되풀이 되면 이 조절이 원활하지 않아 자율신경실조증이란 병적 상태로 빠진다. 이런 외부 압박이나 자극을 받아 일어나는 스트레스에 의해 고혈압증, 천식, 신경통, 류마티스, 소화장애, 노이로제, 불면, 피로감이 오게 되어있다. 현대인의 생활은 각가지 외부의 자극과 정신적 자극의 연속으로 이런 병들이 잘 일어난다. 지압요법으로 일정한 체표(體表)에 경혈을 따라 압박을 계속하게 되면 감각신경은 경계심을 버리고 순응하게 되므로 신경실조로 인한 스트레스를 조절해 주는 효과가 있다.

4) 지압방법

지압은 동양의학의 모태가 되는 기의 개념에 입각해 기가 흐르는 경락과 경혈의 원리를 근거로 한다. 그러나 현재 지압요법은 크게 두 가지로 구분되어 질 수 있다. 일본에서 만들어진 요법으로 알려진 시아추(Shiasu)의 경우 시술자가 손가락이나 손바닥뿐만 아니라 팔꿈치, 무릎 또는 발 등 신체의 모든 부위를 이용한다 그러나 한국이나 중국에서 실행되는 지압은 정통방식대로 손가락만을 사용한다. 시아추에서는 한 점을 가르치는 경혈뿐만 아니라 경혈들이 위치한 경락선을 따라 압자극을 주는데 비해, 정통지압에서는 마치 경혈에 침을 꼽듯 경혈점에만 압력을 가한다. 압력을 받는 부위가 작기 때문에 당연히 손가락만을 사용할 수밖에 없고, 그래서 '침경혈(鍼經穴) 지압'이라고 부르기도 한다.

지압에서 압력을 넣은 것은 엉키거나 뭉친 기운을 흩어지게 하는 것으로 '양(陽)의 행위'가 된다. 압을 뺀다는 행위는 흩어졌던 기운을 다시 모이게 하는 '음(陰)의 행위'인 것이다. 따라서 압을 넣을 때는 "체중을 실어서" 눌러주어야만 한다.

효과적인 지압요법을 실행하기 위해서는 3가지 요소가 필요한데, 정통지압에서는 수직압, 안정지속압 그리고 정신집중을 3요소로 친다. 반면에 일본지압(시아추)에서는 수직압, 지속압 그리고 지지압의 3요소이다.

(1) 수직압

몸의 표면에 가해지는 압력은 반드시 수직으로 이루어져야 한다. 힘이 수직으로 가해져야만 압이 강해도 피부가 내부의 근육 탄력층과 밀착되어 압력을 받기 때문에 내부 근육에 손상을 주지 않는다. 반면, 옆으로 밀듯이 압력을 주게 되면 피부나 내부 근육에 손상을 줄 수 있으므로 조심해야 한다. 수직압이란 손가락을 사용하되 지문이 있는 곳으로 위에서 아래로 압압(押壓)하여야 한다. 아래로 누를 때는 체중을 실어서 어깨의 불필요한 힘을 뺀 상태에서 수직으로 눌러주어야 한다. 경락과 경혈점을 충분히 숙지한 뒤에 실행하여야 하며, 대상자가 어떤 부위에 통증을 호소하면 그 부위에 적당한 압압(押壓)으로 손가락으로 눌러보면 유난히 아프면서 손가락을 떼고 나면 시원해짐을 느낄 때까지 개인차가 있지만 그 압통처를 경혈로 보고 지압요법을 실행하여도 무방하다.

(2) 지속압

시술 부위에 압을 줄 때, 체중을 실어서 누른 채로 움직이지 않고 가만히 있는 것으로, 압력을 계속 지속적으로 주는 것을 말한다. 이 방법은 한 곳에 집중적으로 과다하게 모여 있는 기를 분산시켜주는 효과를 얻을 수 있다. 통증증세를 허와 실로 나누어봤을 때 허증(虛症)인 경우는 지속을 가볍고 길게 하는 방법과 실증인 경우는 지속을 짧고 강하게 하는 방법이 있다. 무작정 긴 지속압의 효과보다는 약 3~6초 정도가 지속압으로 효과적이다. 약 3초 정도 신체에 손가락을 대고 5초 정도 손가락으로 눌러주고 5초 정도 천천히 떼 주는 이유는 인체 내의 모든 체액을 과부족 없이 골고루 분비시켜 주는 시간으로 본다. 기는 원래 경락으로 흐르고 있기 때문에 압력을 주지 않고 단지 해당 부위에 손을 대고 있는 것만으로도 효과가 있다. 일반적으로 경혈점을 3초 정도 지긋이 지속압을 해주어야 신경이 뇌에서 말초신경까지 고루 전달되고 이에 따른 혈액과 내분비액이 활발해지므로 지압만의 효과를 얻을 수 있다.

(3) 정신집중

안정 지속압과 수직압을 가하였다고 하더라도 시술자와 피시술자 모두의 정신이 집중되어야만 상호간에 기의 교감대가 형성될 수 있고, 그래야만 효과 또한 극대화될 수 있다. 즉 대상자와 시술자와의 관계가 기술적인 것이 아니고 정신적인 관계를 말한다. 시술시에 대상자는 시술자를 신뢰하고 반드시 이 지압요법을 받으면 건강해지리라 하는 마음가짐이 중요하다. 지압이란 과학적으로 입증되지 않은 기(氣)를 상대에게 주입시킬 수 있는 정신적인 것이기 때문이다. 시술함에 있어서 상호간의 보이지 않는 정신적인 조화를 이루는 것이다.

5) 지압의 압도(壓度)

지압에는 누르는 압도가 중요하다. 무턱대고 강하다고만 좋은 것이 아니고 그렇다고 약한 것만이 나쁘다는 것도 아니고 대상자의 압통에 따라 누르는 압도도 달리해야 한다. 압의 세기로는 경압(輕壓), 쾌압(快壓), 강압(强壓)의 세 가지 압도(壓度)가 있다.

(1) 경압(輕壓)

경압은 가볍고 부드럽게 누르는 방법으로 대상자가 편안하면서도 기분 좋은 느낌을 말하는데 경압을 해야 하는 대상자로는 지압을 처음 받는 자, 어린이나 노약자 및 허약자들에게 주로 시술된다.

(2) 쾌압(快壓)

쾌압은 손가락으로 눌렀을 때 약간 통증을 느끼면서 상쾌감을 갖는 정도를 말하는데 치료시에나 피로를 풀어주거나 경혈부위를 누르는 등 지압에서 가장 많이 사용되는 압도이다. 지압 시술 시에 중요한 것은 손가락으로 눌렀을 때 대상자가 호흡을 입으로 길게 뱉으며 손가락을 뗄 때에는 코로 호흡을 들어 마시면서 하는 호흡과 병행해야 한다. 몸의 힘을 쭉 빼고 긴장하지 않는 상태에서 시술자의 손의 감각을 느끼는 것이 중요하다.

(3) 강압(强壓)

강압은 손가락으로 강하게 눌러주는 형태이다. 시술자의 체중과 전신의 힘을 손가락에 집중시켜 대상자가 못 견딜 정도의 범위까지 강하게 눌러주는 압법이다. 이런 강압(强壓)은 경압(輕壓)을 실시하고 난 뒤 점점 강하게 누르는 것이 요령인데 아픈 부위가 만성으로 둔하거나 체질상 실증인 사람, 지압을 오래 받은 자들에게 많이 시술되는 요법으로 대상자의 상태에 따라 효과도 크지만 잘못하면 오히려 역효과를 가져오므로 주의해야 한다. 대상자가 더 세게 해달라는 요구에 따라 응해서는 안 되고 시술자가 잘 판단해야 한다. 지압요법은 대상자에 따라 적당한 시간과 적당한 압도로 즉 경압, 쾌압, 강압의 삼압(三壓)을 잘 활용하여야 좋은 효과를 볼 수 있다.

6) 기본 지압과정

일반적으로 몸 전체를 지압할 때는 엎드린 자세에서 반듯이 누운 자세로, 등에서 시작하여 둔부, 다리, 발의 순서로 시술한다. 지압을 할 때는 시술을 잘 하는 것도 물론 중요하지만, 시술자는 물론 피시술자가 정확한 자세를 취하는 것 또한 치료 효과를 높이는데 매우 중요한 요소라고 할 수 있다.

(1) 엎드린 자세

피시술자의 얼굴을 바닥에 대고 편하게 엎드리게 한 다음, 팔을 좌·우측에 두어서 어깨가 바닥에 닿도록 한다. 대부분의 경우, 이 자세에서 얼굴을 옆으로 돌리게 되는데, 베개를 이용하는 것도 괜찮다. 그리고 목이 긴장되지 않도록 종종 얼굴 방향을 바꾸어 준다.

(2) 등 부위

등은 구조상 강한 부위로서 몸을 방어하는 역할을 하며, 아래쪽으로 양에 속하는 경락이 흐르는 곳이다. 따라서 체중을 모두 실어 시술해도 크게 무리가 가지 않으며, 그렇게 할 경우 등 부위의 긴장과 근육의 통증을 해소할 수 있다.

(3) 골반과 천골 부위

스트레스와 나쁜 자세, 주로 앉은 자세에서 일하는 사람들에게는 아래쪽 허리와 골반부위에 많은 질환이 발생한다. 긴장상태를 계속 유지하게 되면 요추와 골반부위 즉, 둔부에 이상이 생기고 계속해서 다른 긴장 상태를 유발시키게 된다. 그 결과 순환 장애로 인해 좌골 신경통, 정맥류, 생리통, 견비통 그리고 남녀의 생식기 질환과 같은 문제들을 발생시킨다.

(4) 다리 부위

다리에 흐르는 기의 흐름을 원활하게 하는 것은, 땅의 기를 교류하는데 있어서도 매우 중요하다. 땅과의 교류를 회복시키고 육체적인 접촉을 통하면 여러 가지 질환들을 예방할 수 있다.

(5) 발 부위

발 부위의 시술은 양기와 음기의 균형을 이루는 역할을 한다. 앞의 과정이 주로 양기를 다루었기 때문에 마지막으로 발 시술을 통해 음기를 다루는 것이다.

(6) 등 윗부분과 어깨 부위

등 윗부분과 어깨 부위는 몸 전체에서도 긴장이 많이 되는 곳이기 때문에, 지압요법을 시행할 경우 긴장을 풀어주고 폐에 유익한 힘을 주어 기침이나 가슴이 답답한 증상을 해소시켜 줄 수 있다.

(7) 반듯이 누운 자세

신체의 앞부분에는 가슴과 횡격막, 복부가 위치하고 있는데, 이 중에서도 특히 복부는 감정의 중심이며 드러누웠을 때 개방되어 외부로 쉽게 노출된다. 그러므로 상대적으로 취약한 부분이라고 할 수 있다. 신체의 앞부분을 지압하는 과정에서는 이러한 사항을 반드시 염두에 두어야 한다. 그 순서는 피시술자의 복부에 접촉하는 것을 시작으로 팔과 손의 안쪽, 그리고 다시 복부로 돌아왔다가 다리를 시술하는 것으르 마친다.

(8) 팔 부위

팔에는 폐경·심장경을 비롯해 소화와 관계되는 대·소장경이 흐르고 있다. 스트레스 등으로 목이나 어깨근육이 굳어져 뭉치거나 팔 저림, 손가락 마비 등의 증상을 보이는 경우가 흔하다. 이럴 땐, 어깨관절을 돌려주거나 스트레칭을 한 후 팔 안쪽과 바깥쪽을 지압해 준다. 주로 장압을 사용하는 경우가 많다. 장압(掌壓)은 손바닥을 이용한 지압법 중에서 가장 일반적으로 사용되는 방법이다. 손을 펴서 신체 부위를 누르거나 잡는 기술인데 부드럽지만, 강하기 때문에 내부 조직이 기의 흐름과 순환 작용을 돕는다. 주로 경직된 곳을 풀어주는 기능을 하며 모지압으로 인한 거부 반응을 예방하는 역할을 한다.

(9) 손바닥

기는 특히 손과 발 부위에 민감하게 반응한다. 따라서 손에 지압을 시술하게 되면 피시술자가 매우 편안한 느낌을 경험하게 된다.

(10) 다리

팔과 손에 대한 시술이 끝나면 다시 복부로 돌아와 다리 부위를 시술한다.

(11) 발

다리에 대한 장압이 끝나면 이제 밑으로 내려와서 발을 시술한다. 단순히 발목 아래를 잡고 조인 다음 몸을 뒤로 기울여서 스트레칭을 하는 것으로 마무리할 수도 있으며, 자신의 복부를 의식한 채 조심스럽게 상대의 허리와 척추 아래쪽을 스트레칭하거나 풀어주어도 된다.

7) 지압이 인체에 미치는 영향

장압(掌壓)과 지압(指壓)으로 신체의 여러 부위를 누르면 다음과 같은 효과를 얻을 수 있다.

① 인체를 형성하고 있는 수많은 근육의 경결을 이완시켜 주며 경직상태에 있는 근육을 회복시켜 준다.
② 혈액과 림프액, 즉 내분비액을 원활하게 순환시켜 신진대사를 완성하게 한다.
③ 내분비장애를 조절하며 피로감을 해소한다.
④ 뼈를 감싸고 보호하고 있는 인대근육과 힘줄 등을 지압으로서 골격의 이상 또는 변형된 것을 교정한다.
⑤ 인체의 중추신경, 즉 자율신경의 실조를 조절하는 역할을 한다.
⑥ 내장기능의 반사점으로 체표에 나타나는 경혈들을 자극해 줌으로써 오장육부 기능을 조절한다.

이상과 같이 인체가 지니는 자연치유 능력을 조성하여 신체의 질병과 이상을 해소시켜 준다.

8) 주의사항

① 수술 직후의 환자나 절대안정이 필요한 자는 시술을 금한다.
② 화농성 질환이나 궤양성 피부 병변이 있는 자는 시술을 금한다.
③ 폐나 심장 등에 심한 병변이 있는 자는 시술을 금한다.
④ 전염성 및 세균성 질환이 있는 자는 시술을 금한다.
⑤ 수술이 필요한 질환이 있는 자는 시술을 금한다.
⑥ 급성맹장염, 복막염, 늑막염, 피부염, 암 등의 환자로 의심이 될 때는 시술을 금한다.
⑦ 결핵환자나 임산부들은 진상을 잘 살펴야 하므로 시술을 금한다.

* 지압시술시

① 가능하면 얇은 옷을 입거나 맨 몸으로 받는 것이 좋다.
② 지압치료를 받은 후 따뜻한 녹차나 생수 등을 한 잔 정도 마시면 좋다.
③ 최소한 10~20분 정도 휴식을 취한 후 움직이는 것이 좋다.
④ 식후 30분 이내는 시술을 금한다.

7. 진단법(診斷法)

1) 사진법(四診法)

한의학에서는 통상적으로 사진법에 의한 진단이 주로 이루어진다. 병증을 진단하기 위해서는 보고(望診), 듣고(聞診), 묻고(問診), 확인(切診)하는 것을 말한다. 실제의 진단법에는 냄새 맡는 것을 더하여 오감(五感), 경험적 직감(直感)을 더하여 육감(六感)을 활용한다. 이 사진법(四診法)을 통하여 환자의 외견(外見), 맥증(脈症), 복증(腹症), 설증(舌症) 등을 종합적으로 관찰해서 증상의 표(表), 리(裏), 음(陰), 양(陽), 허(虛), 실(實)을 판단한 다음 치료를 시작한다.

(1) 망진(望診)

눈으로 보면서 진단하는 방법이며, 시진(視診)이라고도 한다. 대상자의 체질, 영양상태, 얼굴모습과 색, 형태 등 육안으로 관찰 가능한 모든 것과 기, 혈의 허, 실 등을 판정한다. 대상자의 자세를 보고 판단하는 방법으로 허리가 굽었다면 소화기, 가슴이 오므라졌으면 심장, 어깨가 들려 있으면 간장이나 비장 등에 기능 상태를 살펴보아야 한다. 안면부 색진 방법으로는 안색과 내장과는 연계성을 가지고 있기 때문에 안색을 관찰하여 장부 기혈의 성쇠를 알아 낼 수 있다. 오장과 오색의 관계는 다음과 같다. 안면의 색이 푸른색을 띠면 간(肝)에 문제가 있고, 붉은색은 심장과 소장, 누런색은 비장과 위, 흰색은 폐와 대장, 검은색은 신장과 방광의 이상이 있을 때이다. 또한 턱에 단단한 여드름이 있으면 대장의 문제성, 검고 칙칙한 색을 띄는 것은 생식기 계통의 문제로 파악한다. 입술 옆이 헐거나 침이 고이는 것은 위에 열증이 있는 것으로, 입술이 트거나 갈라지는 것은 진액의 고갈과 위의 상태가 정상적이지 않다고 판단한다. 혀는 심장과 비장 기능의 문제시에 이상이 발견 되며 설태의 증상에 따라서 병변을 깊이가 진단되는데, 치설은 만성위염, 임파계・혈관계의 이상, 홍색일 경우는 염증성 위장장애, 자색인 경우는 기혈이 울체, 흑색인 경우는 신진대사가 원활하게 되지 않을 때이다.

(2) 문진(聞診)

문진은 소리와 냄새를 통하여 진단하는 방법이다. 즉 환자의 음성, 기침소리, 가래 끓는 소리, 딸꾹질 소리, 트림하는 소리, 호흡하는 소리, 위(胃) 속에서 끓는 소리를 듣거나 또는 구취, 체취 등의 냄새를 맡아서 하는 진찰방법이다. 음성이 크고 여운이 있을 때는 실증, 음성이 작고 길지 못한 사람은 허증이 많다. 호흡이 빠를 때는 폐염, 늑막염, 심장병,

숨을 크게 쉴 수가 없을 때는 허증으로 체력이 약해졌을 때로 파악한다. 재채기는 코감기의 증세, 딸꾹질은 횡격막의 경련, 트림은 위의 허증으로 파악한다. 그 외로 구취는 위경(土氣), 단내는 화기(火氣), 비린내는 과음이나 피로(木氣) 상태로 파악한다.

(3) 문진(問診)

의사와 환자와의 문답으로 하는 형태의 진찰방법이다. 직접 환자 본인에게 여러 가지 증후를 물어보아 환자의 질병의 발생 시기, 진행과정, 가족력, 통증의 정도, 제반 여러 가지 정황을 들어서 진단하는데 병인을 찾는데 중요한 단서가 된다. 미용경락인 경우는 피부 트러블의 발생 시기나 비만의 시기 등을 세밀히 듣는다. 사춘기의 여드름과 30대를 전후한 여드름의 원인과 관리 방법은 다르기 때문이다. 비만이 형태도 병증에 의한 것인지 과잉 영양 상태인지, 순환기 장애인지를 구별하여야 한다.

(4) 절진(切診)

진맥을 하고 눌러 보는 방법으로, 구체적인 세밀한 진단을 말한다. 맥진은 맥박의 횟수나 형태, 강약, 위치 등을 고려해서 진단 한다. 또 경혈을 촉진하여 무력한 상태, 경결, 통증 등의 반응을 본다. 여기에는 크게 맥진(脈診), 복진(腹診), 배후진(背後診) 등 세 가지가 있다. 등 척주 옆의 방광 1선을 따라 압을 주며 주행하면서 경결의 정도, 압통의 정도, 모공의 넓어짐, 붉음 등을 해당 경혈에 따라 관찰한다. 방광 1선의 압진은 경락 관리를 함에 있어 상당히 중요하다. 복부를 관찰 할 때는 장기의 위치가 만져지는 느낌을 놓치지 않고 관찰 하여야 한다. 복부에는 장기가 위치하는 곳이며 모혈이 있어 진단이 섬세하게 손끝의 감각을 느끼면서 진단한다.

8. 수기요법

수기요법(手技療法)은 아픈 곳이 생기면 그곳을 손으로 누르고 만져서 병나기 이전에 상태대로 바로 잡고 신체의 활기를 되찾아 건전한 육체기능을 유지하도록 환자를 돌보는 것을 목적으로 한다. 사람은 어디가 아프면 무의식중에 손이 먼저가게 마련인데, 손이 통증이 생긴 위치를 쓰다듬고 어루만져 주는 것이 수기요법의 근원이다. 머리가 아프면 머리를 만지거나, 관자놀이를 누르거나 하며, 배가 아프면 손을 비벼서 따뜻하게 해서 배를 문지르고, 이가 아프면 잇몸을 누르는 등 우리의 손은 누르거나 만지거나 하여 훌륭한 진통제 역할을 해준다. 한방에서 환자를 진찰하기 전에 먼저 손으로 환자의 환부와 전신을 만져보고 눌러보아 그 증상을 알아보는 것은 해당 장기의 병증을 찾는 동시에 수기요법을 활용한 것이다.

동양의학의 특징은 먼저 수기를 이용하여 인체의 건강을 진찰하는 것이다. 수기요법(手技療法)은 신체의 병적증후로 인하여 순환활동이 저해 되었던 곳을 맨손으로 지압을 실시함으로써 기의 흐름과 혈행이 좋게 하는 것이다. 신체에 활기를 공급하고 혈액순환을 좋게 하여 신진대사를 도와주며 원활치 못한 순환기능을 부드럽고 유연하게 바로잡아 건강을 회복시켜주는 역할을 한다. 인체는 본래 아프거나 불편할 때 본능적으로 그곳을 문지르거나 눌러서 압박하거나 두드리는 습성이 있다. 팔다리가 아플 때 주무르거나 가려울 때 긁는다거나 하여 체표로 신호를 보내고 있는 생리적 요그를 본능적으로 충족시켜주고 있는 동양의학의 대표적인 치료법으로 수기요법(手技療法)을 들 수 있다. 동양의학에서 물리치료라 하면 침, 뜸, 부항, 수기, 찜질 등으로 크게 나눌 수 있다. 침이란 동양의학의 대표적인 물리치료로서 경락(經絡)과 경혈(經穴)을 이용하여 침으로 치료하는 방법이고, 뜸이란 몸의 순환이 좋지 않을 때 쑥에다 불을 놓아 경혈점을 찾아 열기로 자극하거나 간접으로 자극하는 방법이다. 부항요법으로는 혈액에 문제가 있거나 열성질환을 제외하고 어디에나 적용할 수 있는 물리적인 방법이다. 순환이 좋지 않은 곳에는 어혈(瘀血)이 있는데 이 어혈을 뽑아주는 부항사혈법도 있지만 일반적으로 부항기를 붙여서 혈행을 도와주는 방법을 쓴다. 수기의 치료법은 도구를 사용하지 않고 맨손으로 하는 물리치료법으로 수십에서 수백종까지 매우 많으며, 수시요법 명칭 또한 통일되어 있지 않다. 외형에 따라 분류하면 안법(按法), 마법(摩法), 유법(揉法), 추법(推法), 나법(拿法), 박법(迫法), 진법(振法), 고법(叩法), 곤법(滾法), 차법(搓法), 겹법(掐法), 발법(拔法), 지압법(指壓法) 등이 있으며, 일반적으로 가장 많이 알려지고 사용되고 있는 중국 추나학의 내용을 중심으로 미용경락에 많이 사용되고 있는 요법으로서는 경찰법(輕擦法), 유연법(揉撚法), 고타법(叩打法), 진동법(振動法), 압박법(壓迫法), 파악법(把握法), 강찰법(强擦法), 지압법(指壓法) 등이 있다.

1) 경찰법(輕擦法)

경찰법(輕擦法)이란 경혈 지압하려는 부분의 손을 밀착시키고 가벼운 압력을 가하면서 쓰다듬거나 문지르는 방법이다. 지압하는 부위에 따라 손바닥 전체나 엄지손가락만 사용하든가, 네 손가락을 모아서 사용하는 방법이 있고 그 외에 마사지하는 부분의 피로감 해소나 근육통이 있을 때 근육을 엄지, 인지로 끼워 잡듯이 해서 쓰다듬는 방법이 있다. 경찰요법은 손발의 끝에서 심장방향으로 같은 압력(약 3~6kg)으로 혈관이나 임파의 주행에 따라 손을 피부에 밀착시켜서 실행하는 방법으로 말초부에서부터 중추부의 방향으로 쓰다듬는 기법이다. 이 요법은 마사지할 때 가장 먼저 시행하며 일반적으로 많이 이용되는 기술이기도 하다. 지압의 시작이나 마무리 할 때 사용되는 기법으로 손바닥을 편평하게 하고, 손가락을 약간 구부려 근육이나 피부표면을 쓰다듬고 어루만지는 방법으로 시행된다.

* 경찰법(輕擦法)의 효과

① 피부의 감수성이 향상된다.
② 피부의 저항력을 증가시킨다.
③ 노폐물이 침착된 피부의 상피를 제거 시킨다.
④ 신경을 자극하여 반사적으로 모세혈관을 확장하여 혈행을 도우며, 림프 순환을 촉진시키고, 신진대사를 왕성하게 한다.
⑤ 각종 장기 기능을 활성화시키며, 근육을 이완시키고, 정신 안정 효과 등을 준다.

2) 유연법(揉撚法)

유법은 근육을 집어 주무르는 방법이다. 손을 대상자의 피부에 밀착시키고 작은 힘으로 대상이 되는 근육을 쥐듯이 주무른다. 이때 시술자는 어깨의 힘을 빼고, 손목을 부드럽게 하여 크게 움직이는 것이 중요하다. 주무르는 방법은 보통 근섬유에 평행하게 실시하는데, 경우에 따라서 직각으로 실시하는 경우도 있다. 주로 근육을 대상으로 행하는 방법이며 압력을 가하면서 주무르거나, 누르는 방법이며 근섬유중의 혈액을 짜내는 듯 하는 요령으로 주무른다. 원이나 타원형을 그리듯이 근섬유에 직각으로 근의 끝에서 끝까지 움직여 나간다. 손목을 부드럽게 어깨의 힘을 빼고 크게 천천히 움직이는 것이 중요하다.

* 유연법(揉撚法)의 효과

① 근육피로를 풀어주며, 근육마비나 경련에 효과적이다.
② 체내 각조직의 노폐물을 제거하고 순환을 개선한다.
③ 약한 피부나 근육에 탄력성을 가져다준다.
④ 피하 지방을 줄여준다.
⑤ 혈관 확장으로 동맥혈의 유입량을 증가 및 정맥혈의 유출량을 촉진시킨다.
⑥ 혈관과 림프의 흐름을 촉진시킨다.

3) 압박법(壓迫法)

압박법(壓迫法)은 지압과 유사한 방법으로 엄지의 앞부분으로 누르는 방법으로 상태에 따라서 두 엄지손가락을 겹쳐서 사용하기도 하며, 손바닥 전체를 사용하기도 한다. 손의 여러 부분을 사용해서, 마사지 부분을 지속적 또는 간헐적으로 누름으로서 적당한 압박자극을 가하는 방법이다. 신경근의 흥분에 의해 통증을 감소하거나, 경련을 해소하는 목적으로 실행하게 된다. 경혈의 소통 경로에 따라서 실행하면 더욱 효과가 있다. 지속압박법과 간헐압박법의 두 가지 방법이 있으며, 지속압박법은 동일한 마사지 부위를 3~5초 정도 천천히 계속해서 압박하는 방법이며, 간헐압박법은 간헐적으로 압박과 이완을 반복하는 방법이다. 근육에 자극을 주어 활성기능을 증진시켜준다. 인체피부는 아플 때 느끼는 통감과 뜨거운 열감이나 차가운 감 세게 만지거나 눌렀을 때 느끼는 촉압의 감각 등이 있다. 한방에서의 침 치료는 통감을 자극하는 요법이고, 뜸 치료는 열감을 이용하는 방법이며, 지압치료는 촉압감각을 이용하는 치료법이다.

지압치료는 압박요법이라 하며, 압박법에는 손가락을 이용하는 지압법 주먹을 이용하는 권압법 손바닥을 이용하는 장압법 팔꿈치를 이용하는 주관절 압법 발을 이용하는 족압법 등 5가지로 나눌 수 있다. 압박요법은 양손으로 간헐적 압박을 하여 정맥과 임파액의 흐름을 촉진시킨다. 상지와 하지에 장애가 있을 때 압박요법을 실행하면 관절과 근육신경을 자극하여 호르몬 분비의 흐름을 좋게 하여 관절 건강에 도움을 주며 복부에 압박 요법을 하게 되면 위장과 소장 대장의 기능을 원활히 하여 소화 작용과 변비, 설사를 멈추는 데 도움을 준다. 반드시 체중이 실린 손가락의 압력을 가해야 하며 시술시 지압은 경락과 혈을 따라서 누르며, 마사지 압박법은 인체의 해부생리학적 차원의 이론을 염두에 두고 실행하여야 한다.

*** 압박법의 효과**

① 전신혈액순환조절 및 신진대사를 촉진시킨다.
② 긴장을 줄일 수 있다.
③ 신경계통을 민감하게 한다.
④ 근육의 경련에 도움이 된다.
⑤ 피로회복 시켜주면서 정신을 맑게 해준다.

4) 진동법(振動法)

진동법(振動法)은 손바닥이나 손끝으로 압박하면서 굳어진 근육을 흔들리게 해서 신경조직을 자극하여 활성도를 높이며 신체조직에 영향을 주는 기법이다. 이 요법은 맨손으로 가볍게 누르면서 부드러운 진동을 주는 방법으로 일초에 15~20회 진동자극을 준다. 이렇게 진동을 주면 상쾌하고 시원한 기분을 느끼게 된다. 진동법(振動法)에는 손목 진동법, 견인 진동법, 손바닥진동법 등의 세 가지 방법이 있는데 증상 및 부위에 따라 요법이 달라진다.

* 진동법의 효과

① 혈행을 촉진시킨다.
② 무딘 감각과 자율신경에 자극을 주고 감각기능을 향상시킨다.
③ 근육의 긴장을 제거 및 진정과 이완효과를 준다.
④ 복부에 실행하면 위장기능이 향상되어 소화와 통변에 도움을 준다.
⑤ 마사지의 시작과 마무리에 사용하면 보다 좋은 효과가 있다.

5) 고타법(叩打法)

고타법(叩打法)은 손의 각 부위를 사용해서 한손 또는 두 손으로 번갈아 쓰며 상대의 지압할 부위를 가볍게 두드리는 방법이다. 손바닥, 손끝, 엄지 손가락이외의 네 손가락을 가지런히 펴서 새끼손가락 쪽으로 물건을 자르듯이 두드린다. 어깨에 힘을 빼고 상지를 이완시켜 팔꿈치에서 손바닥을 짧게 움직여서 두드린다. 두드리는 속도는 일초에 5~6회, 13~14회의 진동자극을 줄 수 있다. 가볍고 빠르게 실시해야 한다. 가볍게 단시간 두드리면 신경이나 근육의 기능을 높여준다. 반대로 세게 장시간 두드리면 오히려 기능저하를 초래하여 역효과를 나타내니 주의해야 할 사항이다. 이런 타법에서는 손의 힘을 빼고서 수도(手刀)나 수장(手掌)으로 가볍게 두들겨야 효과적이다.

동작은 중심부에서 시작하여 회선운동 형태로 이루어지며 손은 중심부로부터 반대 방향으로 움직여 나간다. 고타법의 목적은 기초조직을 신장시키고 관절주위의 순환을 촉진시키는데 있다. 순환계에 주는 영향과 신경계에 주는 영향이 있는데 시술기법과 속도의 강약 등의 상태에 따라 효과가 달라지므로 증세에 따라 적당히 쓰도록 하여야 한다. 이 요법을 한 다음에 그 부분과 관계있는 관절을 충분히 운동시켜 주어야 한다. 손발을 구부리든가 펴는 운동, 어깨의 상하운동, 허리의 전후 운동 따위를 천천히 실시함으로서 긴장이 이완되고 근육기능이 강화 된다. 고타요법에는 수권타법(手拳打法), 지두고타법(指頭叩打法), 박타법(拍打法), 지배고타법(指背叩打法), 절타법(切打法) 등 다섯 가지가 있다. 류마치스, 위확장증, 척추병환자에서 볼 수 있는 방광기능 부전증에 적합하다. 고타법의 강약에 의해 진정과 흥분작용이 있다.

* 고타법의 효과

① 혈행 및 신진대사 작용을 촉진시킨다.
② 경직된 근육을 이완시킨다.
③ 호흡기 계통에 문제가 있는 환자에게 많은 도움이 된다.
④ 신경과 근육에 원기를 회복시켜 활동 능력을 향상시킨다.
⑤ 피하의 모세혈관을 확장시킨다.
⑥ 내장의 노폐물을 배출시켜 준다.

6) 강찰법(强擦法)

손 끝을 바로 세우고 엄지로 견고하게 받치고 나머지 손가락은 회선 운동을 이루면서 움직이거나 나머지 손가락은 단단히 받치고 엄지손가락이 회선 운동을 이루면서 움직인다. 동작은 중심부에서부터 시작되어 회선운동 형태로 이루어지며 손은 중심부로부터 반대방향으로 움직여 나간다. 마찰의 목적은 기초조직을 신장시키고 관절부위의 혈액순환을 촉진 시키는데 있다. 강찰법(强擦法)은 강한 압력을 가하는 것이 특징이다.

염좌 등의 외상에 의해 관절 내에 병적인 삼출물이 굳어서 관절포와 인대가 굳어져 있거나 하는 경우에 실행한다. 엄지의 지첨, 중지의 지첨 등으로 강하게 누르거나 주무르고 비틀듯이 하여 삼출물을 혈액 안으로 흡수시켜 인대나 힘줄이 굳어지는 것을 풀어주고 조직의 유착된 부분을 원활한 움직임이 되도록 유도하는 방법이다. 강찰법(强擦法)의 수기방법에는 짜듯이 비틀기(wringing), 굴리기(rolling), 가볍게 치듯이 문지르기(chucking), 긁기(raking) 등이 있다.

* 강찰법의 효과

① 혈행을 좋게 하고, 모세혈관을 확장시킨다.
② 근육을 이완시키며, 근육의 유착을 방지한다.

7) 파악법(把握法)

파악법(把握法)이란 주무르고 이기는 형태의 요법으로 주로 급성증세에 사용되어지며 열기나 붓기, 통증이 가신 관절 또는 류머티즘, 감염된 관절이 굳어지거나 단단해서 구부리기 힘든 경우, 뇌출혈로 인한 반신불수로 관절이 움직이기 어려울 경우나 갱년기의 고통으로 움직이면 뚝뚝 소리가 자주 나고 통증이 심해지는 신경통 따위에 활용되는 요법이다. 주로 엄지나 검지, 중지 또는 약지로 뼈를 감싸고 있는 건의 틈을 이겨대듯이 주무르는 방법이다.

8) 지압법(指壓法)

손가락을 주로 이용하는 것으로 인체의 감각기능을 자극하는 요법이다. 지압법(指壓法)에는 압법조작법, 척추교정법, 운동신전법 등 세 가지로 나누는데 압법이란 경혈을 찾아서 상대의 체표에 적당히 수직압을 주면 된다. 척추 교정법은 척추에 오른손 바닥과 왼손바닥을 겹쳐 하나의 혈에 3~4초간 장압을 가하는 방법과 척추 극돌기의 이상을 양모지로 교정하는 방법으로 한다. 운동신전법은 주로 관절과 관절사이를 펴주는 방법으로 팔목이나 발목 또는 각 관절을 지긋이 잡아당기거나 회전시켜주는 요법이다.

9) 신전법(伸展法)

신전법(伸展法)은 근육과 건을 늘여주는 동작이다. 이 방법은 급격하게 하면 위험하며 대상자의 상태와 증상을 잘 보고 다음과 같은 점에 유의해서 실시해야 한다.

① 늘이는 근육이 이완되어 있는가를 확인한다.
② 천천히 서서히 늘인다.
③ 각 개인의 차가 크므로 대상자의 상태를 확인하며 아프지 않을 정도로 늘인다.
④ 굴곡하는 근은 신전방향으로 신전하는 근은 굴곡방향으로 늘인다.

9. 수기요법의 보(補)와 사(瀉)의 원리

동양의학에서는 체질적인 개인차와 기타 조건을 중요시 한다. 서양의학에서처럼 동일한 증상에 대하여 동일한 처방을 한다거나 수기요법에서의 처치 또한 같은 증상에 대하여 동일한 압력의 지압을 가하는 것은 아니다. 지압자극(指壓刺戟)에 대한 반응도 각자의 체질과 체력 각자가 처해 있는 여러 가지 조건에 따라 다르게 나타나기 때문이다. 그러므로 동양의학에서는 음양이론에 따라 대상자의 증세에 따라 허증(虛症)인 자와 실증(實症)인 자로 크게 두 가지로 분류해서 다루게 된다. 증세가 허증(虛症)인 자는 보충 해줘야 하고(虛則補), 실증(實症)인 자는 빼 줘야하는 것(實則瀉)이며, 이 원칙에 준하여 진단을 하여 보사법을 정확하게 적용하여 실시하여야 한다.

1) 실증(實症)과 사압법의 활용(瀉壓法 活用)

실증이란 보통 체력의 여유가 있어 저항력이 강하고 증상의 동요가 많은 상태, 또한 강한 자극을 견딜만한 상태인 자를 말한다. 이런 실증인 자는 한방의 고유방법인 사(瀉)를 해 주어야 한다. 실(實)이란 튼실하다는 뜻도 있지만 나쁜 기운이 성하여 실하다는 뜻으로 사실(邪實)이란 단어의 줄임말이다. 경혈지압에서는 이런 실한 증세에는 강한 충격압이나 강압법을 사용하여야 사기(邪氣)를 덜어주고, 사기를 발산시켜 결국 우리 몸의 균형을 바로 잡아주는 역할을 한다. 실(實)을 사(瀉)하는 방법은 보(補)하는 방법보다 용이한 편이다. 보(補)와 사(瀉)는 인체에 지압(指壓)을 조절하는데 중요한 요소가 되고 얼마나 정확하고 알맞게 보(補)와 사(瀉)의 균형을 조절하느냐에 따라 증상이 좋아지느냐 나빠지느냐의 판가름이 된다. 보와 사는 지압의 경우에는 압도의 조절에 달려있다.

* 사압법 활용(瀉壓法 活用)

① 대상자의 전신이 실증이어서 강압이 전신에 상쾌한 감을 줄 수 있는 경우에 사용한다.
② 대상 부위에 대한 압자극이 반사적, 유도적으로 다른 부위의 증상이나 긴장, 흥분이 경감될 경우 사용한다.
③ 파악법(把握法)의 경우는 신체의 바깥 쪽 양경락이 흐르는 부위를 바치고 안쪽 음경락이 흐르는 부위를 강하게 지압한다.
④ 모지 끝을 세워 한 점에만 국부적으로 강한 압감을 느끼게 하는 지단압(指端壓)을 사용한다.
⑤ 경혈점을 두, 세 점 이상을 동시에 누르더라도 압력을 고르게 하지 않고 한 점만을 강하게 눌러줌으로써 다른 한 점의 힘도 그 곳으로 집중하게 한다.
⑥ 장압법(掌壓法)을 사용하는 경우 갑자기 충격을 주듯 누르는 충격압과 급히 손을 떼주는 급감압법을 쓰고, 2~3번 동작을 중지하면서 누르는 단속압을 쓴다.
⑦ 누워있는 대상자의 체중을 이용할 경우 몸 밑에 손을 넣어 구부리면서 쳐들어 올린다.

이상과 같이 사(瀉)의 수기법은 강압법이나 충격압법, 지속압법, 급감압법, 단속압법 등을 적절히 이용해서 사용하면 좋은 효과를 볼 수 있다.

2) 허증(虛症)과 보압법 활용(補壓法 活用)

허증(虛症)이란 체질이 허약하고 영양상태가 나쁘며 두기력하고 저항력이 약하고 약물이나 자극에 과민한 상태를 말한다. 이러한 허증(虛症)인 자에게는 원기를 북돋우어주고 소화흡수를 도와서 영양보충 상태를 좋게 하여 에너지를 보강하는 방향으로 보(補)해줘야 한다. 경혈지압에서 대체로 허증(虛症)인 자에게 보(補)를 해줘야하는데 과다한 자극감(刺戟感)을 피하고 경압(輕壓)과 장압(掌壓)으로 불편하지 않게 지속압으로 해주는 것이 효과적이다. 이렇게 함으로써 허증(虛症)인 자는 시원하고 상쾌한 쾌감을 받아 기능을 회복하게 된다. 허, 실의 치료방법은 몸 전체나 몸의 각 부분 경락에도 적용할 수도 있다.

* 허증(虛症)일 때 보압법 활용(補壓法 活用)

① 대상자의 전신이 허약한 상태에 있어서 강한 압자극이 힘에 부치거나 체력을 소모시킬 우려가 있을 때 사용한다.

② 기질적 장애 및 증상이 심한 경우에 있어서 강압자극으로 나쁘게 조장시킬 우려가 있을 때 사용한다.

③ 근육이 방어태세를 취하거나 지각과민대를 이루어 내부를 보호하고 있는 부위에 사용한다.

④ 저항력이 약화된 부위에 압자극이 증세의 근원부에 영향이나 자극을 전하기 쉬울 때 사용한다.

⑤ 자극이 대상자의 근육긴장을 일으켜 숨 막힐 것 같은 반응을 나타낼 때 사용한다.

⑥ 눌러도 전혀 탄력이 없어 생체반응의 저항을 느낄 수 없을 때 사용한다.

이상과 같은 허한 증상을 나타낼 때는 그 부위에 따라서 아래와 같이 보(補)의 수기로 적당한 것을 활용하면 된다.

① 장압법에 의한 고른 압력의 지속압을 사용하되 누를 때와 뗄 때의 동작에 유의할 것

② 경혈점을 2~3점을 동시에 압력을 가함으로써 평면적으로 경락의 유주방향을 따라 광범위하게 압력이 고루 미치도록 한 다음에 한 점에 대한 지압이라도 국부에 압감보다는 넓게 방산하는 느낌을 주도록 한다.

③ 누워있는 체중을 밑에서 받쳐 주는 식으로 손바닥을 넣어 대상자의 몸을 가볍게 쳐든 다음에 여유있게 천천히 가벼운 압박을 해준다.

10. 부위별 미용경락 경혈도

1) 안면 경혈도

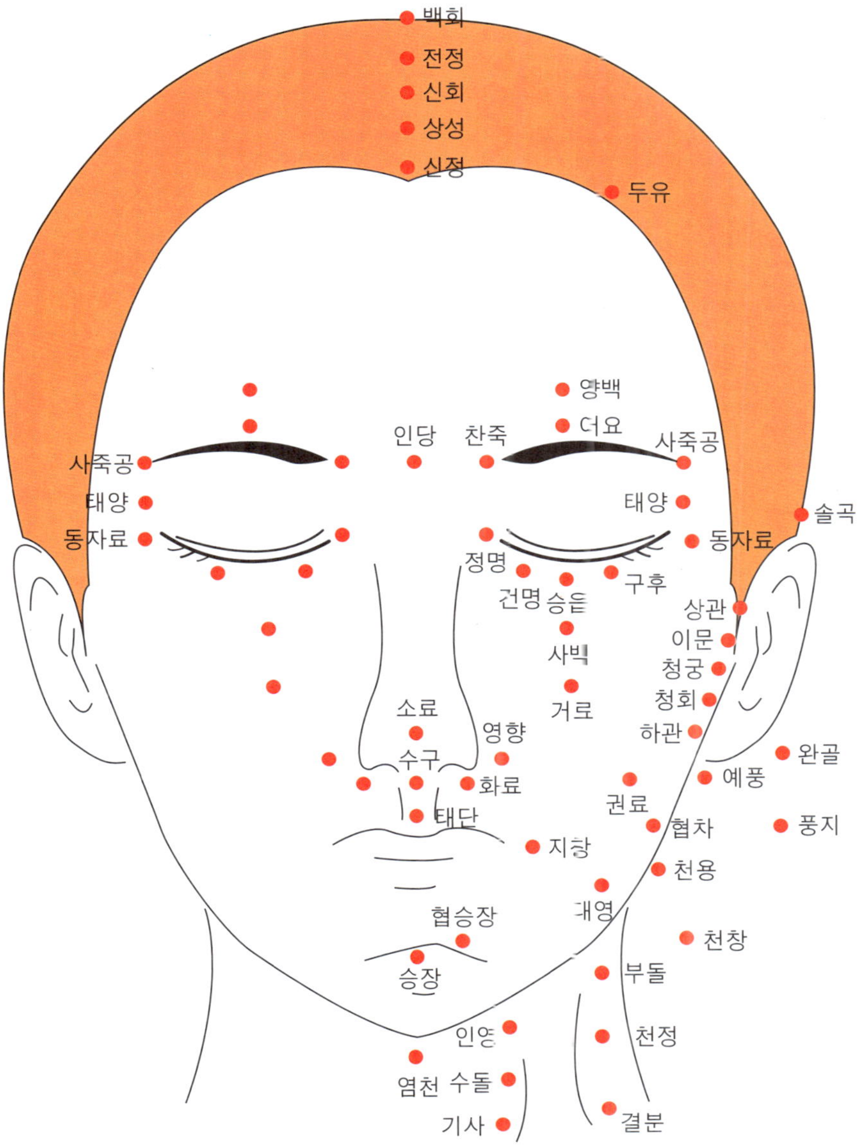

2) 등 경락 경혈도

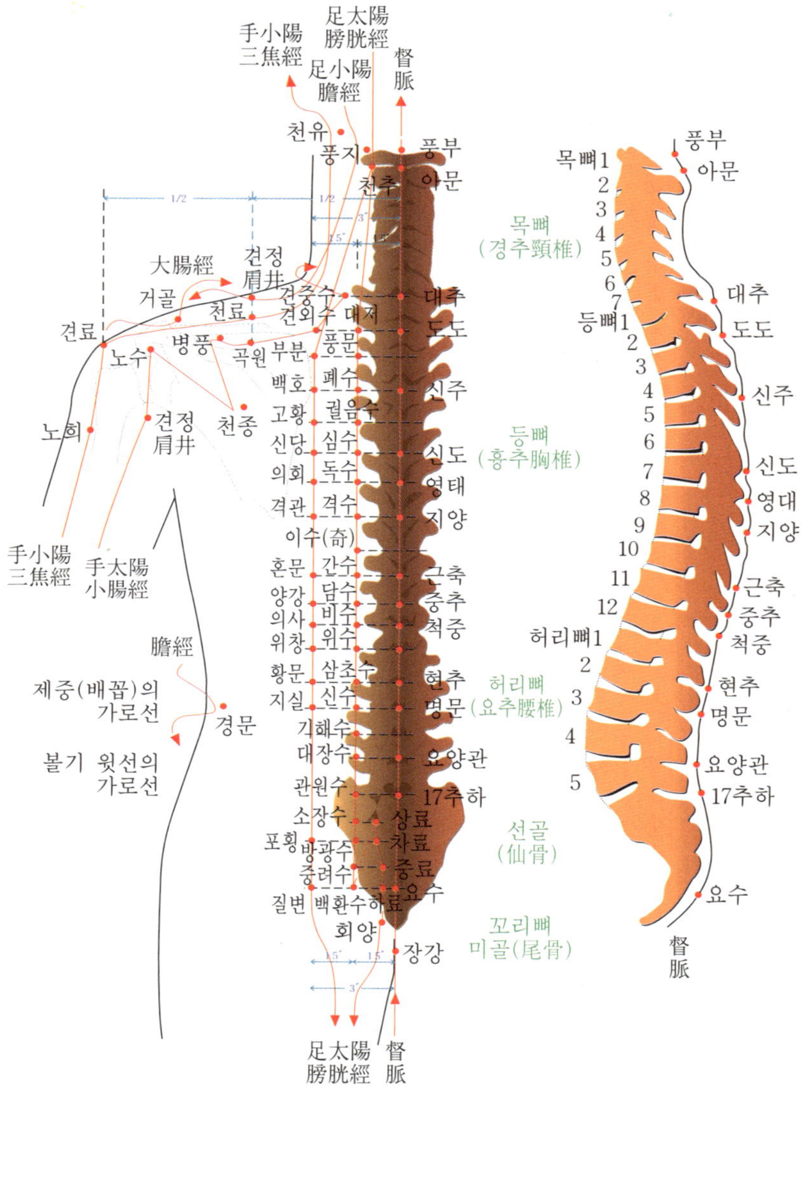

足太陽 膀胱經
手小陽 三焦經
足小陽 膽經
督脈
천유
풍지
풍부
천주
아문
大腸經
견정 肩井
거골
견중수
대추
천료
견외수
대저
도도
견료
병풍
풍문
노수
곡원
부분
백호
폐수
신주
고황
궐음수
노회
견정 肩井
천종
신당
심수
신도
의희
독수
영대
격관
격수
지양
이수(奇)
手小陽 三焦經
手太陽 小腸經
혼문
간수
근축
양강
담수
중추
의사
비수
척중
위창
위수
膽經
황문
삼초수
현추
제중(배꼽)의 가로선
지실
신수
명문
경문
기해수
볼기 윗선의 가로선
대장수
요양관
관원수
17추하
소장수
상료
포황
방광수
차료
중려수
중료
질변
백환수
하료
요수
회양
장강
足太陽 膀胱經
督脈
목뼈 (경추頸椎)
등뼈 (흉추胸椎)
허리뼈 (요추腰椎)
선골 (仙骨)
꼬리뼈 미골(尾骨)
목뼈1
2
3
4
5
6
7
등뼈1
2
3
4
5
6
7
8
9
10
11
12
허리뼈1
2
3
4
5
풍부
아문
대추
도도
신주
신도
영대
지양
근축
중추
척중
현추
명문
요양관
17추하
요수
督脈

3) 다리 전면 경락 경혈도

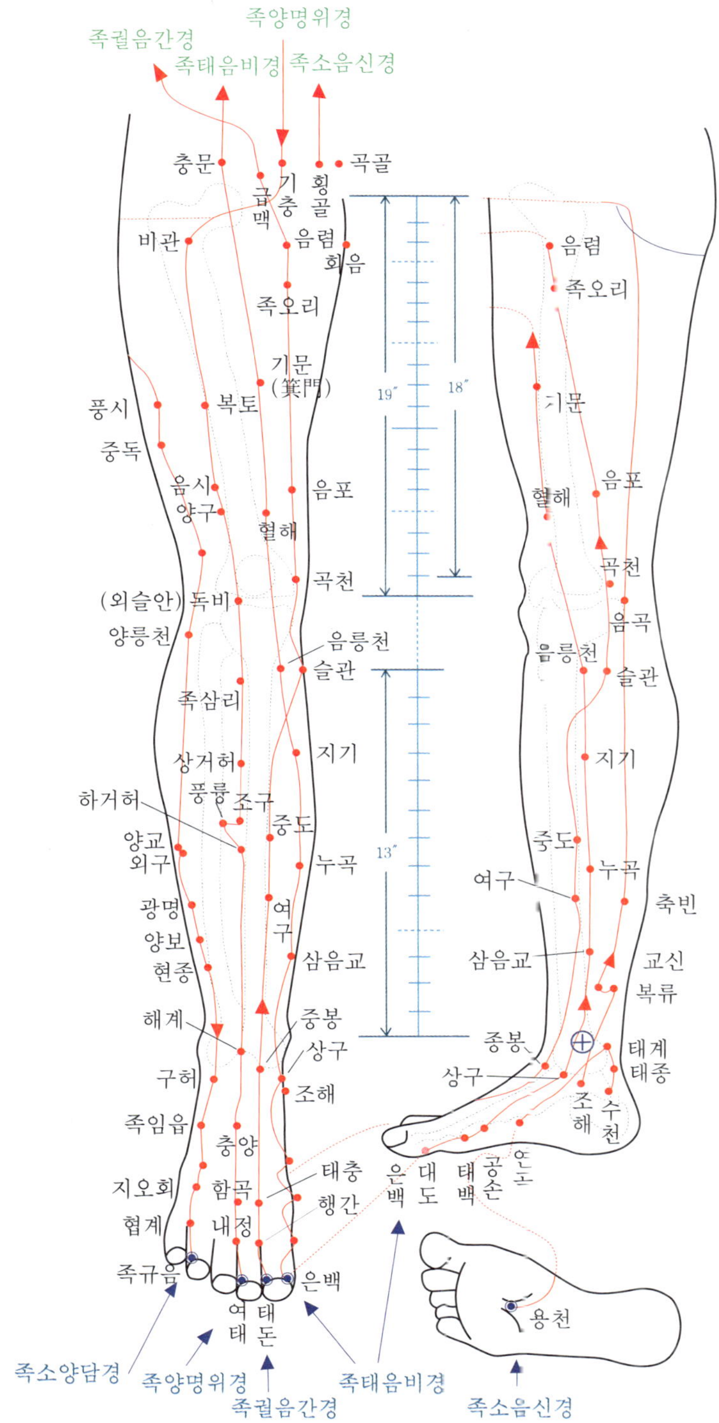

족양명위경
족궐음간경
족태음비경
족소음신경
충문
기충
급맥
횡골
곡골
비관
음렴
회음
족오리
기문
(箕門)
풍시
복토
중독
음시
양구
음포
혈해
곡천
(외슬안) 독비
양릉천
음릉천
슬관
족삼리
상거허
지기
하거허
풍륭
조구
중도
양교
외구
누곡
광명
여구
양보
현종
삼음교
해계
중봉
상구
구허
조해
족임읍
충양
태충
지오회
함곡
행간
협계
내정
족규음
은백
여태
태돈
19″
18″
13″
음렴
족오리
기문
혈해
음포
곡천
음곡
음릉천
슬관
지기
중도
누곡
여구
축빈
삼음교
교신
복류
종봉
태계
태종
상구
조해
수천
은백
대도
태백
공손
연곡
용천
족소양담경
족양명위경
족궐음간경
족태음비경
족소음신경

4) 다리 후면 경락 경혈도

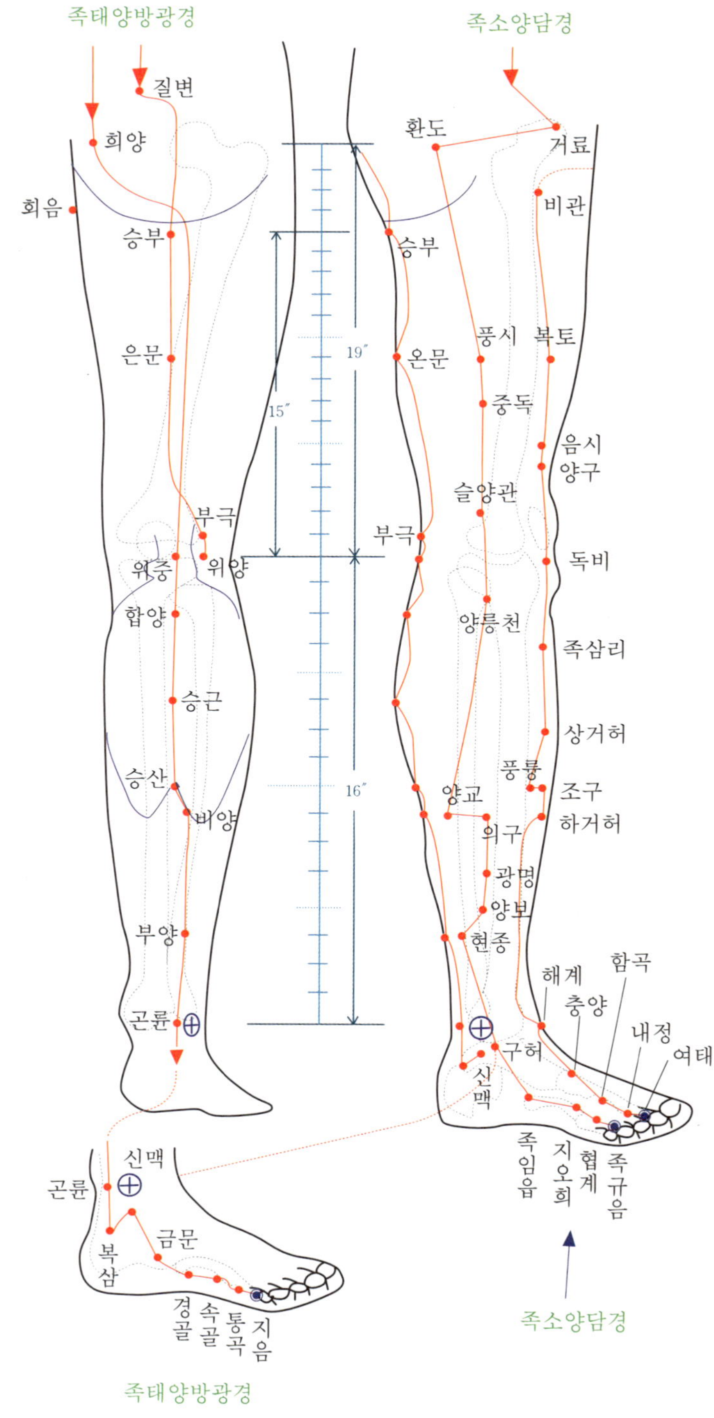
족태양방광경
질변
희양
회음
승부
은문
부극
위중
위양
합양
승근
승산
비양
부양
곤륜
15″
19″
16″
족소양담경
환도
거료
비관
승부
온문
풍시
복토
중독
음시
양구
슬양관
부극
독비
양릉천
족삼리
상거허
풍륭
조구
양교
하거허
외구
광명
양보
현종
해계
함곡
충양
내정
구허
여태
신맥
족임읍
지오회
협계
족규음
족소양담경
신맥
곤륜
금문
복삼
경골
속골
통곡
지음
족태양방광경

5) 복부 경락 경혈도

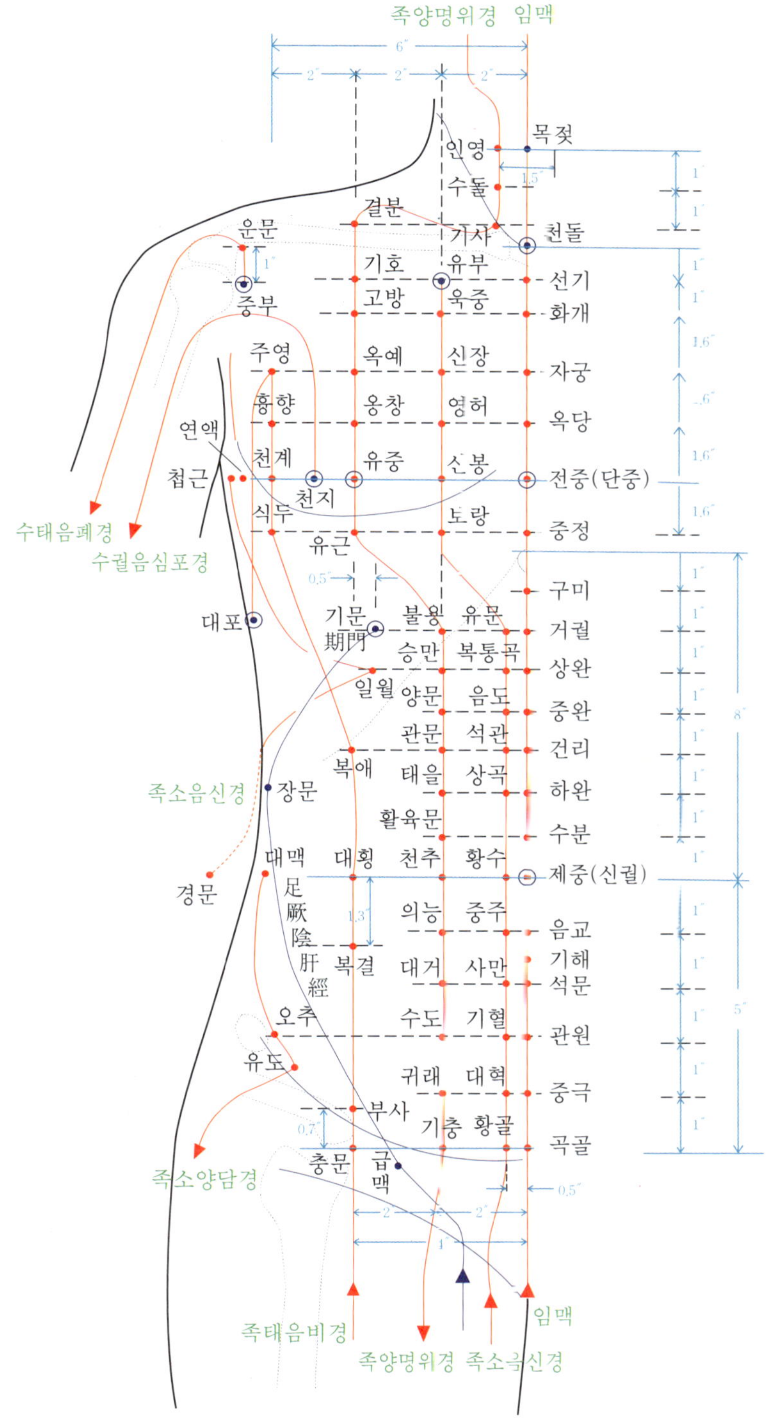
족양명위경
임맥
인영
목젖
수돌
결분
기사
천돌
운문
기호
유부
선기
중부
고방
욱중
화개
주영
옥예
신장
자궁
흉향
옹창
영허
옥당
연액
천계
유중
신봉
전중(단중)
첩근
천지
식두
노랑
중정
수태음폐경
수궐음심포경
유근
구미
대포
기문 期門
불용
유문
거궐
승만
복통곡
상완
일월
양문
음도
중완
관문
석관
건리
복애
태을
상곡
하완
족소음신경
장문
활육문
수분
대맥
대횡
천추
황수
제중(신궐)
경문
足厥陰肝經
의능
중주
음교
복결
대거
사만
기해
석문
오추
수도
기혈
관원
유도
귀래
대혁
중극
부사
기충
황골
곡골
족소양담경
충문
급맥
족태음비경
족양명위경
족소음신경
임맥

6) 팔 경락 경혈도

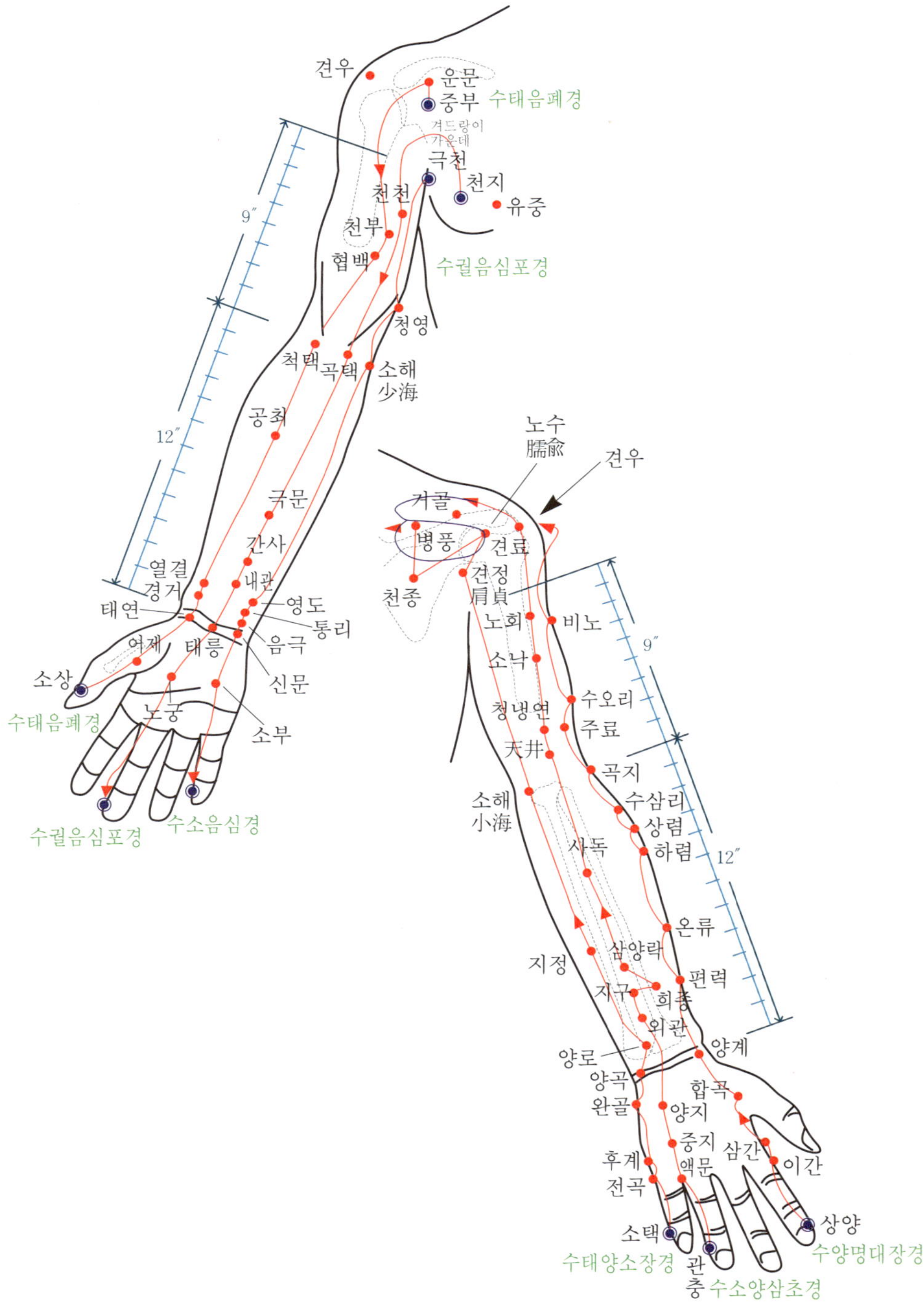

견우
운문
중부
수태음폐경
겨드랑이
가운데
극천
천지
유중
천천
천부
협백
수궐음심포경
청영
척택
곡택
소해
少海
공최
9″
12″
극문
간사
열결
경거
내관
영도
태연
통리
음극
어제
태릉
신문
소상
노궁
소부
수태음폐경
수궐음심포경
수소음심경
노수
臑兪
견우
거골
병풍
견료
천종
견정
肩貞
노회
비노
소낙
9″
수오리
청냉연
주료
天井
곡지
수삼리
소해
小海
상렴
하렴
사독
12″
온류
삼양락
지정
편력
지구
회종
외관
양로
양계
양곡
합곡
완골
양지
중지
삼간
후계
액문
이간
전곡
소택
상양
수태양소장경
관충
수양명대장경
수소양삼초경

11. 증상별 미용 경락의 응용

1) 얼굴선을 갸름하게 만드는 경혈점

얼굴에 살이 많은 경우와 피부가 거친 경우, 이중 턱인 경우 얼굴 살을 빼는 효과를 느끼고 싶다면 두드려 주거나 다음 혈에 경락 마사지를 실행하면 좋다.

① 거료, 하관혈

거료는 동공 하측으로 콧방울 아래와 평행선이 되는 지점이며, 하관은 귀점 앞에서 코쪽으로 약1촌 오목한 지점

효과 : 거료, 하관혈은 부종을 없애고 노폐물을 배출시키는데 효과가 있다.

② 염천, 협차혈

염천 : 턱밑의 툭 튀어나온 목뼈에서 조금 올라간 가로주름 한 중간 지점

협차 : 아래턱 윤곽을 따라 위로 미끄러져 올라가면 움푹 들어간 지점

효과 : 얼굴 혈액순환을 좋게 하며 이중턱을 없애고 목의 살을 제거하여 목선을 아름답게 한다.

2) 팔의 지방을 분해시키는 경혈점

팔뚝에 살(지방)이 붙는 이유는 활동을 하지 않아 지방이 사용될 기회가 없거나 가슴을 쫙 펴지 못하고 구부정하게 있는 경우, 스트레스나 과도한 업무 등으로 목과 근육의 긴장이 심한 경우, 체질적인 요인, 기체인 경우 등이다. 특히 팔뚝의 바깥 부위는 세 개의 경락(수삼양경)이 지나고 있는데 이 부위의 기 흐름이 원활하지 못하면 비정상적인 지방 축적이 일어날 수 있다.

① 곡지혈

팔을 구부려 반대쪽 가슴에 댄 상태에서 팔꿈치가 접히는 곳의 바깥쪽 움푹 들어가는 지점

효과 : 대장과 관련된 혈 자리로 변비 해소에 효과가 있고 팔의 혈액 순환이 잘 되게 하여 팔의 살을 빼는데 효과가 있다.

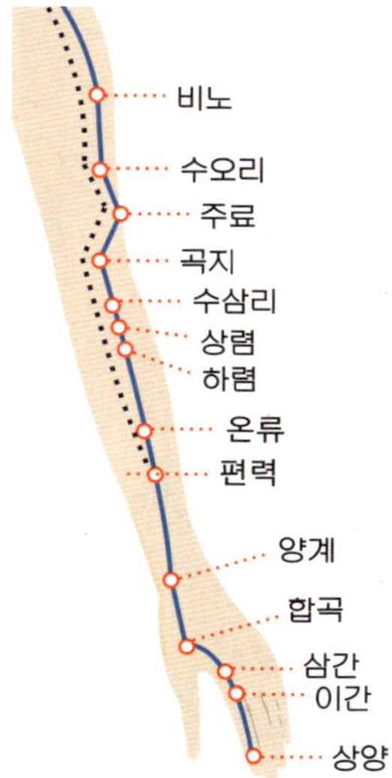

② 수오리혈

곡지혈에서 손가락 4개(2-5번째 손가락)만큼 팔 쪽으로 올라간 지점

효과 : 대장의 운동을 도와 다이어트 효과가 있다. 또한 팔뚝의 모양을 예쁘게 만들고 날씬하게 해 준다. 게다가 기침과 기관지가 안 좋을 때도 효과가 있다.

3) 복부의 비만을 해소시키는 경혈점

위장이 약해져 소화기에 문제가 있는 경우 윗배 복부 비만이 나타날 수 있으며 위장이나 장의 기능이 약해져서 위가 늘어나 있거나, 대장이 운동을 잘 하지 않아 변비 등의 증세가 나타나면 아랫배 비만으로 연결된다. 만약 아랫배의 살을 잡았을 때 잡힌 두께가 5cm 이상이 되면 심각하게 받아들이고 다이어트를 시작하여야 한다. 그 밖에 배에 가스가 많이 차면 복부의 근육운동과 혈액 순환이 잘 이루어지지 않아 복부에 살이 찔 수 있다. 음식 섭취에 따라서도 살이 찌는데 술이나 육류를 많이 먹는 사람, 먹는 것 자체를 좋아해서 항상 많이 먹는 사람은 복부의 움직임이 둔하여 살이 찌게 된다.

① 천추혈

배꼽 양 옆 손가락 두 개 만큼 떨어진 지점

검지와 중지를 누르듯이 대고 숨을 내쉴 때 누르고 들이쉴 때 힘을 뺀다.

한 번에 10회 이상 지압해준다. 중완, 기해, 수분, 관원, 천추혈을 자극한다.

효과 : 위 경락과 관련이 있어 식욕 억제가 되어 다이어트에 도움이 된다. 배의 순환에 도움을 주어 복부 비만에 해소와 소화에 효과가 있으며, 변비 해소와 배변 촉진에도 효과적이다.

② 9등분 지압법

배꼽을 중심으로 9등분을 하여 아래 → 위, 오른쪽 → 왼쪽 방향으로 지압을 해 준다.

효과 : 대장의 방향과 일치한 자리로 대장의 운동을 도와 비만 해소는 물론 복부 비만까지 해소해 준다.

4) 허리를 날씬하게 하는 경혈점

중년기가 되면 지방이 쌓여 엉덩이나 하복부가 굵어지고 허리라인도 굵어진다.

① 장문, 경문

장문 : 제11늑골의 끝에 있다.
경문 : 제12늑골의 선단에 있다.

② 신유, 지실

제2와 제3 허리등뼈 사이에서 양옆으로 각각 2치 되는 곳

③ 지음

소지발톱의 후단부 지점

효과 : 장문, 경문, 신유, 지실, 지음혈은 허리 살을 빼는데 좋은 혈이다. 이 혈을 지압을 실행하며 노폐물 배출 및 탄력 저하된 부위에 효능이 있다.

5) 수독으로 인한 하체비만 해소 경혈점

인체는 땀, 소변, 대변을 통해 수분을 포함한 노폐물을 몸 밖으로 끊임없이 배출하는데 이때 정상적으로 배출되지 못한 수분이 바로 수독이다. 수독의 원인은 체질에 맞지 않는 불규칙한 생활, 지나친 냉방과 찬 음료 등으로 인하여 소화 기능을 떨어지고 수분대사가 잘 이루어지지 않게 하여 비만은 물론 각종 질병을 일으키게 된다. 수독의 대표적인 증상은 부종과 냉증이다. 수독을 치료하기 위해서는 부종을 치료하고 냉증을 잘 다스려야 한다.

치료는 몸을 따뜻하게 해주어 몸 안에 불필요한 수분을 제거하는 방법과 근육에서 더 많은 열을 내게 하는 두 가지 방법이 있다. 전자에는 배꼽 뜸이나 발바닥 자극법, 족탕법, 경혈마사지, 복부 지압 등이 효과적이며 후자에는 요가 등의 운동 요법이 좋다.

① 수분

배꼽에서 손가락 한마디 정도 올라간 부분으로 손가락으로 누르면 하복부에 은근한 압통이 느껴진다.

효과 : 수분(水分)의 부위를 마사지하면 수독을 다스릴 수 있다. 복부 진단을 할 때 수독으로 인한 부종의 유무를 알 수 있는 중요한 경혈이기도 하다. 이 부위에 뜸을 떠도 효과적이다.

② 곡천

무릎을 굽혔을 때 무릎 안쪽에 생기는 주름의 끝 지점에 위치한 혈이다.

효과 : 무릎 관절의 구부러진 곳으로, 수기(水氣)와 관련된 에너지가 모이는 곳이다. 혈액 순환과 수분의 정체로 인한 수독을 완화시켜 준다. 특히 무릎관절이 시린 냉증에 효과적이며, 다리가 붓고 나른한 증세를 호전시켜 준다.

③ 중도

발 안쪽 복사뼈에서 손가락 일곱 마디 정도 올라가 정강이뼈의 중간쯤에 위치. 정강이 부분의 급소가 되는 경혈이기도 하다.

효과 : 몸 기운이 잘 흐르는 길을 의미하는 경혈로 수독을 제거하고 다리의 냉기를 없애 준다. 또한 생식기 계통을 자극하여 순환을 원활하게 해주는 혈점이다.

④ 부류

발목 안쪽 복사뼈에서 손가락 두 마디 정도 위 지점.

효과 : 손발의 부종과 수기가 독소로 작용하여 시리고 저린 통증에 효과적인 혈점. 생리통과 냉증 치료 효과도 얻을 수 있다. 엄지손가락으로 꾹꾹 10회 정도 눌러준다.

⑤ 용천혈

발바닥을 구부렸을 때 오목하게 들어간 부분의 '人(사람 인)' 자 모양으로 새겨지는 부분

효과 : 발바닥에 있는 용천혈은 샘물이 용솟음치는 경혈로 신장 기능을 활성화시켜 수독을 없애고 혈액 순환을 원활하게 해준다. 또한 수독으로 인한 나른함과 피로감을 완화시켜 준다.

6) 엉덩이 처짐 개선에 좋은 경혈점

엉덩이와 허벅지가 연결되는 부위의 하체비만은 운동부족으로 기의 흐름이 원활하지 못해 하체에 어혈이 생기기 때문인 경우가 많다. 한방에서는 엉덩이에 유난히 살이 붙는 이유를 몸 전체의 순환 장애 때문인 것으로 본다. 이 경우 생리불순, 소화기 장애, 변비를 동반한다.

체질상 상체비만이거나 하체비만인 경우도 많지만 우선은 자신의 생활습관부터 먼저 살펴볼 필요가 있다. 평소 음식을 짜게 먹어 물살이 찐 것일 수도 있고, 잠이 너무 부족하여 붓기가 내려간 것일 수도 있으며, 변비나 생리불순, 신장장애 때문일 수도 있다. 책상에 오래 앉아 있는 직업을 가진 여성도 발목이 붓기 쉽다. 평소 발을 높이 올려놓아 아래로 몰린 피가 위로 흐르게 하는 습관을 들이는 것이 중요하다.

① 승부

엉덩이 아래 주름의 중간지점을 강하게 지압한 뒤 승부 주위를 손가락에 힘을 주고 둥글게 마사지 한다.

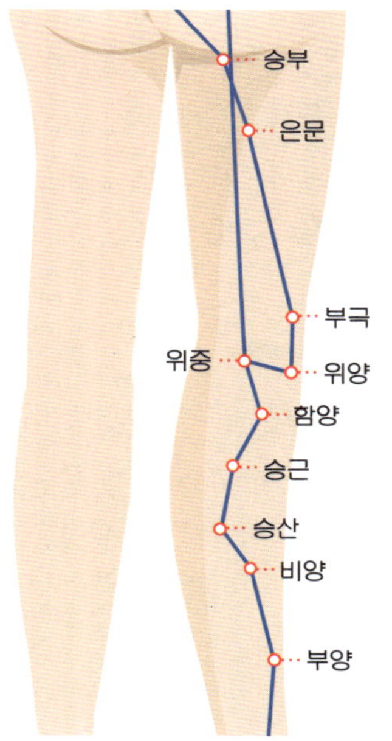

② 은문

허벅지 뒤쪽 한가운데

은문 혈을 엄지로 눌러주거나 원을 그리듯 발을 돌려 마사지한다.

효과 : 엉덩이, 허벅지 등 하체비만이 두드러진 경우에는 하체에 주로 분포된 경락을 위주로 마사지를 해준다. 방광경과 주로 발에서 시작하는 경락인 비경, 대장경, 간경, 담경, 위경, 신경이 이에 해당한다. 승산, 풍시, 은문, 승부가 하체비만에 좋은 대표적 경혈점이다.

7) 허벅지의 지방제거를 위한 경혈점

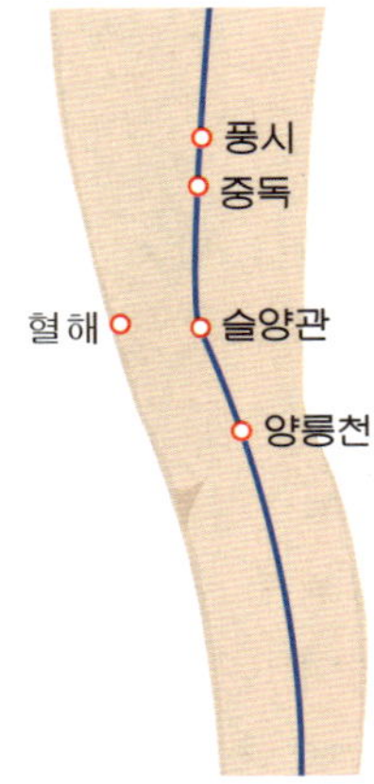

허벅지에 있는 지방은 식이요법과 유산소 운동을 열심히 한다고 해도 쉽게 빠지지 않는다. 허벅지 비만은 한방에서 체질적으로 볼 때 주로 소음인에게 흔하다. 소음인은 하체에 냉하고 습한 기운이 많은데, 이 기운이 혈관을 수축시키면서 에너지 대사율이 떨어져 지방이 자연스럽게 쌓이게 되기 때문이다. 체질적인 원인 외에도 변비, 생리불순, 혈액순환에 문제가 있을 때 허벅지에 살이 찌며, 특히 많은 시간 동안 앉아 있는 생활을 하거나 운동부족일 때도 허벅지가 굵어진다.

① 혈해

무릎 뼈 안쪽에서 손가락 3개 정도 위쪽 지점
무릎을 굽히고 한 손으로 무릎을 덮어준 후 엄지로 눌러준다.

② 풍시

선 자세에서 팔을 늘어뜨렸을 때 가운데 손가락 끝이 닿는 곳
엄지로 강하게 눌러 자극하는 것도 효과적이다.

③ 승부혈

엉덩이선의 정 중앙지점

효과 : 혈해는 비장과 관련이 있어 식욕 조절을 해 준다. 허벅지 혈액순환을 좋게 하여 허벅지 다이어트 효과가 있으며 생리통도 감소시켜 준다. 승부는 방광과 연관이 있어 대소변 기능을 높여준다.

8) 날씬 종아리를 만드는 경혈점

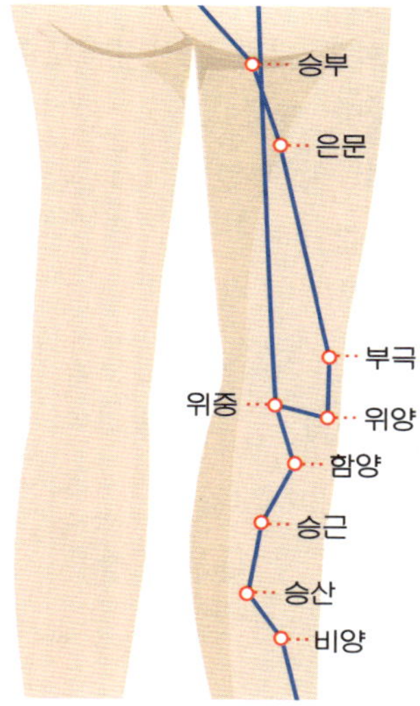

종아리가 굵어지는 원인은 몇 가지로 나누어 볼 수 있다.

하체가 부어 생기는 부종형, 과한 운동으로 인한 근육형, 운동부족 및 전신에 걸친 비만으로 인한 지방형 등이다. 원인과 형태에 따라 지방 분해침, 부항, 물리치료 등의 방법을 사용하여 종아리의 사이즈를 줄이기도 한다.

① 위중

무릎 뒤쪽의 접히는 부분 가운데 지점

무릎을 구부리고 가운데 손가락을 겹쳐 강하게 지압을 해준다.

② 족삼리

무릎 바로 아래로 내려온 튀어나온 뼈와 무릎바로 아래 바깥쪽으로 튀어나온 작은 뼈에서 삼각형을 그려 아래로 연결되는 부분

③ 승산

종아리에 힘을 주었을 때 알통선의 가운데 지점

다리를 굽히고 앉아 두 손으로 종아리를 감싸 쥐고 엄지손가락을 겹쳐 눌러준다.

④ 승근

승산과 위중을 잇는 중간에서 가장 튀어나온 곳

위중혈을 자극할 때와 같은 방법으로 한다.

효과 : 종아리를 날씬하게 하는 경혈 지압점은 승산혈, 위중혈, 승근혈이다. 종아리 부기 해소에 도움이 되어 종아리를 날씬하게 하는 효과가 있다. 위중은 위와 연결된 혈자리로 식욕조절에 도움이 되며, 승산혈을 지압하면 변비 및 배뇨 개선에도 도움이 된다.

9) 발목이 가늘어지는 경혈점

두꺼운 발목은 선천적으로 타고난 것일 수도 있으나 잘못된 생활습관으로 인한 경우가 더 많다. 책상에 오래 앉아 있는 직업을 가진 여성도 발목이 붓기 쉽다.

평소 발을 높이 올려놓아 아래로 몰린 피가 위로 흐르게 하는 습관을 들이는 것이 중요하다. 하이힐을 자주 신으면 아킬레스건이 긴장되어 단단해지고 혈액순환이 나빠져 발목에 부종이 생기기 쉽다.

① 해계

발목이 구부러지는 앞면의 중앙 지점
두 손으로 발목을 잡은 후 가운데 손가락으로 세게 눌러준다.
발목이 수축되는 느낌을 받을 수 있다.

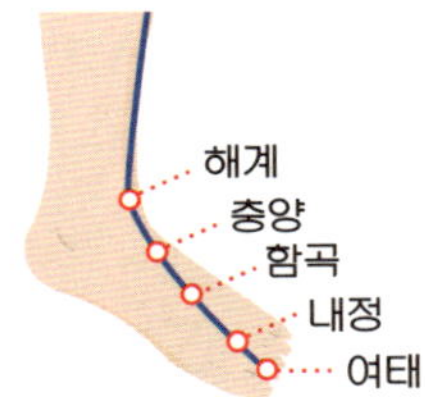

② 태계

안쪽 복사뼈 뒤로 아킬레스건 쪽으로 움푹 들어간 곳
엄지와 집게손가락으로 발목을 잡고 엄지로 힘껏 눌러준다.
효과 : 혈액 순환을 촉진시켜 발목의 부종을 제거 및 예방할 수 있다.

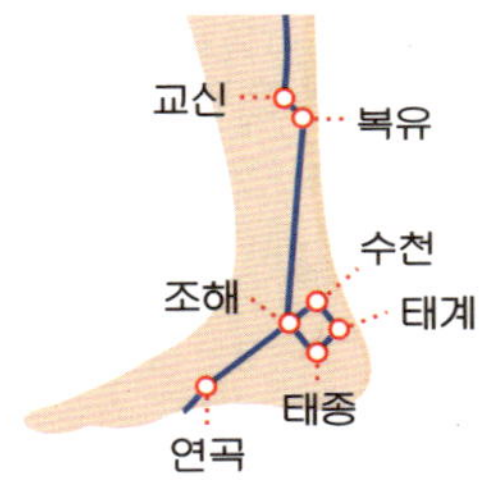

12. 전신 경락 마사지

인체의 뒷면과 전면의 전신 경락마사지를 통해 기의 흐름을 원활히 해주면 전체적으로 균형이 잡혀, 필요이상으로 길게 늘어진 근육은 수축되고 수축되어 있던 근육은 이완된다. 동시에 가슴과 윗배, 아랫배의 처진 근육들이 수축되어 위로 올라가면서 안팎이 균형을 이루게 되어 단단한 체형을 갖게 되는 것은 물론이고 가슴이나 등에서 목 근육을 당기지 않아 얼굴 근육의 늘어짐도 함께 해결해 주는 것이 전신 경락 마사지의 목적이다. 전신 마사지는 뒷면부터 시행한 후 전면을 시행한다.

1) 뒷면 전신 마사지

살이 찐 체형은 척추 양 옆을 흐르고 있는 방광경과 인체의 옆선을 지배하는 담경의 흐름이 좋지 않아, 근육이 대체로 비대해지거나 불량한 자세가 되기 쉽다. 또한 자율 신경계의 장애를 초래하여 정서적 안정과 내장기능에 이상을 일으킬 가능성도 높다. 따라서 이런 경우에는 해당 경락을 마사지해 줌으로써 기의 흐름을 원활하게 만들어주는 것이 중요하다.

(1) 준비단계

먼저 마사지 오일을 시술자의 손바닥에 적당량 바른 후 양손바닥을 맞대고 부드럽게 비벼 오일이 고르게 펴지도록 한 다음, 양손의 시지·중지와 손바닥의 노궁부위를 맞대고 강하게 마찰시켜 열을 발생시킨다. 피시술자는 온 몸의 긴장을 풀고 최대한 편안한 상태여야 하며, 이런 등과 다리에 오일을 부드럽게 펼쳐 바른다. 등에 오일을 바르는 방향은 반드시 위에서 아래로 향해야 하고 다리부분은 바깥 면을 따라 아래로 향한다.

(2) 마사지 방법

① 어깨

어깨의 견갑골과 유두에서 곧바로 위로 오르는 선이 만나는 어깨 한 가운데 부위인 견정에 압을 준 다음 엄지와 나머지 네 손가락을 이용해 충분히 주무른다.

견갑골 내측에 있는 견외유에 엄지손가락으로 압을 주면서 둥글게 굴린 다음, 목과 연결된 견갑골 위쪽의 근육을 모두 시원하게 풀어준다. 다음은 견갑골 중앙에 있는 천종에 중지·약지로 압을 주면서 7~8회 둥글린다. 이 방법은 견비통에 아주 효과가 좋다.

② 등

등에 있는 '유(兪)'라는 이름이 붙어있는 유혈(兪血), 즉 제1흉추 옆에 있는 대저, 제2흉추 옆의 풍문에 폐유부터 시작해 요추 아래 제1 선골공 옆의 소장유까지, 척추 양 옆을 따라 위에서 아래까지 배열된 유혈들을 엄지손가락으로 척추바깥쪽을 향해 순차적으로 압력을 준다. 양손을 엇갈리는 자세로 혈점마다 각 7~8회씩 압력을 가해 주되 이동할 때 완전히 손을 떼지 말고 피부에 접촉한 상태를 유지한다. 이것을 2회 반복한다. 특히 제11흉추 밑에 있는 비유는 소화가 잘 되도록 해주는 혈로서 음식을 먹고 체했을 때 눌러 주면 도움이 된다. 다시 위로 올라가 비유를 엄지손가락으로 둥글게 압력을 준 다음 12번째 갈비뼈, 즉 늑골을 따라가 늑골 끝에 있는 경문까지 오른쪽, 왼쪽으로 7~8회 가볍게 압력을 주면서 선을 그어준다. 경문은 담경(膽經)의 혈이나 신장 및 복부를 담당하는 중요한 혈점이다.

③ 엉덩이

포황에서 승부까지 즉 양쪽 엉덩이 중앙선을 위에서 아래까지 압력을 주면서 쓸어내리는 동작을 7~8회를 한 과정으로 2과정을 실행한 다음 골반과 엉덩이 부위를 좌우로 크게 돌려준다.

④ 대퇴부

차려 자세를 취했을 때 양쪽 가운에 손가락 끝이 닿는 풍시혈을 시작으로 담경을 따라 무릎 옆의 슬양관, 양릉천, 양교에 압력을 준다. 이때는 오른 쪽 다리를 먼저 실행하고 왼쪽은 나중에 하는 것이 원칙이지만 아픈 쪽이 있는 경우에는 아픈 쪽을 나중에 시행한다. 허벅지 비만 관리를 원할 때 이주 좋은 방법으로 전반적인 하체 비만에도 효과가 있다.

엉덩이 아래 접히는 곳의 승부혈에서 무릎 안쪽의 위중, 장딴지 아래 승산까지 중앙선을 따라 양손의 엄지손가락으로 서로 엇갈리게 방광경을 따라 압력을 주면서 쓸어내린다. 다음은 위중에서 승부까지 양손 모지를 서로 엇갈리게 7회 정도 올라갔다가 다시 내려오는 동작을 2회 반복한다.

⑤ 종아리

승산에서 바깥쪽 복숭아 뼈 뒤쪽의 부양까지 선을 따라 위와 마찬가지로 양 모지를 서로 엇갈리게 7~8회 압을 주면서 올라갔다가 다시 내려오는 동작을 두 번 반복한다. 그리고 부양을 양 모지로 서로 엇갈리게 7회 정도 비벼준다. 왼쪽도 동일한 방법으로 행한다. 종아리가 굵은 사람에게 도움이 된다.

⑥ 발

발바닥은 발 마사지에서 자궁 반사구 부위를 양손으로 잡고, 시술자의 팔목을 누운 사람의 양발 사이 안쪽에 둔 채, 동그랗게 원을 밖으로 그려주는 동작을 7~8회 시행한다.

발바닥 정 중앙선을 기준으로 발 외측으로 압력을 주면서 쓸어주는데, 특히 용천혈은 주먹을 쥔 상태에서 중지의 둘째 마디로 7~8회 최대한 강한 압을 주고 다시 뒤꿈치부위까지 선을 따라 올라갔다 다시 내려온다.

용천혈은 땅 기운, 즉 음 기운이 우리 몸에 들고 나는 관문으로 강하게 눌러주면 처음에는 통증을 느끼게 되나 곧 시원한 느낌을 받게 된다.

2) 앞면 전신 마사지

임맥을 중심으로 마사지하면 가슴과 윗배, 아랫배의 처진 근육들이 수축되어 올라가면서 균형을 이루게 된다. 또한 허벅지 부분의 비경(脾經)을 집중적으로 마사지해주면 하체비만으로 다리가 굵은 사람에게 효과적이다.

(1) 준비단계

먼저 마사지 오일을 시술자의 손바닥에 적당량 바른 후 양손바닥을 맞대고 부드럽게 비벼 오일이 고르게 펴지도록 한 다음 양손의 시지, 중지와 손바닥의 노궁부위를 맞대고 강하게 마찰시켜 열을 발생시킨다. 피시술자는 온 몸의 긴장을 풀고 최대한 편안한 상태여야 하며, 마사지의 실시는 부위별로 실행한다.

(2) 마사지 방법

① 목

왼손을 머리 뒤쪽의 목에 넣어 받치고 턱을 아래로 내린 상태에서, 오른손의 중지로 아랫입술과 아래턱의 각진 부위의 정 중앙에 있는 대영을 7~8회 누른다. 다음은 턱을 지나 대영에서 양쪽 쇄골이 만나는 부위인 천돌로 이동해 아주 가볍게 7~8회 압력을 준다. 이 동작을 손을 바꿔가며 오른쪽, 왼쪽 차례로 왕복 2회 반복한다.

② 가슴

중부를 둘째와 가운데 손가락으로 7~8회 누르면서 둥글게 문질러 주고, 쇄골을 따라 쇄골중앙 함몰부인 결분, 쇄골위 청돌 양옆의 기사에 압력을 준 다음, 가슴 정 중앙선의 흉골을 따라 흉골 상부의 선기에서부터 단중, 명치까지 가벼운 압력을 주며 선을 7~8회 그어준다. 그리고 단중과 명치는 각각 7~8회씩 압력을 주면서 풀어 준다.

특히, 양쪽 유두를 잇는 선의 정 중앙에 있는 단중은 가슴이 답답할 때, 손바닥으로 위에서 아래방향으로 쓸어 주면 어느 정도 완화되는 효과를 얻을 수 있다.

유두에서 직선으로 내려와 약간 중앙 쪽인 6번 늑골에 있는 일월, 일월에서 0.5촌 아래의 기문을 엄지손가락으로 7~8회 압력을 준 다음, 유방근육을 바깥쪽에서 안쪽으로 모아

주면서 풀어 준다. 비대형은 대체로 가슴도 처져 있기 때문에 가슴 근육을 아래에서 위쪽으로 쓸어 주면 유방은 탄력과 함께 제자리를 찾게 된다.

③ 배

명치아래에 있는 거궐을 중지로 7~8회 압을 주었다가 풀어 준다. 거궐에서 오른쪽 11번째 늑골이 끝나는 옆구리 지점의 장문까지 엄지손가락으로 압력을 주면서 7~8회 쓸어 준 다음 왼쪽도 실시한다. 마지막으로 거궐을 한번 더 풀어 준다.

배꼽 양옆 2촌 부위의 천추를 손바닥으로 가볍게 누르면서 시계 반대방향으로 7~8회 돌려준다. 변비가 있는 사람은 왼쪽 방향으로 돌려준 다음 다시 반대방향으로 역시 7~8회 돌려주어야 한다. 이것은 변이 잘나오게 하는 작용을 한다.

④ 대퇴부

오른쪽 장문에서 치골 위1촌에 위치한 중극, 중극에서 왼쪽 장문까지 손바닥으로 마치 밀가루를 반죽하듯이 7~8회 밀고 내려갔다가 올라오고, 왼쪽 장문에서 오른쪽 장문으로 되돌아 와서 다시 반복하는데, 생리통에 효과가 높다.

여기에 이어서 오른쪽 장문을 집게, 중지, 약지를 모아서 가볍게 3회 압력을 준 다음 치골 위 2촌에 있는 관원으로 이동해 3회 압력을 주고, 반대편 사타구니에 있는 왼쪽 충문까지 쓸어 내려가 3회 더 압력을 가한 다음, 손바닥 아래 부분인 수근으로 넓적다리 안쪽을 타고 내려가 대퇴골 내측 무릎 위에 위치한 혈해까지 7~8회 강하게 쓸어준다.

왼쪽도 같은 방법으로 시행하며 이것을 2회 전체적으로 반복한다. 비경 자극은 비만해소에 효과가 있어 평소에도 앉은 자세에서 허벅지 부분의 비경을 쓸어주면 도움이 된다.

⑤ 종아리

무릎 슬개골 상단의 좌, 우측에 있는 양구와 혈해를 엄지손가락과 집게손가락으로 동시에 압력을 주면서 7~8회 정도 원을 그리며 압력을 가한 다음 손바닥으로 쓸어주고, 슬개골은 손바닥으로 7~8회 문질러 준다. 그 다음 모지와 시지로 촛대 뼈를 따라 슬개골 하단에서 발목 관절 정중앙의 해계까지 강하게 쓸어 내렸다가 다시 올라가는 자극을 7~8회 반복한다.

⑥ 발

새끼발가락 외측의 지음, 네째 발가락 끝의 규음, 발등 제 4·5지의 첫 관절사이인 협계, 제1절 사이, 발등 제4·5중족골 사이의 임읍, 둘째 발가락 외측 끝의 여태, 발등과 둘째 발가락 사이의 내정, 발등 가운데의 함곡, 엄지발가락 외측발톱 옆의 태돈, 엄지발가락과 둘째 발가락사이의 행간, 1·2중족골 사이의 태충, 엄지발가락 안쪽의 은백을 양 엄지손가락으로 강하게 7~8회씩 둥글게 원을 그리며 압력을 준다. 마지막으로 발가락을 하나씩 잡고 당기면서 마무리한다.

제4장
마사지에 병용되는 요법

마사지에 병용되는 체중감량요법에는 일반적으로 행해지는 비만기기 및 비만관리용화장품이나 수기법을 이용한 부위별 전신마사지요법을 들 수 있으며, 아로마테라피(Aromatherapy)와 경락관리(Meridian treatment) 등 마사지에 병행할 수 있는 관리요법에는 고온욕이나 사우나(Sauna) 목욕법을 들 수 있다. 이는 운등 수분상실과 지방감소 효과가 있어 널리 이용되고 있다.

1. 경락관리

비만한 사람을 대상으로 한 경락관리는 경혈위에 지압해주는 방법으로서 주로 식욕억제, 부종완화, 변비완화 등의 비만에 영향을 주는 요인들을 제거해줄 수 있는 몸매유지의 체중조절을 목적으로 이루어진다.

1) 식욕억제

① 복부

- 거궐 : 제상(臍上) 6촌
- 중완 : 제상(臍上) 4촌, 흉늑각과 제중연선중점
- 관원 : 제상(臍上) 3촌
- 신수 : 후정중선 제 5흉추극돌기 하 독맥의 신도 양옆 1.5촌
- 삼초수 :제1요추 극돌기하 외측으로 1.5촌

② 요부

- 거료 : 대퇴골 대전자의 제일 높은 곳과 가전상극을 이은 중간 지점

③ 하지

- 양능천 : 비골두 전하방 함몰지점
- 풍륭 : 위경의 조구혈 외측 1촌 지점
- 혈해 : 무릎뼈(슬개골) 위로 2촌 지점
- 양구 : 슬개골 바깥쪽에서 위로 2촌 지점
- 위중 : 슬와 횡문 정중안
- 승산 : 하퇴후측 중선상의 장단지 중간부위, 슬중과 외과첨간 16치지점
- 지기 : 삼음교상 5촌
- 태계 : 안쪽 복사뼈, 내과후방

2) 부종완화

① 복부

- 수분 : 제중(臍中) 상(上) 1촌
- 중극 : 제하(臍下) 4촌

② 둔부

- 차료 : 상료 하측의 제2후천골공부

③ 발

- 용천 : 발바닥의 정중선상에서 전방으로 3분의 1지점

3) 변비완화

① 두부

- 백회 : 양쪽 귀끝을 연결한 두정부의 정중선 지점

② 복부

- 대장유 : 독맥의 요양관 양옆 1.5촌
- 천추 : 제중(臍中)의 양옆 2촌
- 대거 : 제중하(臍中下) 2촌

③ 팔

- 신문 : 손바닥쪽 수근관절 횡문의 소지끝 움푹 들어간 곳

2. 체중감량을 위한 고온욕

비만(Obesity)의 체지방관리에 적용되는 고온욕은 42~45℃ 고온에서의 완전침수욕으로서 머리를 제외한 신체의 모든 부분을 물 속에 잠기는 방법이다. 이는 고온과 한랭을 교대로 시행할 수 있으며 수중에서의 수압을 이용한 마사지를 병행할 수 있는 장기적인 체중감량의 수치료이다. 이는 수분감소와 신진대사 증진으로 인한 체중감소의 효과를 볼 수 있으며, 식이요법과 운동요법을 장기적으로 병행하여야 한다.

3. 체중감량을 위한 사우나욕

사우나는 일반적으로 90~100℃ 고온에서의 반복적인 발한요법으로서 비만증(Obesity)의 체중감소를 위한 감량욕에 효과적으로 널리 이용되는 고온증기욕법이다. 반복적인 사우나의 온열증기와 발한이 약 1~1.5도의 심부체온을 상승시키며 땀이 피부에서 건조시 기화할 때에 1ml 당 약 0.6kcal의 기화열을 빼앗아 간다. 이는 수분감소 뿐 아니라 1회 감량욕에 400~500g의 체중을 줄여줄 수 있는 칼로리 소모효과를 줄 수 있게 된다. 따라서 반복의 장기적이고 반복적인 고온사우나는 열량소비에 따른 체중감량에 좋은 조건을 형성시켜 비만증에 널리 이용된다.

1) 사우나욕의 방법

사우나 방법은 주로 처음에 32~35도로 시작해서 42~45도의 따뜻한 욕탕에서 발을 담구어 시작하며 주로 90~100도의 고온에서 눕거나 앉아서 약 8~12분 정도 이용한다. 비만한 사람에서 땀이 잘 나지 않는 체질의 경우 온탕에서 체온을 상승시킨 후 사우나를 시행할 필요가 있다. 온열발한 후에는 찬공기와 찬물로 잠시 몸을 식히고 냉수 욕탕에 들어간다. 이때 냉수 욕탕에서는 춥다고 느껴지기까지 약 15분 이내의 소요시간이 적당하며, 이후 몸을 건조시킨다. 사우나욕의 이용 빈도는 1주일에 3번 정도 실시하는 것을 권장하며 개인의 신체적 조건에 맞게 무리없이 수행하는 것이 중요하다.

2) 사우나욕의 효능

- 인체의 수분감량
- 부종의 방지

- 근육의 이완
- 혈액순환의 원활함
- 신진대사 증진
- 일시적인 체중감량
- 호흡근의 이완작용
- 순환기능 증진
- 내장기능의 상승
- 불면증 해소
- 교감신경 활성화
- 피로물질의 배출촉진
- 피부청결
- 스트레스 해소

3) 사우나욕의 주의사항

- 알코올이나 음주시에는 입욕을 삼가한다.
- 지나친 땀 배출은 피한다.
- 심장병, 암, 동맥경화증, 갑상선 호르몬의 분비 이상, 류마티즘, 수술 직후에는 피한다.

제5장
체형관리에 사용되는 다양한 관리법

1. 지방분해주사

지방분해주사의 경우 미국 UCLA대학 그린웨이튼이 아미노필린, 아시소프로테레놀과 같은 약물을 포함한 크림을 비만 부위에 적용하여 효과가 있다는 보고를 한 이후 국내에서는 아미노필린(Aminophylline)을 국소 지방층에 직접 주사해 지방세포 수용체를 자극하거나 자율신경계를 자극하는 방법으로서 시도되고 있다. 즉 지방분해주사는 지방 분해를 촉진하는 약물을 살을 빼고 싶은 부위에 직접 주사해서 노여 배출을 유도하는 방법으로 지방세포의 크기를 줄이고 지방분해가 용이하도록 만들어 줌으로써 복부를 비롯한 허벅지, 팔 등의 부위의 사이즈를 줄어들게 한다.

1) 특징

지방분해주사는 특정 부위의 지방을 부분적으로 관리할 수 있다는 것으로 일반적인 비만치료에서는 운동과 식이요법이 중요하지만 국소 비만 즉, 셀룰라이트의 경우는 식이요법이나 운동요법에 잘 반응하지 않기 때문에 지방분해 주사요법 등 다양한 방식의 접근을 통하면 부분 비만을 해소함으로써 미용적인 측면에서 효과를 거둘 수 있다.

2. 하이드로리포클라시아(Hydrolipoclasia)

하이드로리포클라시아는 1990년 이태리 의사에 의해 처음 소개된 부분비만치료술로 주로 유럽과 남미 등지에서 많이 시행하고 있으며 우선, 그 명칭을 살펴보면 Hydro는 "물", Lipo는 "지방", Clasia는 "부수다, 파괴하다"의 뜻으로 사전적 개념에서 물로 지방을 파괴하는 요법으로 설명할 수 있다.

수년 전 국내에 비교적 단기간에 국소 부위의 셀룰라이트 제거에 효과적인 방법으로 소개되어 현재는 많은 비만클리닉에서 시행하고 있다.

1) 원리

셀룰라이트가 축적된 부위에 생리식염수나 저장성 용액(Hypotonic solution)을 피하에 주입하면 삼투압에 의해서 지방세포는 부풀려지게 되고 파괴되기 쉬운 상태가 되며, 여기에 3MHz 외부 초음파를 가하면 초음파의 공동작용(Cavitation)에 의해 미세한 기포들이 지방세포 내에 생성과 소멸을 반복하면서 많은 에너지가 발생되고 궁극적으로 공동(cavity)을 형성하게 되어 결국 압력에 의해서 지방세포막이 터지게 된다. 이러한 물리적인 힘에 의해 지방세포가 파괴되는 현상을 두고 지방파괴(Lipoclasia)라고 하며, 지방세포가 파괴되면 지방세포막의 파열로 인해 지방세포 내에 있던 중성지방이 외부로 유출되어 일부는 산화되고 일부는 림프로 배출된다.

2) 방법

(1) 시술부위

복부, 허벅지, 팔뚝, 옆구리, 무릎안쪽, 엉덩이 밑, 브레지어 라인 등 국소부위

(2) 시술방법

① 시술 부위 결정 및 소독
② 국소 마취(하지 않는 경우도 있다.)
③ Need이나 캐뉼라를 이용하여 시술부위에 약물을 주입(부위당 100cc 전후)
④ 해당 부위 3MHz 외부 초음파 시술(10~15분)

(3) 방법

Fat zone(지방 부위)에 따라 다르나 통상 주1회씩 6~8회 정도 실시한다.

3) 특징

하이드로리포클라시아는 비교적 단기간에 국소부위에 한해서 집중적으로 지방을 없애주는 시술법으로 잘 빠지지 않는 부위의 셀룰라이트 제거에도 효과적이면서 지방흡입과 같은 부작용과 두려움이 없어 원하는 부위의 군살을 제거하는데 효과적이다. 특히 일상으

로 복귀하는데 걸리는 시간(이것을 Down time이라 한다)이 짧아서 시술 후 바로 복귀하여 일상 생활을 하는데 아무런 지장이 없어서 직장인과 같이 바쁜 현대인들에게 부담 없이 시술할 수 있다는 장점이 있어서 일명 런치타임 지방성형술 혹은 미니지방성형술이라고도 불려진다. 따라서 단기간에 사이즈는 감소시키고 싶으나 지방흡입을 두려워하는 사람에게 많이 추천하는 시술법이다. 또한 시술 방법이 간단하고 시술 시간이 짧아서 많은 비만클리닉에서 시행되고 있다.

또한 하이드로리포클라시아는 메조테라피와 더불어 국소 비만에 효과적이며 메조테라피와의 시너지 효과로 부분비만 프로그램으로 같이 시행되는 경우가 빈번하다.

4) 주의사항

아래와 같은 경우에는 적용을 금한다.

① Sharp inflammatory process
② Thrombosis and thrombophlebitis
③ Pregnancy
④ Tumors
⑤ Pacemakers

3. 메조테라피

1) 유래

메조테라피(Mesotherapy)는 프랑스에서 전통적으로 내려오던 의학을 1952년 피스톨(Pistor)이라는 의사가 처음으로 현대의학으로 접목시켜 시작한 치료방법으로 류마티스 등 통증 치료를 위해 시술되다가 현재는 에스테틱 분야와 셀룰라이트 치료 등 다양한 영역에서 시술되는 상황이다.

2) 원리

메조는 그리스어로 중간(middle)을 의미하는데, 신체는 태생기 때 외배엽, 중배엽, 내배엽으로 구성되어 있으며 태생기의 90%가 중배엽으로 되어있다. 중배엽에서는 피부 진피와 같은 결체조직 뼈, 지방, 근육, 연골 등을 형성한다. 메조테라피는 중배엽 조직을 자극해서 치료효과를 얻는 치료를 통틀어 말한다.

기존의 약물이나 주사와 같은 방법 대신 직접 목표하는 부위에만 주사를 하기 때문에 적은 양으로도 효과를 극대화할 수 있고 약물의 전신적인 부작용을 최소화할 수 있는 것이다.

3) 시술방법

일반적으로 수기(Manual method)나 메조건(Meso-gun)을 이용하여 일반 주사바늘 보다 훨씬 가는 30G를 사용하여 피내 혹은 피부 바로 아래에 주사하게 된다.

4) 사용약물

메조테라피에 쓰이는 약물의 종류는 매우 다양하며 주로 미세혈류순환이나 지방분해를 촉진시키는 약물과 부종이나 결합조직의 이상을 개선하는 약물 3~4가지를 혼합하여 사용하는 경우가 많다.

① 미세 혈류 순환을 촉진하는 약물

Buflomedil, Pentoxifylline, Calcitonine, Procain 등

② 지방분해를 촉진하는 약물

Caffein, Pentoxifylline, Calcitonine 등

③ 수분저류와 부종을 개선하는 약물

Caffein, Dicyanone, Calcitonine 등

④ 결합조직의 이상을 개선하는 약물

Vitamin C, Thiomucase 등

5) 금기증

허혈성 심장질환, 당뇨병, 신장질환, 항응고제(Anti-coagulants), 임신, 약물에 과민반응을 보이는 환자

6) 메조테라피와 셀룰라이트 치료

50여 년전 메조테라피가 나오기 이전에도 "Multiple injection"이 셀룰라이트 치료로 이용된 적이 있다. 현재까지 획기적인 셀룰라이트 치료법이 나오지 않은 상태에서 메조테라피

는 셀룰라이트의 효과적인 치료법 가운데 하나로 자리매김하고 있다. 셀룰라이트 이외에 탈모, 반흔, 켈로이드, 튼살, 정맥류 등의 치료에도 메조테라피가 이용된다.

셀룰라이트 부위가 깊고, 몸매 선의 변화를 초래했을 경우 6mm needle로 Step-by-step injection을 시행한다. 셀룰라이트 부위, 혹은 하지의 혈관축을 따라서 허벅지 안쪽과 장딴지의 후외면에 micro injection 하며 주사 1회에 약물 0.05~0.1mm을 투여한다.

처음 2~4주간은 매주 한 번씩, 이후 2~3개월간 15일 마다, 그 다음에는 한 달에 한번씩 시술한다.

셀룰라이트가 완전히 없어진 상태보다 초기의 30~50% 개선된 상태를 목표로 정한다. 체중이 다시 증가하면 셀룰라이트도 재발할 수 있다.

7) 메조리프팅

메조테라피는 주름치료에도 매우 효과적이며 메조리프팅라는 이름으로 불리우며 보톡스가 표정주름을 만드는 근육을 이완시켜서 표정주름을 없애는 효과를 나타내는 반면 메조리프트는 피부의 진피층에 피부 탄력을 증가시키는 약물을 직접 주입함으로써 피부 탄력을 근본적으로 되찾게 해준다.

즉, 피부콜라겐 형성을 촉진시키는 것으로 효과가 입증된 성장인자(Growthfactor), 비타민C, 각종 미네랄과 아미노산 등을 피부에 직접 주입함으로서 주름을 없애고 탄력있는 피부로 만들어 주는 것이다. 따라서 메조리프트는 약물을 직접 진피층에 주입하기 때문에 기존의 어떤 방법보다도 피부흡수율이 높일 수 있다.

4. 저출력 레이저 지방용해술

저출력 레이저 지방용해술은 원래 통증이나 상처치유 목적으로 사용하였던 저출력레이저를 지방흡입에 이용하면서 고안되었는데, 저출력레이저를 사용했을 경우에 지방이 잘 녹고 지방흡입 후 회복이 빠르다는 연구가 발표된 것에 착안하여 국내에서 응용된 국소비만시술이다. 아울러 초기의 하이드로리포클라시아나 레이저지방흡입술에서는 생리식염수가 중심이 된 투메슨트 용액을 사용한 것과는 달리 국내에서는 레이저지방용해술에는 HPL이라고 불리는 저장성특수지방분해약물을 이용하는 프로토콜이 확산되었다.

1) 원리

HPL 등의 약물을 피하 지방층에 주입하면 삼투압 현상에 의해서 지방세포는 부풀려지고 약물들의 작용에 의해 지방용해가 촉진되는데 여기에 저출력레이저를 조사하면 지방세포에 Pore가 형성되면서 지방세포의 파괴와 분해가 더 강력하게 일어나게 된다. 방법은 하이드로리포클라시아와 유사하고 시술부위에 3MHz 초음파 대신에 635nm 저출력레이저를 조사한다.

5. 카복시 테라피

1932년 프랑스 Dr.Royat이 폐쇄성 혈관질환 치료에 최초로 사용한 이후 당뇨병 환자의 족부궤양, 화상 환자의 피부 재생 및 건선 환자의 치료 등 여러 분야에 응용되어 왔다. 이탈리아의 Siena 대학과 Milan and pavia대학의 말초혈액순환센터에서 이에 대한 연구를 보고하였고, 카복시테라피를 시행해서 복부, 팔, 다리 등의 둘레가 감소된 결과를 2001년 미용성형의학논문으로 발표한 바 있으며 최근 유럽을 비롯한 여러 나라에서 쓰이는 치료 방법이다. 국내에는 하이드로리포클라시아나 레이저 지방용해술 먼저 도입 소개되었다.

1) 원리

인체에 무해한 Carbon Dioxide(CO_2) gas를 특수장비를 이용하여 아주 가늘고 짧은 바늘을 통해 피부 및 피하지방층에 주입하는 치료로서 조직내에서 CO_2는 지방이 단단하게 축적된 셀룰라이트 부위를 느슨하게 풀어주고 지방 세포를 분해하고 주위 조직의 혈관을 확장하여 미세 혈액 순환을 증가시켜 지방의 대사와 분해를 촉진시킨다.

2) 특징

① 시술 시간이 짧고 간편하다.
② 시술 후 일상생활의 제한이 전혀 없다.
③ 산후 비만 등으로 탄력이 없어진 복부에 시술하면 탄력을 주면서 복부지방이 감소하고 튼살도 호전된다.

3) 방법

① 주입하는 양은 해당 부위의 지방면적에 따라 조절되므로 개인차가 있으며 보통 500~2000cc 정도의 용량을 주입한다.
② 상태에 따라 다르긴 하나 주 2회, 총 10회 정도 실시한다.

6. 고주파 체형관리

고주파관리는 고주파 심부 온열기를 이용하여 복부 및 전신체형관리에 일반적으로 많이 사용되고 있는 방법으로 현재는 병원 뿐만 아니라 일반 관리실에서도 폭넓게 사용하고 있다. 고주파 심부 온열기는 비단 체형관리 뿐만 아니라 리프팅이 중심이 된 페이스관리나 두피 관리, 통증 관리 등 그 활용분야가 광범위하다.

1) 원리

고주파 전류는 인체조직을 통전할 때 진동 폭이 매우 짧기 때문에 이온 운동이 거의 일어나지 않으며 전기화학적 반응 또는 전기 분해 현상이 없다. 이는 고주파수의 전기 에너지가 가해지면 전류의 방향이 바뀔 때마다 조직을 구성하는 분자들이 진동하면서 서로 마찰하게 되어 회전운동, 뒤틀림, 충돌운동에 의해 생체열을 발생시키기 때문이다. 다른 전류형태와 달리 감각신경 및 운동신경을 자극하지 않는 고주파 전류는 인체 내 불편함이나 근수축을 일으키지 않으면서 신체 조직 안의 특정부위를 가열할 수 있다. 생체열에너지로 변환된 고주파수 에너지는 조직의 온도를 상승시켜 세포의 기능을 증진시키고 혈류량을 증가시키는 등의 역할을 한다. 조직의 국소온도가 40℃ 이상으로 올라가면 직접효과에 의해 동맥 및 모세혈관 확장이 일어나고 혈류량이 증가하여 신체 방어 기전이 향상되고 혈액 순환 촉진 및 신진대사가 증진된다. 심부열 발생에 의한 모세혈관의 혈류량 증가는 휴식시보다 4-5배 증가된다. 또한 산소, 영양물질, 항체, 백혈구 등의 공급이 증가된다.

혈관확장으로 모세혈관의 정수압이 증가되므로 림프순환이 촉진된다.

2) 효과

고주파를 이용한 체형관리는 다음과 같은 특성을 통해 효과를 가져올 수 있다.

(1) 생체 조직활성화로 인한 산소 공급

고주파는 심부열에 의해서 혈관 확장을 유도하여 혈액 순환을 촉진시켜 주기 때문에 조직이나 세포에 산소 공급을 촉진시켜주는 역할을 한다. 산소는 체지방을 연소시키는데 필수적인 성분으로 원활한 산소 공급은 지방 연소를 촉진시켜준다.

(2) 순환관리

셀룰라이트는 지방덩어리에 의해 혈관이 압박되어 혈류 흐름이 저해되어 체액이 정체되고 피부의 변성이 생겨 생성되므로 이에 고주파는 림프 순환을 돕고 혈행 흐름을 원활하게 해주는 효과가 있다.

(3) 유효성분 흡수 증대

고주파 관리는 세포 간격을 연화시켜 유효성분이 침투가 잘되도록 하는 부가적인 효과를 기대할 수 있다.

(4) 각종 이완작용

스트레스에 의한 근육의 뭉침이나 인대 건 등을 풀어줌으로써 전체적인 이완 효과가 있다.

7. 감압기

1) 원리

진공음압에 의해 피부조직을 당겨주고, 특수 제작된 롤러가 지방세포와 주변 결체조직에 지속적인 수축이완작용을 가해 지방의 연소를 도와주고, 피부의 탄력섬유를 재배치시켜 피부탄력을 증가시켜 체형을 교정해주는 시스템이다.

2) 효과

국부 지방의 감소(Local Fat) ⇒ 지방 흡입술 전, 후 관리(Liposuction Complement) - 국부적인 피부의 경화 현상 개선(Indurations) ⇒ 표면의 울퉁 불퉁한 현상의 개선(Cellulite) ⇒ 여분의 지방 제거 효과(Residual Liquid) ⇒ 멍, 붓기, 부종, 반상 출혈의 억제 및 개선(Edema, Ecchymosis)을 통한 지방 제거 효과의 극대화의 순으로 진행되며 지방흡입술을 받기 곤란하거나 지방흡입술 후 남아있는 부분 지방을 없애고 피부가 울퉁불퉁해지는 부작용을 예방하는데 효과가 있는 것으로 알려져 있다.

최근 유럽과 일본에서 많은 시도가 있으며, 셀룰라이트 분해에 대한 효과가 있는 것으로 주장되고 있다. 이 시술법은 통증이 거의 없으며, 비 침습적인 방법을 통해 시도하므로 환자들에게 호응이 좋은 편이다.

8. 중저주파관리

저주파치료는 수술하지 않고 중 저주파를 이용해 지방을 제거하면서 탄력을 유지시켜 주는 비수술적인 방법이다. 지방을 분해하고 신진대사를 원활히 해주며 피부 재생효과도 있다고 알려져 있다. 특정 부위의 지방이나 근육에 자극을 줌으로써 조직액을 제거하거나 감소시켜 국부 지방을 분해한다. 팔, 복부, 엉덩이, 허벅지는 물론 눈밑이나 눈두덩, 이중턱 부위의 지방감소에 효과를 거두고 있다.

저주파치료의 3대 치료효과는 다음과 같다.

① 혈액순환을 촉진시켜 혈관을 강화시켜 주는 온열효과

② 단백질의 일종인 콜라겐을 합성시켜 주며 산성도의 밸런스를 조절해 주는 화학적 효과

③ 세포 활성화와 피부탄력을 증가시켜는 물리적 효과 등으로 볼 수 있다.

1) Nd-Yag 레이저 지방용해술

저출력 레이저를 이용한 지방용해술은 용액을 목표부위에 주입 후 조사해주는 방법인데 반해 1064 Nd-Yag 레이저지방용해술은 굵기가 0.3mm 정도 되는 Laser fiber를 직접 피하에 삽입하여 레이저를 쬐어 줌으로써 지방세포막을 파괴하여 또는 구멍을 뚫어 지방을 자연스럽게 흡수, 제거하거나 지방흡입과 병행하여 제거하는 침습적인 국소 비만제거술이다.

지방세포를 파괴시켜주는 유럽에서 개발되어 2005년 레이저학회에서 소개되었으며 주로 지방흡입술로는 해결하기 힘든 턱밑, 팔뚝, 허벅지 안쪽과 바깥쪽, 종아리, 발목 등 보다 섬세한 부위의 지방 제거 목적으로 시술되고 있다.

여기에 사용되는 레이저는 아주 짧은 시간(0.1~0.2m/sec)에 발사되는 펄스(pulse) 형태로 이런 형태의 물리적인 힘에 의해서 지방세포의 파괴가 가능하다고 한다.

또한 지방세포를 녹이는 것 뿐만 아니라 주변의 콜라겐을 수축시켜 피부 처짐을 방지하거나 피부탄력을 증가시킬 수 있는 부가적인 효과도 기대할 수 있다.

특징으로는 지방을 선택적으로 파괴시켜주고 출혈이나 멍이 적다.

또한 지방흡입이 필요 없으며 지방흡입으로는 해결하기 힘든 미세부위에 적용이 가능하다. 시술시간이 짧고 흉터가 적게 남는다.

9. 지방흡입 및 지방이식

1980년대 초, 프랑스의 Dr. Illuz가 발표한 이래, 몸매교정에 있어서 지방흡입술은 성형외과 의사의 강력한 무기로 등장하였지만 시행되기 시작한지 30년이 채 되지 않는 짧은 역사를 가지고 있다. 산업과 경제발전에 힘입어 레저문화가 발달하여, 건강하고 보기 좋은 몸매를 추구하는 경향이 뚜렷해져서 지방흡입수술에 대한 관심도 대단히 높다. 처음 지방흡입수술이 소개되었을 당시에는 지존의 일방적인 성형수술 방법과는 달리 작은 절개를 통해서 음압이 걸린 캐뉼라를 삽입한 다음 박리보다는 피하터널을 통해서 혈관과 신경들을 보존한 채로 지방을 흡입해 내고 피부조직이 수축할 수 있다는 것을 의사들이 불확실성이 있다고 받아들이기도 하였지만 현재에 이르러서는 성형외과의 모든 분야에서 널리 응용되어 쓰이는 추세이다. 또 초기에는 적용부위와 환자의 연령 등 많은 제약이 있었으나 수술수기의 발전과 기구의 개선, 마취방법의 개선, 체액보충 등의 체계적인 이론의 확립에 힘입어 현재는 비교적 안전한 수술이 되었다.

1) 지방흡입술의 역사

지방 흡입술은 1974년 이탈리아의 산부인과 의사인 Dr. Giorgio Fischer가 산부인과 수술기구를 이용하여 지방 흡입을 시도한 것이 최초이며 1978년 프랑스의 성형외과 의사인 Dr. Illouz에 의해 보편화되기 시작했다. 미국에는 1980년대에 도입되기 시작했는데 단순히 음압에 의해 지방을 빨아들이는 방법에 불과하여 지방 흡입양도 적을 뿐 아니라 수술 시 사망의 위험 및 합병증 발생 가능성이 높았다. 그러나 1985년 미국의 피부과 의사인 Dr. Jeffrey Klein, Dr. Patrick Lillis가 투메슨트 용액(tumescent solution)이라는 특수하게 배합된 마취 용액을 개발하여 보다 많은 지방을 안전하게 제거할 수 있게 되었다.

이와 같은 합병증은 수술 기술이나 수술 범위, 지방흡입량, 수술 시간 등 여러 가지 요인에 의해 생길 수가 있다. 일반적인 경우 저혈성 쇼크나 색전증과 같은 심각한 부작용은 매우 드물고 피부가 울퉁불퉁해지거나 과교정 혹은 저교정과 같은 부작용이 대부분이라 할 수 있다. 하지만 우리나라에서 시행되는 지방흡입술의 대부분이 미용 목적인 만큼 안전에 최우선을 두는 것이 중요하다고 하겠다. 먼저 지방흡입이 꼭 필요하고 효과가 있는 경우에 시행하고, 과도한 양을 뽑으려 하거나 너무 많은 범위를 한번에 수술하고 수술시간이 걸어지는 것은 지양하는 것이 바람직하다.

2) 지방흡입술의 종류

(1) 투메슨트 테크닉

투메슨트 테크닉이란 지방흡입을 하기 전에 지방을 녹여주는 액으로 수술부위를 최대한 부풀린 다음 지방층이 2배 이상 부풀려져 있기 때문에 3차원적으로 보다 균일하게 지방을 흡입할 수 있다. 또한 부풀려진 지방에 의해 혈관과 신경이 좁아져서 출혈이 거의 없고 신경손상도 피할 수 있다. 투메슨트 용액이 체내 지방과 골고루 유화되도록 외부초음파로 마사지한 후 진동을 이용한 지방흡입기로 지방을 빨아들인다. 압축된 공기를 이용한 진동 에너지는 체내의 지방세포를 골고루 탈구시켜주기 때문에 수술시간을 효과적으로 줄여주고 수술 후의 잔여 통증도 훨씬 덜하다.

이러한 방법은 과거 지방흡입술의 대표적인 부작용으로 지적되었던 피부 표면이 울퉁불퉁하게 되는 현상을 깨끗하게 없애주었고, 수술 후 멍이나 부기도 거의 없기 때문에 스펀지를 제거하면서 수술 부위의 탄력과 지방흡입의 효과가 잘 나타나고 있다.

(2) 초음파 지방흡입술(UAL: Ultrasound assited liposuction)

① 워터젯 지방흡입술(Water assisted liposuction)

워터젯 지방흡입술은 미세한 물 분사를 이용해 혈관이나 신경을 지방세포로부터 분리시켜 선택적으로 지방세포를 파괴하는 방법으로 물을 이용하기 때문에 조직에 손상을 주지 않으며, 수술 후에 오는 부종이나 멍, 피부가 둔해지는 증상 등을 줄어드는 장점이 있다고 한다.

② 외부초음파 지방흡입술(External ultrasound assited liposuction)

외부초음파 지방분해기는 피부 바로 아래 얕게 깔린 2cm두께의 지방을 골고루 분해 시킨다. 피부 바로 아래의 지방을 녹이기 때문에 수술 후 피부의 탄력을 높이는 효과도 얻으며 수술 후 멍과 부종도 적게 해 준다. 외부 초음파를 가하면 지방조직 내에 미세한 기포들이 생기게 하고 그것들이 터지면서 지방세포르부터 지방이 흘러나오게 하기 때문에 흡입이 훨씬 용이해지며 장점은, 원치 않는 지방조직만 선택적으로 파괴하므로 보통 시행하는 지방흡입술 때와는 달리 동맥이나 정맥, 림프관, 신경 등이 손상되고 않고 출혈이 거의 없으며 수술한 부위의 피부 면에 물결 모양의 변형이 적게 생긴다는 것이다.

③ 내부초음파 지방흡입술(Internal ultrasound assited liposuction)

내부초음파 지방흡입술은 초음파를 발사하여 지방을 녹인 후 배출시키는 방법으로 초음파 봉을 직접 체내에 넣어 흡입봉 끝에서 초음파를 발사시킨 후 지방을 빼내는 방식이다. 이는 단순한 음압을 이용한 지방흡입에 비해서 효과가 좋다고 하나 수술 후 물이 많이 차고 피부 화상이 생길 수 있고 종아리나 대퇴부 등과 같이 섬유성 격막(fibrous area)이 발달되고 주로 피부 표면층에 지방(superficial fat)이 축적된 경우에는 좋은 효과를 얻기 힘들어서 많이 사용되지는 않는다.

④ 진동 지방흡입술(PAL : Power assisted liposuction)

진동식이란 지방흡입관을 빠른 속도로 진동을 하면서 뽑는다는 것이다. 이는 기존의 캐뉼라를 사용하는 지방 절제술이 공기 압축효과에 의해서 보충이 된 것이라고 할 수 있다. 가느다란 관을 통해서 음압이나 또는 초음파로 흡입하는 지방 흡입술과 달리 모터가 장착되어 있는 진동을 이용해서 지방을 떨어지게 만든 후 배출해 내는 방식으로 모터의 힘으로 진동을 시키는 것이므로 엄밀히 말해서는 원리에 있어 진동식으로 보고 있다. 이 진동식의 장점은 시술자가 편안하게 시술을 할 수 있으며 시술자의 손 왕복운동을 모터가 대신해 쉽게 시술할 수 있는 것이 장점이다.

⑤ 레이저 지방흡입술(Laser assisted liposuction)

레이저 지방흡입술이란 지방흡입 시술 전후 또는 시술 도중에 635nm 저출력레이저를 조사하여 흡입하는 방식으로 아래와 같은 효과가 있다고 한다.

- 지방의 액화가 촉진되어 흡입이 용이하다.
- 그러한 용이함 때문에 일정량을 흡입하는데 걸리는 시간이 줄어들고 전체적인 시술 시간이 단축된다.
- 시술 후 회복이 빠르고 특히 붓기나 멍, 움푹 패이는 현상들이 감소하여 수술 후의 조직 재생과 상처 치유를 증대시켜준다.

제6장
비만관리용 제품성분

1. 비만관리용 화장품 성분

1) 해조(See weed)

해조는 약 25,000여종으로 해조에는 효소와 비타민(A, B_1, B_2, B_6, B_{12}, C, D, E, F, K, P), 미네랄, 아미노산(글루타민산, 시스틴, 매치오닌, 로이신, 바틴, 티로신, 리진, 아스파라긴산 등)과 탄수화물, 지방, 엽록소 등이 함유되어 있다.

다음은 해조 요법을 이용한 건강 관리의 효과이다.

① 미네랄과 산소 공급 및 독소, 노폐물을 제거함으로써 신진대사 기능을 활성화시킨다. 독소 및 노폐물의 배출로 인하여 관리후 노폐물(수분)의 양이 증가한다. 전신, 안면 관리후 일반적으로 이뇨(소변), 배설(변) 작용이 수반된다.

② 자가열 및 신진대사의 활성화로 자율 신경계를 자극하여 전반적인 신체 기능이 상승되고 이를 통하여 근본적으로 얼굴 관리의 효과가 배가 된다. 해조를 통한 비만관리 효과로는 인체내 노폐물 배출, 독소의 정체 해소, 셀룰라이트 관리 등이 있다.

③ 혈액 순환 부진 및 독소, 노폐물(수낭)의 정체를 해소시켜 줌으로써 셀룰라이트 관리에 효과가 있다.

④ 신체 장기 이상 및 변비가 있는 경우, 생리통, 류마티스, 관절염 치유 효과가 있으며 수술후 회복을 위한 보조적 치료 요법(외상 치료의 보조 기능)을 병용할 수 있다.

2) 올리고머

올리고머는 동결 건조한 해수의 농축물로서 마그네슘, 염소, 황산 이온, 칼륨, 취소, 칼슘, 스트론튬, 비소, 리튬, 불소, 망간, 철, 아연, 모리브덴, 인, 니켈, 구리, 세렌, 요오드, 알루미늄, 코발트, 크롬, 카드뮴, 비스마스, 인지움, 바나지움, 나트륨 등을 함유한다. 올리고머에는 생명에 없어서는 안되는 미량 원소가 다량 함유되어 있다. 생물의 신체 내에서 보통 일어나는 대사를 위한 촉매 작용에는 미량 원소가 필수 요소이다.

올리고머를 통해 신체의 바란스를 위해 반드시 필요한 미네랄과 미량 원소를 섭취하는 것이 가능하다. 올리고머는 미네랄 공급과 노폐물 배출을 용이하게 해준다.

104여종의 미량 원소, 미네랄을 함유한 해수의 농축물로서 신체의 바란스 유지 및 대사 기능 촉진으로 인체의 근본적인 문제점을 개선시킨다. 특히, 마그네슘, 규산염은 산소 촉진, 열발생을 도모해 줌으로써 피부에 탄력을 부여해 준다.

2. 튼살 관리를 위한 화장품 성분

피부의 수화 작용과 탄력성을 향상시키는 것을 돕고 튼살이 생기는 것을 완화해주며 풍부한 비타민, 미네랄, 아미노산 등을 함유하고 있어 튼살 부위를 강화, 재생시키며 신진대사를 원활하게 도와 준다.

콜라겐 합성 촉진으로 피부 조직을 강화하고 섬유아세포의 자극으로 튼살 조직을 재생하며 콜라겐, 엘라스틴 분해효소 억제로 탄력을 유지한다.

특히 임신 기간 중 튼살 예방 및 유연 탄력을 유지시키며 결합 조직 강화로 진피 층 내의 콜라겐과 엘라스틴을 보호해 준다. 또한 콜라겐 합성을 자극하고 손상된 조직을 회복시켜 주며 튼 살 관리를 위한 화장품 성분으로는 다음과 같은 것이 있다.

① 아카시아꽃 유액

수화와 재구성

② 식물 추출물

치료

③ 팔마로사

재생

④ 알긴이트

순환 촉진, 강화

⑤ 규조류, 에파린

강화, 재생

⑥ NMF

보습 강화

⑦ 애프리코트 케르넬

영양 보강

3. 셀룰라이트 관리를 위한 화장품 성분

셀룰라이트가 여성에게만 생기는 원인은 여성의 피하지방층 구조와 피부결합조직의 섬유세포의 구조 때문이다. 남성은 피부결합조직의 섬유세포가 십자형으로 치밀하게 짜여져 그 아래층인 피하지방층의 지방세포를 잘 견제하고 있다. 그러나 여성의 섬유조직은 수직형으로 치밀하지 못해 지방층을 잘 누르고 있지 못하고 있는데다 남성보다 피하지방층이 두껍고 벌집모양의 구조로 되어 있다. 이 벌집형태의 지방즈직속에서 수분과 노폐물, 지방이 혼합되어 부풀게 되면 엉성한 섬유조직으로 짜여진 결합조직을 밀고 올라와 살갗이 울퉁불퉁하게 되며 힙, 허벅다리, 배, 종아리, 허리 부근에 지방이 몰려 있어 이 부위에 주로 셀룰라이드가 형성된다.

셀룰라이트 생성의 또 하나의 원인은 노폐물과 이를 운반하는 임파조직의 역할이다. 지방조직에 체내의 수분인 체액과 노폐물이 충만해져 모세혈관의 혈액순환 장애를 일으켜 셀룰라이트가 생기게 된다.

따라서 혈액순환을 촉진시켜 신체내의 독소와 노폐물을 배출시키고 피부의 결합조직을 구성하는 주섬유인 콜라겐의 합성을 촉진하고 피부의 수화작용과 탄력을 강화시킨다.

① 이르니카

항흡착, 치료효과, 순환촉진, 피부에서 노폐물을 제거시키고 새로운 조직의 생장을 촉진

② 무코폴리사카라이드

건강한 피부가 원하는 수분결합을 가능하게 하므로 피부수분함량을 높이며 탄력을 향상시킨다.

③ 제라늄

림프순환촉진

④ 레몬

파손된 모세혈관 복구 및 강화

⑤ 사이프러스

정맥류 개선

⑥ 티트리

독소배출

⑦ 로즈마리

림프순환 촉진, 비만에 효과

⑧ 파츄리

피부탄력유지, 셀룰라이트 제거

⑨ 그레이프 푸르트

임파계 자극, 셀룰라이트 제거

4. 입욕 제품의 화장품 성분

1) 분말 타입

슬리밍, 독소, 노폐물 배출을 위한 입욕제, 미네랄 공급, 휴식, 활력을 위한 입욕제 등 다양한 종류가 있는데 그 효과를 살펴보면 다음과 같다.

- 자연적인 지방분해 과정의 활성화
- 독소와 노폐물 제거
- 릴렉스와 편안한 상태 부여
- 세포 물질 교환 촉진
- 신체내 노폐물, 화학 물질 분해
- 스트레스 방지

주요 성분으로는 다음과 같은 것이 있다.

- 라미나리아 디지타타 : 신진대사 활성
- 아스코필름 노도숨 : 릴렉스
- 볶지 않은 커피 추출물 : 지방 분해
- 올리고머 : 세포 물질 교환 촉진

2) 액상 타입

미량 원소가 풍부하며 신진 대사를 촉진하여 조직 내의 수분 배출을 촉진시킨다. 피로 회복 효과가 우수하여 스트레스에 대해 효과적인 해결책, 보습 기능 강화로 탄력 유지를 도모한다.

주요 성분을 살펴 보면 다음과 같다.

- 라미나리아 페오필트라 : 신진대사 조절
- 올리고머 : 미네랄 공급, 세포 물질 교환 자극
- 아스코필름 페오필트라 : 휴식, 릴렉스

5. 전신 마스크의 화장품 성분

1) 분말 타입

발한 작용의 활성화로 독소, 노폐물을 제거하고 전신관리 전에 릴렉스 및 혈액 순환 개선을 통해 신진대사의 기능을 활성화 한다. 또한 셀룰라이트 분해를 통해 신체의 균형을 유지시키며 모세혈관 강화로 세포 조직의 재생을 촉진하고 세포에 활력을 부여하여 원활한 림프 배농작용을 할 수 있다.

주요성분은 다음과 같다.

- 푸쿠스 : 독소, 노폐물 제거, 한선 자극
- 아스코 필룸 노도숨 : 릴랙스
- 올리고머 : 세포 물질 교환 촉진
- 라미나리아 디지타타 : 기초 대사 증진
- 해양 침전물 : 해독작용
- 볶지 않은 커피 추출물 : 지방 분해
- 클로렐라 : 세포조직 탄력성강화
- 갈파래상치 : 혈액순환 강화로 탄력 강화
- 위치하젤 : 수렴
- 민트 추출물 : 혈관 수축, 배농

2) 젤 타입

기능은 분말 타입과 유사하며 주요 성분은 다음과 같다.

- 라미나리아 페오필트라 : 신진대사 활성
- 리폴리틴 : 지방 가수 분해
- 올리고머 : 미량 원소 공급
- 라벤더 : 진정, 신진대사 강화
- 바실리카 : 자극
- 일랑일랑 : 향기, 신진대사 강화
- 세이지 : 자극
- 백단향 : 향기

6. 전신관리용 화장품 성분

전신 관리를 위한 아로마 오일의 종류는 매우 다양하며 그에 따른 작용도 세분화되어 있다. 다음은 각 아로마 오일의 종류와 기능이다.

- 로즈 : 영양, 재생, 탄력 증강
- 로즈메리 : 혈액순환 촉진, 탄력, 수렴작용
- 페티그레인 : 피부 활력 증강, 순환촉진
- 일랑 일랑 : 피지분비 정상화
- 판테놀 : 피부 염증 제거, 세포분열 촉진, 피부개선
- 라벤더 에센셜 오일 : 진정, 개선, 세포재생
- 까모마일 에센셜 오일 : 진정, 항염, 붉음증 완화, 순환 촉진
- 아줄렌 : 진정, 항염
- 알란토인 : 보습, 진정, 붉은 피부의 개선, 재생
- 그레이프룻 에센셜 오일 : 모공 축소, 독소 제거, 순환 촉진, 모공 세척
- 레몬 에센셜 오일 : 독소 제거, 모공내 노페물 제거, 모세혈관 강화, 피지 제거, 독소 제거
- 헤이즐넛 오일 : 영양 공급
- 센달우드 에센셜 오일 : 항염, 모공 축소
- 만다린 에센셜 오일 : 피지분비 정상화
- 소프 워트 : 천연 세정제, 노폐물 제거
- 버독 : 독소 제거, 노폐물 제거
- 제라니움 에센셜 오일 : 진정, 상처재생
- 칼렌듈라 : 순환 촉진, 진정
- 아르니까 : 진정, 재생
- 식물성 스쿠알렌 : 비타민 공급, 재생
- S.O.D : 노화 방지
- 트라이크로산 : 항염작용
- 캄포 : 보습, 항염작용
- 호스체스넛 : 붉은 피부의 완화
- 아줄렌 : 진정작용
- 씨 설트 : 삼투압 작용
- 조조바 그래뉼 : 각질 제거
- 글라이콜릭 에시드 : 각질 제거, 재생촉진

· 살리실릭 에시드 : 피지 제거, 항염, 각질 제거
· 히아루로닉 에시드 : 보습, 재생 라인
· 코직에시드 : 각질 제거
· 파인애플 엔자임 : 각질 제거
· 복숭아 엔자임 : 각질 제거
· 로즈메리 에센셜 오일 : 탄력증강, 혈액순환 촉진
· 사플라워 오일 : 재생, 영양
· 칼렌듈라 : 진정, 개선
· 쉐아버터 : 영양, 유연, 보호막 형성
· 밀크프로틴 : 각질 제거
· 리바이탈린 : 세포재생, 산소 공급
· 크린토니아 보릴리스 : 산소 공급 , 세포재생
· 에팔린 : 산소 공급, 세포재생
· 필리펜쥴라 러브라 : 산소 공급, 세포재생
· 미모사테누이플로라 : 산소 공급, 세포재생
· 셀렌다인리포좀 : 예민개선 리포좀
· 비타민 C : 노화 예방, 항산화 작용
· 식물 D.N.A. : 미백, 재생, 모이스춰라이징
· 연어 D.N.A. : 보습, 상처재생
· 앰니오틱리퀴드 : 세포재생 및 성장 촉진, 보습
· 홍선 추출물 : 세포재생, 성장, 분열 촉진
· 프로폴리스 : 항염, 모세혈관 강화, 유해산소 제거
· 식물성 스쿠알렌 : 비타민 공급, 영양공급, 노화 방지
· 베타 - 글루칸 : 면역기능 강화
· 베티버 에센셜 오일 : 항염, 진정
· 티트리 : 항염, 재생촉진
· 카로틴 : 표피 보호, 피부개선
· 솔비톨 : 보습
· 알게 : 순환촉진, 아미노산, 미네랄 공급
· 엔자임 : 각질 제거
· 소이 단백질 : 재생촉진
· 맨톨 : 혈액순환촉진
· 뮤코폴리 사카라이드 : 탄력, 보습, 늘어짐 개선

· 구아라나 : 독소 제거, 이뇨작용, 붓기 제거
· 카페인 : 독소 제거, 순환 촉진
· 까르니친 : 셀룰라이트 제거
· 메칠 - 니코티네이트 : 독소 제거
· 테오브로민 : 독소, 이뇨, 붓기 제거
· 씨위드 : 순환 촉진, 세포대사 촉진
· 마린 썰트 : 세포대사 촉진, 순환 촉진
· 미네랄 썰트 : 미네랄 공급, 삼투압 작용
· 사이프러스 : 이뇨작용, 붓기 제거
· 소디움 비 카보네이트 : 독소 제거
· 비타민 E : 항노화, 재생 촉진
· 버치 에센셜 오일 : 근육긴장 완화
· 사이프러스 에센셜 오일 : 순환 촉진, 이뇨작용, 독소 제거
· 민트 에센셜 오일 : 순환 촉진
· 유칼립터스 에센셜 오일 : 붓기 제거, 순환 촉진
· 무어 : 비타미, 미네랄 공급, 엔자임, 천연 항염제
· 파인 에센셜 오일 : 항염 작용, 순환 촉진

제7장
비만관리용 기기

1. 비만기

1) 원리

근육의 수축과 이완을 통해 운동 에너지를 발산시키는 운동을 기본 원리로 개발된 기기이다. 파라딕 주파를 이용하여 에너지를 최대로 발산시켜 근육운동을 수행하게 하는 저주파기기로 사다리꼴 모양의 주파 형태를 이용하여 수직 근육운동과 비틀임 근육운동을 통해 효과적인 사이즈 감소 효과를 가져온다.

기기의 자극으로 수축되는 근육 주위의 지방이 에너지화 되어 칼로리를 소비하게 된다. 근육의 수축, 이완과 함께 비틀리는 효과(Twist)에 의한 최대한의 에너지 발산 뿐만 아니라 조직의 체액과 노폐물의 순환을 촉진하여 인체내의 불필요한 수분과 노폐물이 순환계를 통하여 신장으로 배출되는 신체 정화 기능을 증진시켜 준다. 기기 작동시 각 섬유 조직의 운동이 단지 근육 축대 운동에만 의존하여 움직이는 것이 아닌 근육 운동의 축을 중심으로 가볍게 순환해 가면서 수행하는 모습을 볼 수 있는데, 이는 근육의 조직과 근육세포를 동시에 압박과 조임(Compression and Squeezing)의 운동과정을 수행하게 해주는 기구로써 비만의 문제를 해결하여 줄 뿐만 아니라 근육이 탄력을 주어 탄력있는 몸매의 형성에도 도움을 주고 있다.

기기의 자극으로 수축되는 근육이 주위의 지방 조직으로부터 수축에 필요한 에너지를 흡수한다. 간단하게 피부에 자극을 주는 것만으로도 피하지방 조직의 지방이 가진 칼로리를 소비하게 된다. 그와 동시에 주위 조직을 압착하는 효과에 의해 조직의 체액과 노폐물의 순환을 촉진 함으로써 불필요한 수분과 노폐물이 신장을 거쳐 소변으로 배출되는 정상적인 신체정화 기능을 증진시키게 된다.

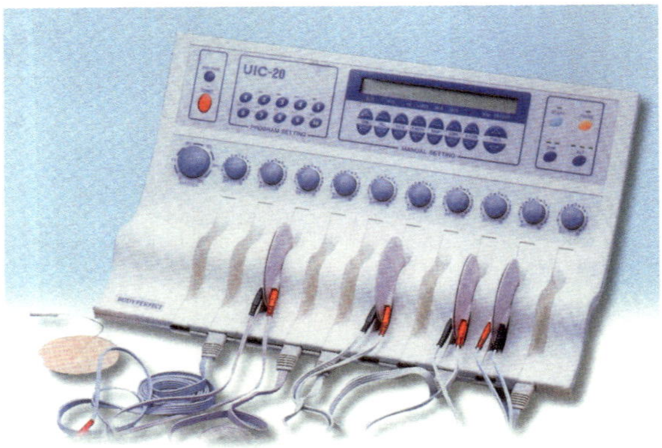

그림 7-1 비만기

2) 장점

① 자연적인 체중감소가 용이하다.
② 체지방 감소와 부분 비만에 효과적이다(예 : 하복부 비만).
③ 탄력관리를 병행해서 실시할 수 있다.
④ 수축과 이완 작용으로 근육에 무리를 주지 않고, 자연스럽게 탄력을 유지하고 에너지를 방출한다.
⑤ 식욕을 유발하지 않아 에너지 방출 후의 과식을 막는다.
⑥ 에너지 발산효과로 노폐물 배출효과가 탁월하다.
⑦ 사이즈 감소와 탄력관리가 동시에 이루어질 수 있다.

3) 사용방법

① 고객마다 비만의 원인이 다르기 때문에 고객과의 충분한 상담을 통하여 비만의 원인을 파악하여야 한다. 상담 내용을 중심으로 고객 기록카드를 완성한 후에 고객의 요구를 가장 잘 충족시킬 수 있는 관리를 선택한다.
② 1일 기준 약 1.5 l 이상의 물을 마시도록 한다.
③ 원활한 신진대사 활동을 위하여 비만 기기관리를 하기 전과 끝난 후에 물 한 컵을 마시도록 한다.
④ 관리의 효과는 근육이 적절히 자극받고 수축해야만 나타난다. 근육이 충분히 수축하지 않거나 스폰지와 전선의 위치가 올바르지 않으면 효과를 기대할 수 없다.

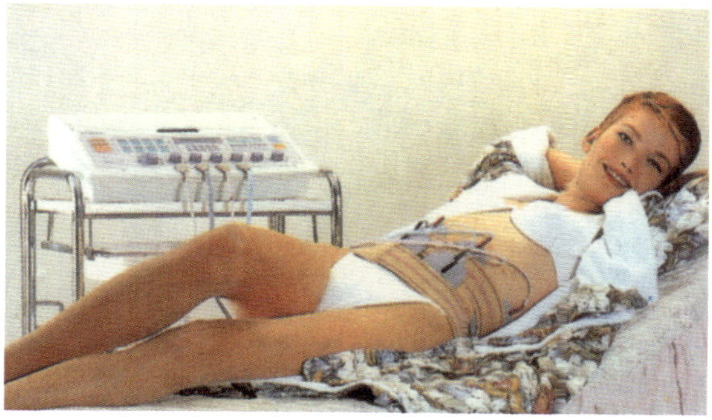

그림 7-2 비만기 사용방법

⑤ 기기를 켜기 전에 벨트의 장력, 스폰지와 전선의 위치를 반드시 확인한다.
⑥ 스폰지 장치후 허벅지 사이에는 젖은 스폰지가 서로 닿지 않도록 마른 수건이 제대로 끼워져 있는지 꼭 확인한다.
⑦ 처음 관리는 우선 간단하고 쉽게 할 수 있도록 한다. 고객이 전기 자극에 익숙해 지도록 모든 관리 부위에 대해 자극의 강도를 서서히 늘여 준다.
⑧ 관리를 받는 동안 고객이 긴장을 풀고 편안한 마음으로 관리를 받을 수 있도록 충분히 유도하여 준다. 기기의 작동 원리와 관리의 결과를 잘 설명하고 무엇보다 관리가 안전하다는 것을 확신시켜 주어야 한다.
⑨ 관리는 적어도 일주일에 두 세 번은 받도록 한다. 항상 관리 후에는 하루나 이틀 정도의 휴식 시간을 갖도록 하며 적정한 관리 횟수는 일주일에 3회 정도이다.
⑩ 림프관리 병행시 동일한 날에 비만 기기 관리를 실시 하지 않도록 한다. 이는 신장에 무리를 가져 오기 때문이다.
⑪ 관리는 15분을 초과하면 안된다. 기기를 준비하는 시간을 2~5분 더하여 총관리 시간이 17~20분이 되도록 한다.
⑫ 신체의 정면과 뒷면이 모두 비만인 경우 정면 관리와 뒷면 관리를 동시에 하지 말고 먼저 원하는 부위나 비만이 가장 심한 곳부터 관리한다.
⑬ 최소한 한 부위에 대해 10회 이상의 관리를 해야만 만족스런 결과를 얻을 수 있다. 일단 한 부위에서 만족스런 효과를 얻은 뒤에 다른 부위로 진행하도록 한다.
⑭ 신체의 정면과 뒷면의 동시 관리는 미용에 큰 영향을 미치지 않는 아랫배, 엉덩이, 허벅지, 둔부 등에만 사용하는 것이 좋다.
⑮ 전신 비만인 경우 전신 관리 프로그램보다는 부위별로 관리가 끝난 후에 관리하여 주는 것이 효과적이다.
⑯ 비만 기기 관리로 효과를 본 경우에도 5~6개월 마다 다시 재관리를 받는 것이 좋다.

⑰ 매번 관리할 때마다 고객의 몸 치수를 측정할 필요는 없다. 관리를 시작하기 전에 측정하고 중간에 한번, 관리가 끝난 후에 한번 측정하는 것이 적당하다.
⑱ 신체 치수를 잴 때 정확하게 전과 동일한 위치에 줄자를 대고 측정하는 것이 불가능하기 때문에 치수측정 결과에 지나치게 구애받아 관리를 좌우하는 것은 좋지 않다. 육안으로 확인되는 경험을 중시한다.
⑲ 고객의 치수측정 결과는 고객에게 관리의 효과를 확신시켜 주는데 유용한 것이다.

4) 비만기 관리가 불가능한 경우

① 인공 심장기 또는 인공 신장기를 사용하고 있는 사람
② 관리 부위나 주변 부위의 체내에 금속 삽입물을 가진 사람
③ 임산부나 임신의 가능성이 있는 사람(안면관리는 무방하다)
④ 루프 사용자는 임신 가능성의 여부로 복부 관리를 금한다.
⑤ 피부 질환이나 상처가 있는 사람
⑥ 관리하려는 부위에 실리콘이나 기타 삽입물을 가진 사람
⑦ 심장병을 앓았던 경험이 있거나 현재 심장병을 앓고 있는 사람
⑧ 신장병을 심하게 앓고 있어 계속해서 신장약을 복용하고 있는 사람
⑨ 자궁내 물혹이나 자궁 근종이 있는 사람
⑩ 신체허약자
⑪ 만 20세 미만의 전체 성장 미발육자(만 20세 미만은 성장기 발란스가 완성되지 않은 상태로 변화가 많아 일시적인 비만 현상일 수 있으므로 식이요법 및 운동 요법을 권장하여 준다)
⑫ 출산 후에는 첫 생리후에 시작하고(최소한 출산 50일 이후) 모유 수유시 가슴관리는 삼가한다.

5) 사용할 때 주의사항

① 집중 관리시 격일제로 관리 한다. 효과를 빨리 보려고 매일 관리시에는 오히려 신장에 무리를 줄 수 있으므로 신체가 붓는 경우가 발생될 수 있다.
② 림프 순환의 문제를 안고 있는 고객에게는 먼저 림프 마사지를 통해 림프 순환을 도모한 후 비만 관리를 하여야만 한다. 림프 순환이 제대로 되지 않은 상태에서 무리하게 비만관리를 행하게 되면 일시적인 효과를 볼 수는 있어도 시간이 지나게 되면 오히려 부종을 악화시키는 결과가 발생될 수도 있다. 이점 항상 유의하여 비만관리에 임해야 한다.

③ 고객이 림프 순환 관리를 받고 있을 시 림프 다사지와 비만 관리기를 동시에 병용할 수 없다. 이는 비만기의 노폐물 제거와 림프의 독소 제거 기능들이 모두 신장을 통해 배출되기 때문에 신장에 무리를 초래할 수 있기 때문이다.

④ 스폰지에 물이 많으면 관리시 통증을 유발할 수 있으므로 물을 많이 적시지 않도록 한다.

⑤ 비만기 관리시 최소한 전 후 30분은 식사를 하지 않도록 한다. 가장 좋은 시간은 공복시에 비만관리를 행하는 것이다. 공복시 비만관리는 혈중 지방의 농도를 가장 많이 연소시킬 수 있기 때문이다.

⑥ 비만기 관리시 고객과 관리자는 항상 몸에 지니고 있는 모든 액서사리를 부착하지 않도록 유의하여야 한다.

⑦ 슬리밍 제품을 사용할 때는 반드시 비만기 관리가 끝난 후에 사용한다.

⑧ 비만기 관리시 전기의 자극으로부터 고객이 긴장하지 않도록 첫 관리시에 고객에게 안전성에 관한 충분한 설명과 함께 고객이 편안하고 즐거운 마음으로 관리를 받도록 최대한의 배려를 하여야만 한다.

6) 비만기의 작동법

각 비만기 회사 마다 작동법에 차이점이 있을 수 있으므로 사용설명서를 반드시 숙지하여야 한다.

① 깨끗이 세척된 스폰지를 따뜻한 물에 적신다.

② 적셔진 스폰지에 금속판을 끼워 놓는다.

③ 두 겹의 스폰지 부분이 신체에 접촉되게 장치하여야 한다.

④ 각 스폰지를 고무 밴드로 잘 고정시켜 고무밴드가 작동시에 움직이지 않게 고정 시켜 준다.

⑤ 전원의 상태가 220V 인지 확인한다.

⑥ 작동전에 모든 스위치가 꺼져 있는 상태인지 확인하여야 한다.

⑦ 전압계의 6개의 손잡이가 모두 '0'을 가리키고 있는지 확인한다. 한 스위치라도 켜져 있는 상태에는 기기가 작동되지 않는다.

⑧ 맨 왼편의 1번선부터 6번선까지 차례로 집게를 프로그램에 맞추어 판에 연결시킨다.

⑨ On, Off 버튼을 누른다.

⑩ 관리시간의 타이머를 17분으로 맞춰 놓는다. 이는 15분 간의 시술과 근육 운동 준비를 위한 2분을 포함하는 것이다.

⑪ 주파수를 400Hz 또는 600Hz 중 고객의 상태에 맞게 선택한다. 일반적인 근육조직을 지니고 있는 고객에게는 400Hz를 사용하며 노화로 피부의 탄력이 저하된 고객에게는 600Hz를 사용한다.

⑫ Frequency Pause 손잡이를 중간 위치에 맞추어 놓는다. 이것은 근육운동 시간의 1.5배에 해당하는 휴식시간을 주기 위한 것으로 이 배합은 슬리밍과 퍼밍의 관리에 모두 가장 적절한 조건이다.

⑬ 스타트 버튼을 눌러 관리를 시작한다.

⑭ 전류 흐름을 조절하기 위해 손잡이를 조심스럽게 천천히 돌려 고객의 근육 움직임을 주시하면서 원하는 근육 수축에 이르게 한다. 너무 빨리 주파수를 높이면 경고음이 울리게 되며 고객이 통증을 느낄 수도 있다.

⑮ 조절 손잡이는 한번에 두 개씩 돌려준다. 관리 도중 항상 함께 조절해야 한다. 대개 근육 수축을 적절히 조절하는데 소요 시간은 2~3분 정도이다. 관리를 받는 고객들은 관리 부위에 따라 사람마다 다른 반응을 보인다. 전선이 연결된 부위를 확인하고 손잡이를 돌려가면서 각각의 작동을 증감시켜 마지막으로 근육 수축을 명확히 확인하고 통증이 없고 기분이 쾌적해야 한다. 근육의 움직임을 잘 관찰하여 보다 좋은 효과를 가져올 수 있도록 한다.

⑯ 17분의 관리가 끝나면 기기는 자동적으로 꺼지게 된다.

⑰ 작동이 꺼지면 먼저 On -Off 스위치를 내려준다.

⑱ 조절 손잡이를 돌려 모든 Circle의 스위치를 모두 '0'의 상태로 돌린다.

⑲ 집게 위쪽의 버튼을 눌러 스폰지에서 떼어 놓는다.

⑳ 수건과 스폰지, 고무 벨트를 제거한다.

㉑ 연결 전선을 잘 정리하여 가지런히 놓는다.

7) 비만기의 유지 관리방법

① 스폰지는 따뜻한 수돗물에 적시어 사용한다. 증류수는 이온화되지 않아 전류가 흐르지 않는 경우가 발생한다.

② 스폰지 관리는 반드시 비만 관리가 끝난 후 깨끗이 비눗물에 세척한다.

③ 스폰지는 정기적으로 최소 30분 동안 자외선 살균을 하여 주어야 한다.

④ 관리를 받고 있는 사람이나 기기에 금속성 물체를 접촉시켜서는 안된다.

⑤ 고무 밴드는 솜에 알코올을 묻혀 닦은 후 파우더를 발라 서로 엉겨 붙는 일이 없도록 한다.

⑥ 관리에 관계된 전극의 배치는 각 업체마다 다르므로 설명서에 따라야 한다.

⑦ 열 원체(라디에이터, 난로 등) 와 증기를 내는 물체에 비만기를 가까이 두지 않는다.
⑧ 비만기를 움직일 때 주의한다. 플러그는 제대로 꽂혀 있는지 스위치를 켜놓은 상태인지 등을 면밀히 검토한다.
⑨ 스위치를 켰는데도 작동이 되지 않으면 기기 뒷면의 퓨즈를 체크한다. 퓨즈의 이상이 있으면 퓨즈를 교체한다.
⑩ 모든 전선과 케이블이 플러그와 집게에 잘 연결되어 있는지 정기적으로 검사한다.
⑪ 본선이 플러그에 꽂혀 있는지 정기적으로 검사한다.

8) 인체 부위별 주파수 선택

(1) 턱 관리

① 안면 근육의 퍼밍관리 및 목과 뺨의 슬리밍 관리
② 얼굴 형태를 가다듬고 탄력을 회복할 수 있으며 이중턱을 제거할 수 있다.
③ 반원형으로 움직이면서 목 근육에 관리를 하고 미용게가 스며 들어가도록 한다.
④ 주파수 400Hz : 안면 턱 관리

(2) 안면 관리

① 먼저 아래부터 위로 올라가는 순서로 관리를 한다.
② 볼부위와 안륜근 그리고 마지막으로 전두근을 관리한다.
③ 양쪽에 기본 3회씩 관리한다.
④ 주파수 600Hz : 안면 퍼밍 관리

2. Lymph Drainage(림포지)

림프의 배액법은 오늘날 다양한 피부관리 분야와 정형외과, 피부과 등 의학 분야에서 물리 치료요법의 이론적 기본이 되는 원리로 통하고 있다.

림프의 순환은 동양의학의 경락과는 달리 1932년 생리학자이며 전문마사지사인 Dr. Emil Vodder와 그의 부인에 의해 개발된 림프 드레나쥐(Lymph drainage)는 림프의 순환 경로가 밝혀지면서 의학 분야와 피부관리 분야에 무한한 가능성을 제시한 방법으로 그 효과면에 있어 약 60여년에 걸쳐 점차 그 중요성이 증명되어 가고 있다.

피부 관리사들은 비만관리를 위해서 림프의 흐름을 이해하여야 한다. 림프 이상시 비만, 셀룰라이트의 형성, 여러 종류의 피부 트러블 등 각종 문제점들을 낳고 있다. 이러한 이유로 림프는 비만이나 피부트러블의 근본 원인이 되고 있음이 밝혀지고 있으며, 림프 순환을 개선시키기 위해 개발된 림프 마사지법은 미용관리의 기초가 되었다. 림프 마사지법은 림프의 문제를 근본적으로 해결하기 위해 흐름을 원활하게 할 수 있도록 하며, 또한 건강한 세포로 재생 될 수 있도록 한다.

이런 시점에 개발된 림포지는 최근 수년동안 작동과 기능에서 빠르고 안전하게 나타나고 있어 피부, 비만기의 일종으로 널리 사용되고 있다. 림포지의 장치는 모두 전산화되어 있어 맥박의 형태를 매 10초 마다 체크, 변화되어지는 상태를 마이크로 컴퓨터에 신호를 보내 심장 박동과 같이 배출될 수 있도록 운행되어지며 배출될 때 필요한 압력이 수은 기준으로 30~33mmHg 안에 관리할 수 있도록 설계되어 있다.

사람들은 제각기 다른 환경 속에서 다른 세포 구조를 지니고 생활해 왔기에 사람마다, 지역마다 그들이 지니고 있는 근육의 상태, 구조, 연령, 생활 자세, 활동 범위, 성격 등 모두 다양한 형태를 띄고 있다. 림포지는 이러한 각양각색의 사람들에게 그 사람에게 맞는 특정적인 압력을 찾아내어 자극을 가함으로써 림프 순환을 행할 수 있도록 특별히 고안된 기기이다. 같은 원리로 정맥순환 시스템에도 탁월한 효과를 보이고 있다. 정맥의 순환을 통하여 모세혈관과 대정맥의 노폐물 등을 정화시키고 정맥관을 해독시키며 울혈들을 풀어주어 정맥류의 순환을 도와주게 되는 것이다.

그림 7-3 Lymph Drainage

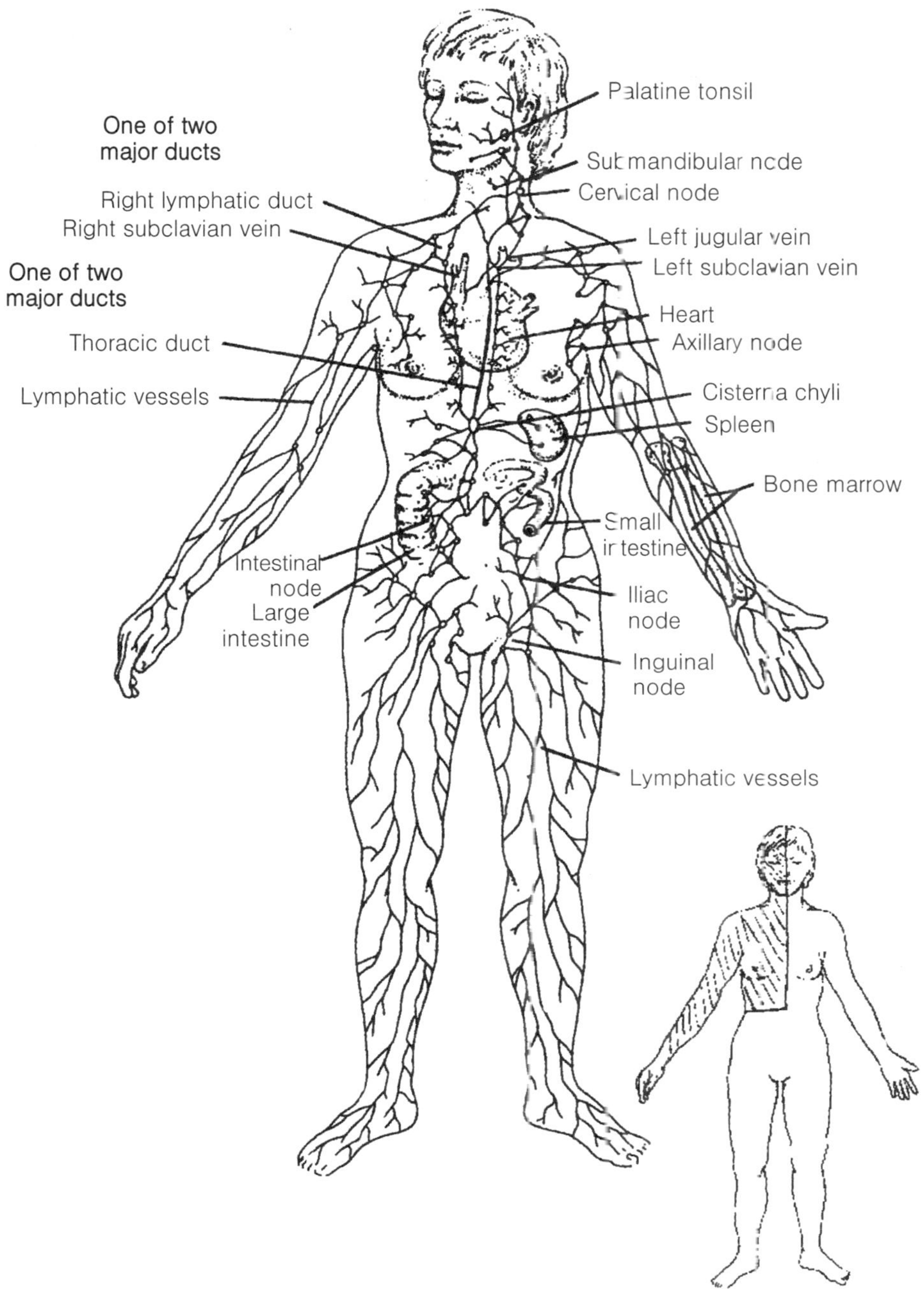
Palatine tonsil
One of two major ducts
Submandibular node
Cervical node
Right lymphatic duct
Right subclavian vein
Left jugular vein
Left subclavian vein
One of two major ducts
Heart
Thoracic duct
Axillary node
Lymphatic vessels
Cisterna chyli
Spleen
Bone marrow
Small intestine
Intestinal node
Large intestine
Iliac node
Inguinal node
Lymphatic vessels

그림 7-4 Lymph계

1) 원리

림프 드레나쥐의 3대 중요 요소인 ① 맥박수, ② 정확한 압력, ③ 배출의 방향을 최대한 만족 시켜주는 림프 순환기기이다.

(1) 맥박수

림프액을 심장박동과 동시에 배출하게 하며 이와 동시에 매 10초 간격으로 맥박을 체크하여 변화되는 심장 박동에 따라 마이크로 컴퓨터에 신호를 보내고 그 신호는 다시 생리학상의 맥박에 도달하게 되는, 즉 심장의 수축과 동시에 림프액이 원활히 배출될 수 있도록 한다.

(2) 정확한 압력

림프 마사지는 Dr. Vodder가 제시한 30~33mmHg의 압력으로 행해져야 하는데 누르는 압이 약할 경우는 효과가 없으며 너무 강할 경우에는 모세혈관을 압박해 모세림프관의 출혈이나 막힘을 가져올 뿐만 아니라 원래 흐르던 길의 흐름을 방해하게 되므로 이에 주의한다.

(3) 배출의 방향

이때 압력은 심장이 수축하며 말초 신경계로 피를 밀어낼 때인 심장 수축단계인 심장 수축 페이즈(Phase) 때 전달되게 된다. 즉 숨을 들이쉼과 동시에 Lymph Drainage의 순환시간을 화합해 주어야만 림프순환을 수행해 나갈 수 있게 되는 것이다. 그러므로 심장과 기기가 동시에 일치하여 같은 방향으로 압력을 추진하게 된다.

생리학적으로 심장이 피를 밀어내고 비게 되는 순간 림프의 순환이 이루어지며 부종을 해결하고 세포 및 림프조직 등을 정화시켜 주게 된다.

(4) 정맥류 순환

림포지는 동일한 원인과 작동방법으로 인하여 정맥의 순환도 원활하게 하여 모세혈관(소정맥)과 대정맥의 노폐물 등으로 인한 혈관내의 문제점도 해결하여 준다. 단 이러한 정맥의 흐름은 림프의 흐름과는 달리 심장이 이완되는 시기(심장에 혈액이 가득차 있는 순간)에 그 압력이 전달되어야 한다.

정맥 순환 시스템은 심장과 기기가 교대로 밀어내어 말초 신경에서 중추신경에까지 계속적인 흐름이 이어지게 되는 것이다. 이는 정맥을 정화시키고 해독작용과 아울러 울혈현상 등을 완화시켜 주며 심한 림프부종을 해결하여 주고 정맥류의 순환을 도와주게 된다.

2) 특징

(1) 짧은 관리 시간

림포지로 관리하게되면 림프관리 시간은 40분 정도로 단축 관리할 수 있어 고객 및 관리실에서 관리시간을 절약할 수 있다.

(2) 관리의 과학성

림포지는 정확한 컴퓨터 시스템으로 운영되므로 효과적으로 림프 문제를 해결할 수 있어 기존 림프 마사지의 부작용을 손쉽게 해결할 수 있다.

(3) 림프 순환 방향

림프는 근육 움직임과 순환계의 순환과정에서 림프절 및 심장 방향으로 미세하게 움직이는 특성을 가지고 있다.

특히 분자의 크기가 큰 불순물들의 주요 배출 통로이므로 이의 기능은 미용상 매우 중요한 역할을 한다. 이러한 림프의 정확한 배액을 위해서는 해부학적인 림프순환의 방향을 정확히 알고 그 방향에 따라 순환을 관리하여야 하는데 림포지는 림프의 순환방향을 정확히 관리하기 위해 림프절에 패드를 장치하여 림프의 순환 방향에 따라 관리하게 된다.

(4) 관리의 정확성

컴퓨터 시스템으로 매 10초 간격으로 맥박을 체크하므로 시간에 따라 변하는 고객의 맥박 속도에 맞게 관리할 수 있다.

(5) 정확한 관리압

고객의 문제 정도에 맞게 관리의 시작부터 끝날때까지 정확한 관리압을 측정하여 일정한 관리압으로 관리한다.

(6) 정맥류 관리

신체 Lymph Drainage와 함께 정맥류의 막힘을 예방 관리할 수 있다.

(7) 관리 범위

신체의 림프순환과 함께 얼굴의 림프순환까지 관리할 수 있다.

3) 효과

① 림포지는 림프조직 속에서 자유롭게 흐르고 있는 림프액을 원활하게 림프관이나 혈액속으로 보내 보통 림프 순환보다 10~20배 빠르게 순환할 수 있도록 한다.
② 림포지는 부교감 신경에 영향을 주어 안정을 시키고 긴장을 풀게 한다. 또한 정맥의 순환을 통하여 모세혈관과 대정맥의 찌꺼기 등으로 인한 혈관내의 문제점을 관리하여 울혈을 풀어주며 산소공급을 증가시켜 혈액내의 노폐물 제거에 효과적이다.
③ 림포지는 세포를 활성화하기에 피부의 재생력을 촉진시켜 준다. 비만의 주요 원인인 세포내의 독소와 노폐물 배설을 원활하게 하며 그로 인하여 비만관리, 특히 수용성 비만, 부종제거, 성형수술이나 신체수술 전후 신체 전반에 걸친 세포 원형회복, 눈그늘, 알레르기 피부, 눈주머니, 모세혈관 확장증, 여드름 관리 등에 효과적이다.

다음은 안면과 신체의 림프액 배출의 주요 효과를 살펴본 것이다.

① 피부관리 분야 : 화농성 여드름, 예민성 피부, 모세혈관 확장증, 알레르기, 습진, 임산부 관리, 비만관리, 필링시 부종관리 및 필링후 관리
② 부종 방지 및 해결 : 유방 수술후, 여러 가지 수술후 부종, 류마티즘
③ 미세 순환의 개선 : 신경계 질환, 알레르기, 천식, 기관지염, 소화장애
④ 세포 및 조직 재생 효과
⑤ 비만관리 : 셀룰라이트 관리 및 부종 관리

〈참고〉

부종과 셀룰라이트 현상

부종이란 생리학적으로 흡착되지 않고 세포조직 사이의 공간에 생긴 조직액(fluid)의 축적 현상이다. 인체는 혈액, 세포와 조직 사이에 흐르는 조직액, 림프액 등 수분이 약 70%를 차지하고 있다. 엄밀히 말하자면 몸무게의 50% 이상이 세포내의 수분과 조직간의 조직액이 차지하고 있는 것이다. 이것은 주로 세포내에 존재하고 있는 칼륨과 조직 사이에 흐르고 있는 조직액(fluid)에 존재하는 나트륨의 농도로 조정되는 매우 미세한 균형이다. 이때 염의 농도가 균형을 이루게 되면 수분과 미네랄의 대사가 원활하며 수분의 정확한 비율이 유지된다. 림프내의 나트륨 증가는 삼투압의 증가를 일으키게 되며 이를 희석하기 위해 신체는 물을 많이 요구하게 된다.

나트륨의 증가, 즉 염화 나트륨 염의 증가는 조직 사이에서 물이 많이 있는 세포외 조직액(extracellular fluid)의 증가를 일으킨다. 바로 이러한 현상을 우리는 셀룰라이트라고 말한다.

부종과 림프의 정체원인은 호르몬 방해, 월경주기의 방해, 폐경, 신부전증, 신장과 간의 질환, 림프관의 압박, 수술 등으로 인한 림프선의 제거, 염증, 알레르기, 음주, 흡연, 짠 음식, 주로 앉아서 하는 생활 환경, 순환계를 억제하는 자세나 옷차림 등이 있으며 그 증상으로는 부종, 셀룰라이트(cellulite), 과잉 체중, 피부색의 변화, 눈물 주머니 등을 들 수 있다.

얼굴과 몸의 림프 순환의 적용은 전체 림프 계통의 빈곳을 자극하여 림프의 과다량 배출을 촉진하게 하며 림프가 흐르는 압력으로 인하여 모세혈관 확장증이 완화되며 세포내 독성이 제거되고 세포와 산소와의 접촉이 수월해진다.

새로운 림프가 들어오고 영양분이 공급되면 세포 재생산이 원활해져 영양분이 많도록 조직을 도와 준다. 그러므로 셀룰라이트, 과잉 체중, 부종과 같은 증상을 해결한다.

여드름, 건조 피부, 노폐물이 쌓인 피부, 노화 피부 등 문제성 피부에 초음파를 이용한 림프배출을 적용, 림프 순환인 특수 관리를 통하여 여러 피부 손상으로부터 빠른 회복 효과를 볼 수 있다. 림프순환으로 독성의 제거, 더 높은 산화, 신선한 림프의 공급이 림프구 세포의 증가를 촉진한다. 결과적으로 전염에 대한 방어를 촉진하게 되는 것이다. 표면이 청결한 조직은 더 빠른 세포재생을 일으키며 상처가 아무는 속도를 빠르게 하며 피부를 더 건강하고 아름답게 가꾸어 줄 뿐만 아니라 바른 대사기능을 회복시킨다.

얼굴과 신체의 림프순환은 성형외과 수술 전과 후에 많은 도움을 가져다 준다. 수술전에는 더 좋은 영양 상태를 가진 조직을 생성할 수 있도록 하며 수술후에는 회복을 빠르게 하여준다. 수술후, 자주 생기는 부종은 빨리 흡수될 수 있기 때문에 상처는 쉽게 회복될 수 있게 된다.

주름살을 없애거나 코교정, 쌍꺼풀, 가슴, 배, 엉덩이 등의 지방 흡입 수술후 사용하면 더 좋은 효과를 볼 수 있다.

혈액의 순환과 교체되는 다리 부근에서의 결함이 원인이 될 수 있다. 그러므로 정맥류 순환을 위해 림포지를 사용하며 정맥 정체 현상의 문제에 이로운 결과를 가져온다.

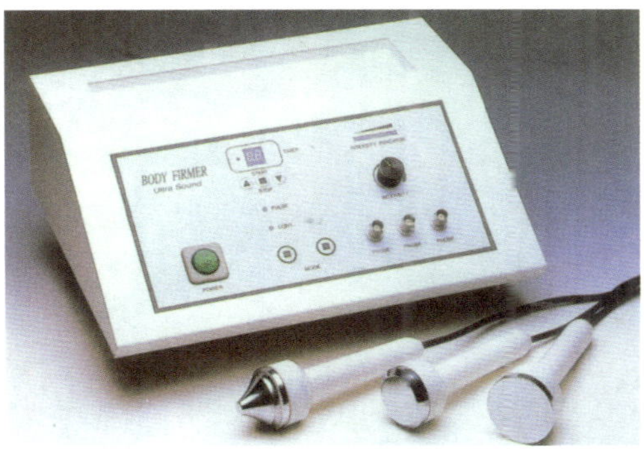

그림 7-5 초음파 미용기기

셀룰라이트, 비만, 조직의 색변화, 림프 전체의 정체 현상 등이 관을 압박하여 생기는 불충분한 공급의 원인이 될 수도 있다. 정맥류 순환은 모세혈관을 비우는 것을 도와주고 울혈을 완화시키며, 개선된 산화에 잇점을 가져다 주며 대사 노폐물을 빠르게 제거하여 조직을 개선시켜 준다. 정맥, 모세정맥, 나른한 다리, 멍 등의 문제를 정맥혈의 원활한 배출로 관리할 수 있다.

4) 관리방법

① 고객마다 림프에 따른 원인이 다르기 때문에 고객과의 충분한 상담을 통하여 근본적인 원인을 파악하고 고객의 상황에 맞게 관리한다.
② 고객과의 상담후 Lymph Drainage 순환 부위를 결정한다.
③ 림프 순환과 정맥류에 문제가 있는 경우 먼저 정맥류 순환부터 관리한다.
④ 림프 순환에 이상이 있어 비만이 온 경우 반드시 림프 순환 후 비만관리를 행하도록 한다.
⑤ 림포지 관리시 반드시 정확한 림프절에 스폰지를 놓아야 한다.
⑥ 고객이 편안한 상태에서 관리를 받을 수 있도록 충분한 설명과 함께 첫 관리시에는 고객의 옆에서 변하는 과정을 체크한다.
⑦ 고객의 근육 상태와 림프선의 막힘의 정도에 맞도록 정확한 압을 조절 고정시켜야 한다.
⑧ 관리시 고객은 신체내 귀금속이나 부착물을 빼도록 한다.
⑨ 하루 1.5 리터 이상의 수분을 섭취할 수 있도록 하며 가급적 염분이 제한된 음식을 권한다.
⑩ 관리 후에는 반드시 약 한컵 정도의 물을 권하여 빠른 순환을 유도하여 준다.
⑪ 관리후 배액의 효과를 향상시키기 위해 5~10분간 가볍게 마사지하여 준다. 이때 강한 압력으로 마사지하지 않는다. 순환 부위를 문지르듯이 가볍게 관리하여 준다.
⑫ 관리실에서 사용하고 있는 고객의 상태에 적절한 림프 효과가 뛰어난 제품을 사용하여 준다.

〈참고〉

림프 순환이란?

호흡 운동에 의해 공기를 허파 속으로 빨아들일 때 림프는 가슴속 흉관으로 빨려 들어가 여기서 대정맥으로 흐르게 되는데 이 일련의 과정을 림프 순환이라 한다.

(1) 림프 순환을 돕는 요인

① 근육 수축운동과 호흡운동이 림프의 흐름을 돕는다.
② 하체의 림프관은 근육 운동을 하게 되면 림프관을 눌렀다, 풀었다, 하는 운동을 되풀이 하여 판막이 있는 림프관속 림프를 효과적으로 올리게 된다.

(2) 림프 순환의 장애원인

① 여성 호르몬의 과다 분비, 과소 분비로 인한(폐경기, 사춘기, 임신 전후, 수유기 등) 지방 세포수의 급증
② 심한 음주나 흡연
③ 자세의 불균형(동일한 자세로 오래 앉아 있거나 서 있는 직업인 경우)
④ 순환계를 억제하는 옷차림
⑤ 식생활에 따른 문제점 : 자극성이 많은 음식을 즐겨하는 경우(짠 음식, 맵거나 뜨거운 음식을 즐겨하는 경우)
⑥ 림프관을 압박하거나 수술로 인한 고의적인 림프선 제거
⑦ 염증이나 알레르기로 인한 림프 흐름 장애
⑧ 신장 또는 간질환으로 인한 순환장애
⑨ 악성종양, 물혹, 암, 급성 염증, 혈전증 등의 질환 발생시

(3) 비만으로 인한 림프 순환 장애과정

① 지방 세포수의 증가
② 모세혈관에서 나온 뮤코 다당류가 피부 조직속으로 침투
③ 뮤코 다당류와 물의 중첩으로 수분 유통을 억제시키는 결과를 초래한다.
④ 결체조직, 콜라겐, 엘라스틴 섬유는 딱딱하게 굳어진다.
⑤ 염증 및 결절이 생성된다.
⑥ 신진대사 노폐물과 지방 노폐물이 축적된다.
⑦ 말초 신경의 압박
⑧ 혈액과 림프 순환의 결함 발생

(4) 림프 드레나쥐의 올바른 방향

① 심장의 가까운 위치에서 시작하여 멀리 떨어져 있는 위치로 관리한다.
② 심장과 가까운 위치의 림프관이 먼저 비워져야 노폐물 이동이 가능하다.

③ 얼굴의 경우 : 뒷머리 → 목 → 안면
④ 전신 관리 : 목 겨드랑이 → 손바닥 → 허벅지의 서혜부 → 무릎 뒤 → 발바닥
⑤ 하체 관리 : 서혜부 → 복부 → 허벅지 → 서혜부 → 무릎 → 발바닥
⑥ 상체 관리 : 서혜부(목) → 겨드랑이 → 등뒤(견갑골 쪽) → 팔관절 → 손바닥

(5) 림포지 관리가 불가능한 사람

① 인공 심장기나 인공 신장기를 부착하고 있는 사람
② 체내에 금속 삽입물을 가진 사람
③ 전이 가능성이 있는 악성 종양, 암, 급성 염증, 혈전증, 갑상선 비대증, 기관지 천식을 앓고 있는 사람 등 현재 질병을 앓고 있는 사람
④ 과거에 암에 걸려 치료를 받았던 사람

(6) 림포지의 올바른 유지 관리방법

① 스폰지는 수돗물에 적시어 사용한다.
② 스폰지 관리는 관리 후 비누 세척하고 자외선 살균 처리한다.
③ 기기를 열원체와 증기를 내는 물체에 가까이 두지 않는다.
④ 기기를 움직일 때 급격한 동작은 피한다.
⑤ 기기 작동이 안될 시에는 뒷면의 퓨즈를 체크하고 필요하면 교체해 준다.
⑥ 심장 센서는 마른 천으로 안과 바깥쪽을 닦는다.
⑦ 림포지 관리시 고객의 손은 항상 깨끗해야 한다. 센서 안에 삽입된 고객의 손가락에 의해 센서안에 이물질을 남기게 되면 센서의 민감도를 감소시킬 수 있다.
⑧ 관리에 관계된 전극의 배치도는 반드시 지시대로 따라야 하며 그렇지 않으면 순환의 경로 자체가 막히는 부작용을 초래할 수도 있다.

3. 리프팅기

인간은 나이가 들어감에 따라 점점 피부의 탄력을 잃어가게 된다. 이는 피부근육이 원래 수축되어 있는 상태에서 갈수록 평평해지고 있는 상태를 말하고 있다. 리프팅기는 이러한 평평해져 가는 피부의 근육을 쇼크 관리법(Shoc Therapy)의 원리를 이용하여 다시 근육이 수축되어지게 하는 기법을 활용한 기기이다.

리프팅기는 실제 근육의 길이는 변화시키지 않고 팽창시켜 근육 면적을 축소할 수 있도록 한다. 이러한 운동요법은 신체를 더 튼튼하게 하고 얼굴 근육을 수축시켜 주며 더 멋있게 관리할 수 있도록 한다.

Dr. Muller의 연구에 의하면 하루에 근육을 단지 6초동안 긴장을 가해도 근육의 강도나 튼튼함이 일주일에 약 5% 정도 증가되어 있음을 확인할 수 있다.

이러한 원리를 이용한 리프팅기는 단지 15분 동안의 리프팅 관리를 1주일에 2~3회 정도 반복 관리해 나가면서 피부 근육의 긴장과 힘을 증가시킬 수 있게 하여 주는 방식이다.

근 섬유 조직은 동심(Concentric) 근육운동, 이심(Essentric) 근육운동, 정적(Isometric) 근육운동 중 한가지 형태로 운동을 하게 되는데, 리프팅기는 이중 Isometric(아이소메트릭) 근육운동의 원리를 이용한 기기이다. 아이소메트릭 근육운동이란 근육이 수축되거나 이완되지 않으며 근육의 길이가 변하지 않고 고정된 길이로 남아 있는 상태를 말하며 정적 또는 등척 근육운동이라고도 한다. 리프팅기는 이러한 아이소메트릭 운동을 통하여 평평해져가는 근육, 즉 늘어진 부분에 최대치의 정확한 자극을 전달하여 근육에 탄력을 넣어주는 기기이다.

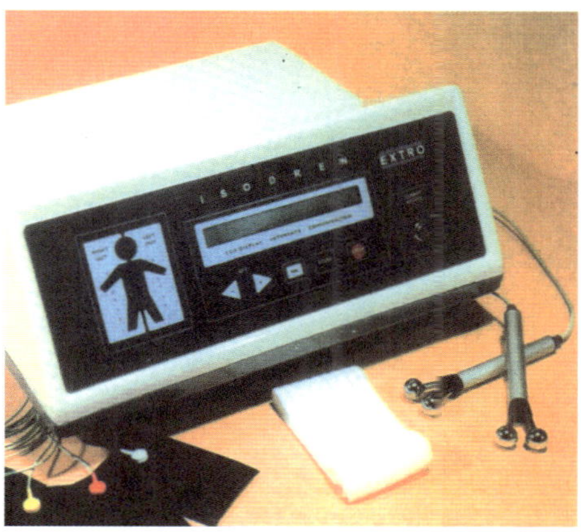

그림 7-6 리프팅기

대표적으로 눈주위의 주름, 코와 입언저리의 주름 'Venus Necklace' 라고 불리고 있는 목의 주름살 등을 자연스럽게 올라가게 해줄 뿐만 아니라 처진 가슴과 처진 엉덩이 부위에도 탄력을 줌으로써 그 부위의 근육을 최대한 수축시켜 근육의 힘과 긴장을 증가시켜 자연스럽고 아름다운 얼굴과 몸매를 만들어 주고 있다.

리프팅기는 최대한의 정확성을 가지고 각 근육의 이완된 근육 면적에 자극을 선택하여 최대한의 탄력을 찾아 주고자 제작된 기기이다. 다시 말해 리프팅기는 탄력을 잃은 신체의 각 부위의 근육에 탄력을 부여함을 목표로 한 기기이다.

1) 원리 및 효과

근육의 운동에는 아이소토닉 운동과 아이소메트릭 운동의 두가지가 있다.

(1) 아이소토닉 운동

걷기, 팔움직임, 말하기와 같은 보통의 운동을 뜻한다. 걷기처럼 규칙적인 움직임도 근육의 운동이 발생된다. 우리는 보통 체육관에서 하는 운동은 모두 아이소토닉 운동을 말하고 있다. 근육의 아이소토닉 수축이 일어날 때에는 자극에 의해 근육의 길이가 짧아지고 서서히 다시 이완되는 근육 길이의 변화가 일어난다. 근육이 지니고 있는 최대한의 힘의 50~60%는 바로 이 길이 수축에 의해 나타난다.

(2) 아이소메트릭 운동

근육의 긴장이 일어나지만 길이가 변하지는 않는 상태이다. 배낭을 등에 지거나 양손을 잡고 서로 미는 것과 같은 근육의 수축이 일어나지 않는 운동을 일컫는다. 이때 우리는 모든 근육을 동원하여 최대의 힘과 근육의 긴장을 통하여 강한 압력을 가하게 된다. 아이소지는 고객이 힘들이지 않고 편히 쉬는 동안에 완벽한 아이소메트릭 운동을 시술함으로써 즉각적인 효과를 보장해 준다.

(3) 리프팅기의 운동 원리

리프팅기는 사람의 신체와 얼굴의 탄력을 살려주는 아이소메트릭 운동을 위한 기기이다. 아이소메트릭 운동은 외상을 입은 후 근육을 회복하거나 발달시키는 데에도 이용되고, 최근에는 VIP의 개발 활동 덕택에 늘어진 근육의 탄력을 회복하는 관리 방법으로도 활용되고 있다. 그 뿐만 아니라 아이소지는 체육관에서 하는 아이소메트릭 운동과는 달리 신체의 특정한 늘어진 부위를 집중적으로 관리함으로써 즉각적이고 지속적인 효과를 얻을 수 있다. 그러므로 관리자는 최적의 미용효과를 얻기 위하여 개인의 특성에 맞는 관리를 할 수 있는 것이다.

(4) 리프팅기의 주파형태

최첨단의 미용기기들에게 잘 적용되고 있는 전기자극 형태인 '계속적인 파장'이나 '반복파장'으로 아이소메트릭 운동을 할 수 있도록 연구 개발된 기기로써 파라딕(Faradhic) 주파를 이용하고 있으며 파장은 근육의 수축운동이 가장 효과적인 50Hz를 사용하고 있다.

2) 특징

(1) 기기의 전문성

근육의 긴장을 최대한으로 자극할 수 있는 정확한 파장의 발견으로 얼굴 뿐만 아니라 신체도 펴밍 관리를 할 수 있다.

(2) 부위별 관리

얼굴 뿐만 아니라 가슴, 엉덩이 등 리프팅을 필요로 하는 고객의 부위별 리프팅이 가능한 기기이다.

(3) 관리시간

안면 리프팅 관리 시간은 30분, 전신 리프팅에 소요되는 관리시간은 부위에 따라 15~30분으로 이루어진다.

아이소메트릭의 근육 운동을 원리로 하는 근육 수축운동으로 물리적인 힘을 가하지 않아도 리프팅 효과를 가져온다.

(4) 관리 범위

고객 개개인이 지니고 있는 펴밍 부위, 펴밍 정도, 연령 및 신체의 특징과 각기 상태에 맞게 다양하고도 정확한 관리를 할 수 있다.

3) 관리방법

① 리프팅기는 근육조직의 관리에 작용하여 근육의 긴장성을 높여준다.

② 관리 횟수는 탄력 저하의 정도에 따라 결정하게 된다. 리프팅기는 최소한 10회 이상의 관리를 받아야 효과를 볼 수 있는데, 고객의 미용상 문제점의 정도에 따라 고객의 요구와 희망하는 효과수준에 맞추어 조정 관리한다.

③ 정상적인 경우 한 근육은 3번의 관리를 필요로 한다. 그러나 근육이 심하게 이완되어 있을 때는 4회로 늘리며, 근육의 양면에 이완 정도가 다를 경우에는 횟수를 조정 관리한다.
④ 관리 순서에 따라 3~4회 반복 관리한다.
⑤ 얼굴이나 신체 퍼밍에 있어 두드러지게 한쪽이 처진 경우는 처진 쪽에 한번 더 반복 관리하여 양쪽의 균형을 맞춘 뒤 같은 횟수로 관리한다.
⑥ 집중 관리시 일주일에 2~3회 관리 받도록 한다.
⑦ 관리의 효과는 근육이 적절히 자극받고 수축해야만 나타난다. 관리시 정확한 위치에 봉을 놓아야 한다. 위치가 잘못된 경우에 그 부위의 근육 수축이 아닌 통증을 유발할 수도 있으며 만족한 결과가 나타나지 않을 수도 있으니 이점 유의하여야 한다.
⑧ 관리가 끝난 후에도 15~20일에 1~2회씩 추가 관리를 받는 것이 좋다.
⑨ 얼굴 및 신체의 비만 관리에도 사용할 수 있다.
⑩ 전신과 안면 모두 근육 이완 문제가 있을 경우에는 근육조직 뿐만 아니라 피부 조직도 관리하여야 한다.

4) 리프팅기로 관리가능한 피부 미용 문제

(1) 리프팅에 의해 관리할 수 있는 안면 조직

① 입, 입술, 코주위의 주름
② 눈가와 안면의 주름
③ 얼굴 모양 고치기
④ 목살 늘어짐

(2) 리모델링(remodeling)이 가능한 신체조직의 이완 부위

① 허벅지와 허벅지 안쪽
② 둔부
③ 아랫배
④ 팔
⑤ 가슴
⑥ 등

5) 리프팅기 관리가 불가능한 사람

① 인공 심장기 또는 인공 신장기 사용자
② 정형외과용 보철기를 관리 부위나 주위에 부착한 사람
③ 임산부(안면 관리는 무방함)
④ 모든 종류의 피부질환자
⑤ 관리하려는 부위에 실리콘이나 기타 삽입물을 가진 사람
⑥ 만 20세 미만의 성장 미 발육자
⑦ 심장병을 앓았던 경험이 있거나 심장병을 앓고 있는 사람
⑧ 현재 질병을 앓고 있어 건강하지 못한 사람
⑨ 치아 보철기를 착용하고 있는 사람

6) 리프팅기 관리시 주의사항

① 얼굴에 콜라겐을 주입한 사람인 경우 완전히 흡수된 후에 관리하여야 한다.
② 주름수술을 한 경우는 의사의 확인 후 수술자리가 완전히 회복된 후에만 관리가능하다.
③ 관리를 시작하기전 기존의 리프팅기보다 그 자극이 강하므로 우선 충분히 고객에게 근육 움직임에 대해 설명하고 고객이 편안한 상태에 관리 받을 수 있도록 한다.
④ 기기의 작동 원리와 관리의 결과를 잘 설명하고 무엇보다 관리가 안전하다는 것을 확신시켜 주어야 한다.
⑤ 아이소지 관리는 신체나 얼굴 부위에 직접적인 전기 자극이 가해지므로 반드시 악세서리는 부착하지 않도록 한다.

4. 칼라 피부, 비만 미용기

1) 원리

색은 빛, 즉 광선을 말하는데 이러한 빛은 에너지이기도 하다. 빛은 지구상의 모든 자연 활동의 필수요소로써 에너지의 근원이고 인간에게 있어서는 생명의 근원이기도 하다.

모든 자연 만물은 에너지를 갖고 있으며 자연은 자체적으로 끊임없이 에너지를 발산해 낸다. 이 지구상에 갑자기 빛이 사라진다면 모든 생물들은 병들게 되고 점차 쇠퇴해질 뿐만 아니라 죽음을 맞이하게 될 것이다.

의학에서 빛을 사용한 역사는 고대를 거슬러 올라간다. 고대에서는 단지 치료를 위해서만 사용한 것이 아니라 질병 치료분야에서도 사용되었다. 인도, 중국, 이집트 등지의 역사본에 따르면 치료를 목적으로 색을 사용하였던 신앙 요법사들에 대해 언급되어 있는 것을 볼 수 있다. 추정되는 질병에 알맞은 색을 찾기 위해 모든 종류의 물질이 사용되었다. 음식, 묘약, 돌가루와 같은 모든 물질의 색깔이 질병의 치료를 위해 사용되어 왔던 것이다. 그 효과는 확실히 잘 나타났고 그 결과 색을 이용하는 치료법은 오랜 세월동안 계속되는 문명 사회 속에서 사용되어 졌다. 이러한 결과 현대 의학에서는 많은 사람들에 의해 수세기 동안 사용되었던 고대 과학을 '대체의학'으로 재발견하고 있다.

자연 치료법은 의사, 과학자, 숙련된 치료사들에 의해 다양하게 실험, 검증되어지고 있다. 오늘날 과학자들은 빛과 색이 질병을 치유하는 잠재적인 방법이 될 수 있다는 것에 대해 확신하고 있다.

색이 어떻게, 왜 작용하는지 알기 위해 사람들은 빛의 이로운 효과에 대해 꾸준히 연구해 왔다. 태양광선의 치료능력과 모든 색의 전체적인 발생 원인이 알려지면서 분리되어 있는 빛이 그 효과를 어떻게, 왜 갖는지 이해하는데 점점 용이해져 갔다.

빛과 색의 치료능력을 설명하기 위해 많은 의사와 과학자들은 연구를 거듭하여 현재는 여러 성공적인 사례를 가진 연구 결과가 발표되어지고 있다.

색채 요법(kromo-therapy)은 모든 종류의 색채 스펙트럼을 이용하여 병을 치유해 나가는 과학적인 방법이다. 의학 분야에서는 이 방법을 이용하여 질병들이 치료되었다고 하는 많은 의학 논문과 과학적 연구 결과들이 입증되어 그 비중이 더해지고 있다. 이를 바탕으로 오늘날 전세계의 병원, 치료센타, 미용관리 센타들이 색채요법을 선택하여 치료요법으로 사용하고 있다.

이렇듯 색은 인체에 유용한 효과를 줄 수 있는데 색을 실제로 인체에 사용할 수 있느냐는 것이 관건이 되었다. 오랫동안 색의 치료는 극도로 보수적인 방법을 가지고 관리하여 왔다. 천, 붕대, 색조면, 기타의 다른 원시적인 방법들이 그것이다. 이러한 여러 가지점들을 보완하여 여러 색을 방출하고, 다른 파장을 방출할 수 있는 초과학적인 기술 방법으로 관리하기 위하여 생산된 기기가 바로 크로마지이다. 이 방법은 세포 조직에 빛이 영향을 미치고 있음을 토대로 피부오염 등에 효과를 가져오게 된다.

미용의학에서 색을 이용한 관리는 다양한 피부에 사용된다. 셀룰라이트, 여드름, 가는 정맥, 모세혈관 확장증, 임신선, 지성피부, 건성피부 등 이러한 각각의 문제점들을 위해 위에서 보여준 것처럼 각 색은 다른 파장을 의미하기 때문에 다른 색의 톤이 있어야 한다. 예를 들어 셀룰라이트의 경우 보라색은 세포들이 그들의 대사에서 생리적 현상을 바로 잡는데 사용할 수 있는 조직에 확실한 에너지 공급을 가져올 수 있다. 이와 같이 크로마지 관리 효과는 전통적인 질병의 치료에만 국한된 것이 아니라 피부질환을 관리하는데 있어서도 매우 탁월한 효과를 보여주고 있다.

색이 어떤 역할을 하는지 이해하기 위해서는 우선 몇 가지 기본적인 개념을 알아둘 필요가 있다.

빛이란 공간을 서로 다른 다양한 주파수와 에너지를 가지고 움직이는 전자기 파동중에 눈에 보이는 부분을 말한다. 빛은 크기와 에너지가 다양한 파장의 형태로 우주를 날라온 가시 복사 에너지이다. 빛은 초속 300,000km의 속도로 진행하는데 이때 고유한 파장을 가지고 진동하고 있다. 그 진동수가 초당 32회가 되면 우리 눈에 보이지 않고 들을 수도 없다. 이러한 전자기파의 파장은 무한히 짧은 경우도 있고 수백 km에 달하는 긴 파장을 가지고 있는 것도 있다. 색, 빛, 열은 이와같이 파장의 길이와 관련 지어져 있다. 다른 파장의 길이는 색의 원리가 된다. 그러나 인간의 눈에 감지되지 않는 색도 존재한다. 이 파장에 따라 전자기파는 X선과 같이 병을 진단하는데 사용할 수도 있고 radio나 TV와 같이 정보를 전달하는데 이용하기도 하고 마이크로 웨이브(초단파) 와 같이 음식물을 조리하는데 이용하기도 하는 등 그 활용범위가 매우 다양하다.

모든 색깔이라고 하는 것은 빛의 파장과 주파수가 다르기 때문에 달리 보이는 것이다. 적외선이나 자외선처럼 파장이 너무 짧아지거나 너무 길어지면 눈에 보이지 않는 전자기파가 된다. 그렇지만 눈에 보이지 않는다고 해도 색깔은 존재하는 것이다. 즉, 파장이란 서로 다른 빛이 우주공간을 움직이고 있는 것이다. 과학 문명이 발달하기 전에는 색깔이라고 하는 것은 신성한 것으로만 여겨졌다.

17C의 아이작 뉴튼은 빛을 유리 프리즘에 통과시킴으로써 흰색의 빛이 단지 한가지 빛으로만 구성된 것이 아니라는 것을 입증하였다.

흰색의 빛은 모든 종류의 색이 완벽하게 더해진 결과인 것이다. 프리즘을 통과한 빛은 파장에 따라서 우리가 알고 있는 무지개 색인 빨강색, 주황색, 노랑색, 초록색(녹색), 파랑색, 남색 그리고 보라색으로 분리가 된다. 빛의 파장 길이는 옹스트롱이라고 하는 단위로 측정된다(1Å=0.00000001cm). 빛의 파장은 1억분의 1cm에 해당하는 1옹스트롱의 단위로 나타내거나 혹은 나노미터의 단위로 나타낸다. 1나노미터는 10옹스트롱 단위에 해당한다.

각기 빛의 색깔에 따른 파장의 길이는 다음과 같다.

Red(빨강)	6,000~ 6,700Å
Orange(오렌지)	5,900~6,000Å
Yellow(노랑)	5,800~5,900Å
Green(녹색)	5,000~5,500 Å
Blue(파랑)	4,700~5,000 Å
Violet(보라)	4,300~4,600 Å

빛이 생물에 미치는 영향을 연구하는 광선 생물학에서는 태양광선이 모든 생물에게 영향을 미친다는 사실을 명백히 입증하였다. 우리를 둘러싸고 있는 모든 색깔의 빛은 서로 다른 방법으로 생물에게 영향을 주고 있다. 인간은 눈을 통해서 빛을 받아들이지만 또한 빛은 신체내에 존재하는 생화학적 수용물질에 의해 흡수되고 생물, 물리적 대사과정을 통해서 에너지로 전환되어 다른 기관으로 전달된다.

중국의 한의학이나 침술학에서는 신체의 질병이 어느 한 기관의 에너지 부족에 의해 유발될 수 있다고 말하고 있다. 우리는 병이나 고통이 신체 체계의 부조화로 인해서 불균형을 발생한다는 것을 알고 있다. 건강하고 활력있는 에너지를 갖기 원한다면 치료는 신체의 균형을 다시 찾는 방향이 되어야 할 것이다. 그렇기 때문에 치료의 효과를 보려면 환자의 상태를 우선 평형의 상태로 되돌려 놓아야 할 필요가 있다.

빛과 색은 자연이 주는 천연 에너지원이며 인위적이지 않는 방법으로 신체를 관리할 수 있고 또 신체의 평형을 되찾아 줄 수 있다. 만일 여러 가지 색깔의 에너지원이 합쳐진 빛인 태양광선이 치료 효과를 가진다면 우리는 태양광선을 구성하는 각각의 빛이 똑같은 치료효과를 가질수 있다는 것을 쉽게 추정할 수 있다. 각각의 색깔은 서로 다른 특징을 가지고 있으며 파장에 따라서 서로 다른 효과를 가지고 있다. 다시 말해서 색은 사람을 진정시키기도 하고 흥분시키기도 하고 활력을 되찾아 주기도 하며 모든 세포활동을 정상화 시키기도 한다.

크로마지는 광선의 파장, 빛의 세기, 색깔에 따른 효과를 적절히 선택, 이용함으로써 빛의 에너지를 최대한 활용하여 인간의 신체에 필요한 피부, 미용 분야에 만족할 만한 관리효과를 얻을 수 있도록 고안된 기기이다.

크로마지를 사용하면 고객의 미용상의 문제 즉, 피부 트러블이나 비만 등에 있어서 각기 개인이 지니는 신체의 특성에 맞게 빛과 색을 조정함으로써 관리 시간을 절약할 뿐만 아니라 고객을 만족시킬 수 있는 효과를 얻을 수 있게 된다.

2) 효과

(1) 빨강색

고대부터 빨강색은 생명 그 자체의 개념과 관련되어 있다는 것이 고대의 유적지 발굴에서 입증되고 있다. 사람들이 빨강색을 생각할 때 연상되는 것은 피, 힘, 에너지, 분노, 활력소, 흥분상태, 생명과 같은 개념들이었다. 빨강색은 호-성을 의미하며 전쟁의 신을 상징한다. 고대 전사들의 상징이었으며 전사들이 전투에 나가기 전에 그들의 머리카락을 붉은 색으로 물들이던 관습들만 보아도 빨강색이 지니는 상징성을 잘 알 수 있다.

빨강색은 생명력을 자극하고 혈액순환을 자극하였기 때문에 에너지를 크게 활성화시키는 것으로 알려져 왔다. 빨강색은 생명 활동을 자극하고 혈액순환을 증진시키는 효과가 있기 때문에 미용분야에서는 혈액순환을 증진시키는 모든 분야에서 사용되어 왔다.

세포의 성장과정과 발생과정을 활성화 시키는 데 이상적이며 피부조직의 온도를 높여줌으로써 피부조직을 증가시켜 주는 효과를 지니고 있다. 주로 세포 활성화에 많이 사용되어 여드름, 셀룰라이트 관리등에 사용된다.

(2) 보라색

보라색은 여러 문명사회에서 다양한 상징과 중요성을 가지는 색깔로 인식되어 왔다. 이상적인 정화의 상징이며 영양 상태와 정신적인 활동을 자극하는 색으로 백혈구 세포의 활동을 증진시키는 효과를 가지고 있다.

이러한 연유로 보라색은 면역활동과 림프계통의 활동을 증진시켜준다. 체내의 Na(나트륨)과 K(칼륨) 대사의 평형을 조절하여 주는 기능을 가지고 있으며 허기증세를 가지고 있는 사람에게 있어서는 식욕을 적절히 조절해 주는 효과를 나타내고 있다. 보라색은 미용분야에 있어서 셀룰라이트 관리에 사용되며 슬리밍의 보조수단으로 사용되고 있다.

(3) 주황색

주황색은 떠오르는 태양, 신선함, 기쁨의 상징이다. 정력과 활력을 되찾아 주는데 도움을 준다. 주황색은 세포재생기능과 신체를 정상적으로 조절해주는 기능을 가지고 있다. 신경의 긴장을 이완시켜주고 각종 분비선 활동과 그 기능을 조화스럽게 조절하여 주는 역할을 한다. 미용분야에서는 신체의 발란스를 맞추어 주어 라인, 피부튼선, 주름, 건성피부, 세포조직의 조기 노화 및 호르몬의 이상분비로 인한 피부 트러블을 관리한다.

(4) 노랑색

노랑색은 태양, 황금, 영원한 아름다움의 상징이다. 항상 삶의 긍정적인 요소와 결부되어 있다. 노랑색은 자극제의 역할을 한다.

신경과 근육의 긴장성을 높여주고 소화기관을 조절함으로써 생물의 정화작용을 도와준다. 미용분야에서는 콜라겐과 엘라스틴의 생산증가에 도움을 주어 슬리밍과 피부튼선, 세포조직의 조기노화 현상 등 전반적으로 피부상태를 개선시키기 위해 사용된다. 또한 수술 후 회복에도 매우 효과적으로 나타난다.

(5) 녹색

자연색이며 평형의 색깔이다. 이 색은 신경 계통을 진정시키는 효과를 가지고 있으므로 조화를 이루게 한다. 정화와 활력의 재생기능을 가지고 있기 때문에 초록색은 전반적으로 안락하고 행복하다는 느낌을 가지게 한다. 신체의 기능을 증진시키고 스트레스나 피로감이 누적된 경우에도 신체 기능의 평형을 이루게 한다.

미용 분야에서는 초록색 단독으로 사용되기도 하고 다른 색과 함께 사용되기도 한다. 특히 심리적인 문제에 있어 탁월한 효과를 보여 스트레스로 인한 여드름, 비만 증세, 사춘기의 호르몬 이상분비로 인한 홍반이나 흑점에도 사용된다.

(6) 파랑색

이 색은 빨강색과 정반대의 색깔이다. 파랑색은 정적이고 평화를 나타낸다. 사람을 진정시키고 기분을 환기시키는 효과를 가지고 있다. 파랑색은 염증이나 열이 있는 상태를 진정시키고 신경적, 심리학적으로 과민하거나 우울증 상태에 있을 때 많이 사용된다.

미용분야에서 파랑색은 진정시키는 효과로 인해 주로 피부의 많은 문제들을 해결하는데 이용되며 보조수단으로도 사용되고 있다. 지성 피부, 피부염증을 유발하는 여드름, 모세혈관 확장증 등에 효과적이다.

3) 관리방법

(1) 제품관리

피부 미용제품은 피부 미용관리에 있어서 필수적이다. 색은 피부조직을 자극하고 세포내 반응을 촉진함으로써 혈액순환과 세포의 대사활동을 증진시킨다. 이때 미용제품들은 피부에 영양과 습기를 제공하고 세정작용을 함으로써 피부의 외형을 개선시켜주는 효과를 가진다. 이와 같이 광선과 피부미용 제품이 함께 작용함으로써 피부의 전반적인 문제를 쉽게 해결하며 효과의 손실을 막을 수 있다.

(2) 온열기록법

셀룰라이트를 측정하는 가장 좋은 방법으로서 우리 신체 부위에 열을 기록하는 것으로 색깔이 변하는 콜레스테롤 미소 액정이 들어 있는 스크린을 고객의 피부 위에 덮어줌으로써 피부의 온도를 알아보는 방법이다. 온열기록법을 사용하면 정상적인 혈액순환을 가진 따뜻한 부위와 혈액순환이 부족하거나 비정상적인 차가운 부위를 구별할 수 있다.

최근에는 비정상적인 세포인 셀룰라이트 관리에 사용되고 있다. 온열기록법은 의학 부문에서 현재까지 가슴관리에 많이 이용되어 왔는데 가슴주위 온도 변화를 연속적으로 기록함으로써 장래에 발생할 지 모르는 질병을 찾아내는데 이용되었다. 가슴의 질병을 찾아내는데 이용된 것과 마찬가지로 신체의 다른 부위에 대해서도 온도의 변화를 감지함으로써 셀룰라이트를 찾아낼 수 있다. 때문에 온열기록법을 사용하게 되면 쉽게 고객이 셀룰라이트를 가지고 있는지 점검할 수 있다.

(3) 셀룰라이트에 의한 조직의 온도변화

모세혈관 확장증은 불규칙한 모양을 하고 비정상적으로 낮은 온도를 나타내며 따뜻한 부위에 둘러싸여 있는 것으로 나타나는데 몸의 찬 부위에서 불규칙한 형태로 배치하게 되기 때문이다.

온열기록법을 사용하면 셀룰라이트를 앓고 있는 부위에 혈액순환이 좋지 않아서 정맥이나 모세혈관, 작은 동맥의 혈액순환이 매우 불규칙하다는 것을 알 수 있다.

어느 부위의 혈액량이 부족하고 또 어느 부분이 그 결과 차가워졌는가, 혈액순환이 어느 부위에서 정체되어 있고 어느 부위가 더 따뜻한가, 혈액순환이 어느 부위가 원활하고 몸의 온도가 정상인가 등을 알 수 있게 된다.

(4) 온열기록기 사용시 셀룰라이트 구분 단계

① 0단계(검푸른색) : 셀룰라이트가 없고 혈액순환이 정상적으로 원활한 곳이다.
② 1단계(밝은 푸른색) : 1단계 셀룰라이트 단계로 체액이 지체되고 있는 상태이다.
③ 2단계(남색) : 2단계 셀룰라이트 단계로 혈액순환이 비정상적이다.
④ 3단계(초록색) : 3단계 셀룰라이트 단계로 지방 세포의 대사가 비정상적인 경우에 나타난다.
⑤ 4단계(주황색 - 고동색) : 4단계 셀룰라이트 단계이며 지방세포의 경화가 나타난다.

(5) 스크린 사용법

스크린을 신체에 대기전에 고객의 피부가 완전히 건조하고 크림이나 다른 미용제 등이 묻어 있지 않은가 확인하여야 한다. 스크린은 매우 상하기 쉽기 때문에 고객의 피부가 완전히 깨끗하지 않으면 손상을 입고 더 이상 사용할 수 없게 될 수도 있다. 관리가 끝난 후 스크린은 보호용 주머니에 넣고 박스안에 잘 보관하여 스크린이 광선에 노출되어 상하는 일이 없도록 한다.

스크린으로 검사시 검사하려고 하는 부위에 완전히 색깔이 나타날 때까지 기다려야 한다. 크로마지 관리의 효과를 확인하기 위한 관리전, 후 사진을 찍기 전에 전등 빛이 위에서 반사되지 않는가 확인한다.

스크린은 3가지 종류가 있는데 사용시 실내 온도에 유의하여 사용해야 한다.

- 겨울용 스크린 : 실내 기온이 20℃ 이하일 때 사용한다.
- 다단계 스크린 : 실내 기온이 20~26℃일 때 사용한다.
- 여름용 스크린 : 실내 기온이 26℃ 이상일 때 사용한다.

(6) 기기 사용시 유의사항

① 작동전에 알아두어야 할 사항

- 관리하는 부위에 따라 빛의 크기를 조절한다.
- 부위와 증상에 따라 빛의 강도를 변화시켜 사용한다.
- 관리부위에 따라 최대의 효과를 집중시키기 위해 빛을 나선형으로 돌리거나 직선 방향으로 움직인다.
- 넓은 부위에 효과를 얻기 위해서 빛을 나선형으로 돌리는 방법과 빛을 회전시키는 방법, 직선형으로 움직이는 모든 방법을 병행해서 관리한다.
- 매일 관리할 수 있으며 적어도 일주일에 2회 이상 관리하여야 한다.
- 보통 10회 이상의 관리를 하여야 효과를 볼 수 있으며 총 관리 횟수는 고객의 피부, 비만관리에 따라 결정하게 된다.
- 일단 얻어진 효과가 지속되기 위해서는 관리가 끝난 후 15~20일에 한번씩 추가 관리를 받는 것이 좋다. 또는 6개월 후에 이 관리를 다시 한번 관리하는 방법을 택하여도 좋다.
- 관리시 관리 공간은 반드시 어두워야만 색채관리 효과를 볼 수 있다.

② 작동법

- 기기를 가급적 침대 오른편에 준비하고 다음 사항들을 확인하여 본다.
  - 광선 케이블 연결 단자가 기기에 제대로 꽂혀 있는지 확인한다.
  - 전원 케이블이 기기와 전원에 연결되어 있는지 확인한다.
  - 빛이 침대위의 흰타올에 수직으로 비춰지도록 자리를 고정하도록 한다.
- 기기를 작동하기 위해 On-Off 스위치를 켠다.

· 시간 조절 장치(time selector)는 관리시간 설정시 사용되는 버튼으로 관리하고자 하는 프로그램에 따라 관리시간을 설정하여 준다.
· 주파수(frequency pulse)는 색의 강도를 변화시켜주는 버튼으로 지속적으로 빛을 조사할 시(Continuous Light) 반드시 Off의 상태로 놓는다.
· 강도(Intensity)는 빛의 세기를 조절하여 주는 버튼으로 지속적으로 빛을 조사할 시(Continuous Light) 최대한의 위치로 돌려 놓는다.
· 고객의 문제점에 따른 색을 결정한다. 이때 흰 종이나 흰 타올 위에 색이 비춰지도록 하여 정확한 색을 측정하여야 한다.
· 고객을 침대에 눕힌 후 관리하여야 할 정확한 부위에 램프박스가 오도록 위치를 설정한다.
· 고객의 관리방법에 따라 광선의 움직임(나선형 움직임 또는 직선형 움직임)을 선택한다.
· 정확하게 관리 도표대로 기기가 작동되면 Stop 버튼을 눌러 기기를 잠시 꺼준다.
· 고객의 문제점에 맞는 제품을 관리할 부위에 바른후 실제로 관리에 들어가기 위해 다시 Start 버튼을 누른다.
· Continuous Light 관리 시간이 지나면 기기는 자동으로 꺼진다.
· Start 버튼을 눌러 기기를 다시 작동 시킨다.
· 주파수(frequence Pause) 버튼을 ¼(9시 방향) 정도로 돌리고 강도(Intensity) 싸이클을 왼쪽으로 돌리면서 나타나는 빛을 6단계 내려 빛의 강도를 조절하여 준다.
· 정해놓은 관리시간이 지나면 기기는 자동으로 꺼진다.

참고문헌

경락 & 한방전신미용, 김문주 외, 군자출판사, 2006.

경락 경혈학, 정통침뜸교육원 교재위원회 정통침뜸연구소, 2005.

김상만, 김응수, 이득주, 신상호, 조항준 편저, 대한일차의료학회 비만연구회 편, 비만학 이론과 실제, 도서출판 한국의학, 1996.

김현 편저, 비만과 운동처방, 학이당, 2003.

대한비만학회 편, 임상비만학, 고려의학, 2001.

미용경락학, 이성옥 외, 정담미디어, 2006.

박동호, 한국 뷰티엔 바디웍 프로패셔날 협회장, 미국 국가공인 마사지엔 바디웍 전문가, 성신여대 문화산업대학원 토탈 뷰티매니지먼트 주임교수(스웨디시마사지).

박종철, 수치료의 이론과 실제, 현문사, 1997.

뷰티테라피, 장선일 외, 군자출판사, 2006.

살롱트리트먼트, 강신옥 외, 훈민사, 2004.

스파뷰티테라피, 김봉인 외, 정담미디어, 2006.

임완기, 박계순, 오광진, 육조영, 이병근, 장창근, 정동춘, 최기수, 황종문, 성인병과 운동처방, 도서출판 홍경, 2004.

코스모 C&T yurvedic Massage Harish Johari Beauty & Health 연구회.

피부미용 경락과 지압, 김선희 외, 청구문화사, 2005.

한방미용경락, 전현정 외, 정담미디어 2005.

헬스조선 홍세정 기자, hsj@chosun.com(광선치료), 2006. 9. 6.

http://www.clinicvie.com/ 라이트테라피.

http://www.handmeridian.com/ 한국경락경혈협회.

http://www.hanhazor.co.kr(스톤테라피아 하나솔) 보석 테라피.

http://www.hwalbup.or.kr/ 세계건강활법협회 발반사.

http://www.koreameridians.com/ 대한경락마사지협회.

찾아보기

[ㅇ]

[ㅋ]

[ㅌ]

[ㅍ]

[ㅎ]

INDEX

비만관리학

2008년 3월 10일 초판인쇄
2008년 3월 20일 초판발행

지은이 : 김문주 · 김윤정 · 김정숙 · 윤동화
이영숙 · 예춘정 · 최성임 · 황금순
펴낸이 : 이상태
디자인 : 김연지
펴낸곳 : 청구문화사
주 소 : 120-831 서울특별시 서대문구 연희 1동 436-1
전 화 : 02-332-0541(代) 팩스 : 02-337-9577
등 록 : 1990년 11월 2일 제9-247호

가격 20,000원

ISBN 978-89-5616-227-0 93590